"十四五"时期国家重点出版物出版专项规划项目

智能建造理论·技术与管理丛书

工程管理信息系统

主　编　王天日　戴　宏

参　编　秦　芬　刘　娟　刘效广　马家齐　高立青　李立婷

主　审　栗继祖

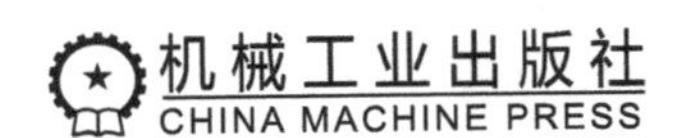

本书结合行业发展与专业教学需求，系统介绍了工程信息管理系统的开发过程及实践应用。

本书共分三篇。第Ⅰ篇为基础篇，在综合相关学科内容的基础上，对工程信息管理和工程管理信息系统的基本概念、基础理论和发展历程进行了阐述。第Ⅱ篇为开发篇，系统地介绍了工程管理信息系统开发的方法与步骤，阐述了系统规划、系统分析、系统设计和系统实施的具体过程。第Ⅲ篇为应用发展篇，对目前工程管理领域应用的BIM及其前沿技术和工程管理领域常见的信息管理系统进行了实用性的介绍，重点阐述了典型工程项目管理系统、不同层面的智慧系统、智能建造管理信息平台等工程管理信息系统的工程实践应用。

本书主要作为高等院校工程管理专业及管理科学与工程类相关专业的本科教材，也可供建设工程信息管理人员学习参考。

图书在版编目（CIP）数据

工程管理信息系统/王天日，戴宏主编. —北京：机械工业出版社，2024. 5（2025.1重印）
（智能建造理论·技术与管理丛书）
“十四五”时期国家重点出版物出版专项规划项目
ISBN 978-7-111-75640-8

Ⅰ. ①工… Ⅱ. ①王… ②戴… Ⅲ. ①建筑工程－管理信息系统－高等学校－教材 Ⅳ. ①TU-39

中国国家版本馆 CIP 数据核字（2024）第 076074 号

机械工业出版社（北京市百万庄大街22号　邮政编码100037）
策划编辑：冷　彬　　　责任编辑：冷　彬　刘春晖
责任校对：孙明慧　王　延　　封面设计：张　静
责任印制：郜　敏
中煤（北京）印务有限公司印刷
2025年1月第1版第2次印刷
184mm×260mm · 18印张 · 417千字
标准书号：ISBN 978-7-111-75640-8
定价：53.00 元

电话服务　　　　　　　　网络服务
客服电话：010-88361066　　机　工　官　网：www.cmpbook.com
　　　　　010-88379833　　机　工　官　博：weibo.com/cmp1952
　　　　　010-68326294　　金　　书　　网：www.golden-book.com
　　机工教育服务网：www.cmpedu.com

前　言

现代计算机技术、信息技术和互联网技术的应用给工程管理带来了巨大变革，为工程管理的信息化应用提供了有力支撑，大大提高了工程管理的工作效率。随着新一代信息技术与人工智能的应用，工程管理向数智化方向发展，进而引发工程建设领域的全面数字化转型。行业的快速发展对高校工程管理信息系统课程提出了知识和技能的新要求。因此，本书结合行业发展实践与专业教学需求，在工程管理信息系统原有知识体系的基础上，系统介绍了不同层面的智慧系统、智能建造管理信息平台等内容，以满足行业对专业教育的需求。

本书共分三篇：第Ⅰ篇为基础篇，第Ⅱ篇为开发篇，第Ⅲ篇为发展应用篇。第Ⅰ篇围绕工程数据的来源和工程管理全生命周期介绍了工程信息管理的相关概念，包括数据采集、存储和处理，在此基础上介绍了工程管理信息系统的基本理论和相关的技术基础；第Ⅱ篇系统介绍了工程管理信息系统开发的方法、步骤及开发过程；第Ⅲ篇围绕项目层面（BIM 软件应用包括施工管理软件、算量和预算软件及运营管理软件）、企业与行业层面（典型的工程管理信息系统）及社会层面（智能建造信息平台）介绍了工程管理信息系统在工程实践中应用的相关内容，以适应工程建设行业的深刻变革。

本书作者都来自太原理工大学。王天日、戴宏担任主编，并负责全书的统稿工作。具体的编写分工为：第 1、2、11 章由王天日编写，第 3 章由李立婷编写，第 4、5 章由戴宏编写，第 6 章由高立青编写，第 7 章由马家齐编写，第 8 章由刘娟编写，第 9 章由秦芬编写，第 10 章由刘效广编写。研究生张敏敏、王海涛、马瑜、杜雯静、武沅林、李淑花、张瑜�、孙小斐、聂云婧协助完成资料收集与整理的工作。栗继祖教授担任本书主审，他在确定全书结构体系和完善优化编写大纲方面给出非常好的建议，并在全书定稿后进行了详细的审阅，提出宝贵的修改意见，对提升本书的编写质量有很大帮助。在此，对他的辛苦付出表示感谢！

本书在编写过程中参考了一些国内外相关经典论著，已在参考文献中列出，在此对这些论著的作者表示衷心感谢！

由于作者学术水平有限，书中难免存在不妥之处，敬请广大读者批评指正。

作　者

目 录

第Ⅲ篇 应用发展篇

第 I 篇

基础篇

第1章 工程信息管理

【学习目标】

1. 了解数据、信息、知识等相关概念，熟悉信息的特征、度量，掌握工程信息的概念、分类。

2. 了解信息管理的概念，掌握工程信息管理的基本环节、作用及在各个阶段的信息需求。

3. 从工程全生命周期管理出发，了解工程全生命周期管理的含义，掌握整个工程信息管理过程。

1.1 工程信息

1.1.1 信息及其相关概念

1. 信息的概念

“信息”一词古已有之。在人类社会早期的日常生活中，人们对信息的认识是比较宽泛和模糊的，会把信息与消息等同看待。到了20世纪，尤其是中期以后，由于现代信息技术的快速发展及其对人类社会的深刻影响，信息工作者和相关领域的研究人员才开始探讨信息的准确含义。

美国科学家香农（C. E. Shannon）于1948年将信息看作一个抽象的量，将数学统计方法移植到信息领域，提出了计量信息的公式。他将信息定义为用来消除随机不确定性的东西。美国统计学家维纳（Wiener）提出，信息是人们在适应客观世界，并使这种适应被客观世界感受的过程中，与客观世界进行交换的内容的名称。信息泛指消息、音信、情报、新闻、信号等，它们都是人和外部世界以及人与人之间交换、传递的内容。从这个意义上看，信息是客观存在的一切事物通过物质载体所发生的消息、指令、数据、信号等可传送交换的知识内容。

信息的表现形式多样，包含于消息、情报、指令、数据、图像、信号等形式之中。信息是客观世界中各种事物的运动状态和变化的反映，是客观事物之间相互联系和相互作用的表征，表现的是客观事物运动状态和变化的实质内容。信息是无所不在的，人们在各种社会活动中都面临大量的信息。信息是需要被记载、加工和处理的，是需要被交流和使用的。为了记载信息，人们使用各种各样的物理符号及它们的组合来表示信息，这些符号及其组合就是数据。

2. 信息与数据

数据的概念不同于信息。数据是反映客观实体的属性值或对客观事物的记载。数据由一些可以鉴别的符号表示，如数字、文字、声音、图像或图形等。数据本身无特定含义，只是记录事物的性质、形态、数量特征的抽象符号。

由于信息是对数据进行加工处理后得到的有用的数据，人们掌握信息后可以加深对事物的理解并达到某些特定的目的，因此，区分数据和信息在信息系统开发中十分重要。信息与数据的关系就像产品与原料的关系。信息不随承载它的实体形式的改变而变化；数据则不然，载体不同，数据的表现形式则不同。例如，同一则信息，既可以写在纸介质上，也可以刻录在光盘中。

信息与数据是两个不可分割的概念，信息必须以数据的形式来表征，对数据进行加工处理，可以得到新的数据，新数据经过解释又可以得到新的信息（图 1-1）。但是，在一些不是很严格的场合或不易区分的情况下，人们也把它们当作同义词，如笼统地使用数据处理或信息处理。

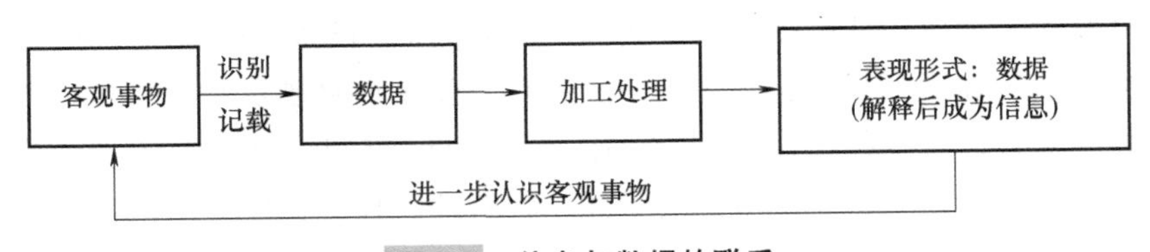

图 1-1　信息与数据的联系

3. 知识与智慧

知识（Knowledge）是指通过对信息的提炼和推理而获得的规律性结论，是对自然界、人类社会、思维方式与运动规律的认识和掌握，是人的大脑通过思维重新组合的、系统化的信息集合。知识是系统化和规律化的信息。世界经济合作与发展组织（OECD）在 1996 年的年度报告《以知识为基础的经济》中将知识分为四大类：

1）知道是什么的知识（Know-what），主要是叙述事实方面的知识。

2）知道为什么的知识（Know-why），主要是自然原理和规律方面的知识。

3）知道怎么做的知识（Know-how），主要是对某些事物的技能和能力。

4）知道是谁的知识（Know-who），涉及谁知道和谁知道如何做某些事的知识。

智慧，是在知识的基础之上，通过经验、阅历、见识的累积，而形成的对事物的深刻认识、远见，体现为一种卓越的判断力。智慧使人做出成功的决策，有智慧的人称为智者。

1.1.2 信息的特征与度量

1. 信息的特征

信息的基本特征包括以下内容:

(1) 客观性

信息是对事物的状态、特征及其变化的客观反映，而事物及其状态是客观存在的，因此反映这种客观存在的信息同样具有客观性。信息的客观性表现为信息可以被感知、获取、存储、处理、传递和利用。

(2) 可传递性

信息从时间或空间上的某一点向其他点移动的过程称为信息传递。信息可以通过多种渠道、采用多种方式进行传递，在时间上的传递就是信息的存储，在空间上的传递就是通信。信息的传递不仅可以使人类社会能够进行有效的交流和沟通，而且能够进行知识和信息的积累和传播。同时，信息传递的快慢，对信息的效用和价值非常重要。

(3) 可加工性

人们可以对信息进行加工处理，把信息从一种形式变换成另一种形式，同时在这个过程中保持一定的信息量。如果在信息加工过程中没有任何信息量的增加或损失，并且信息内容保持不变，那么这个信息加工过程是可逆的，反之则是不可逆的。实际上信息加工都是不可逆的过程。

(4) 时效性

信息的时效性是指信息从产生、接收到利用的时间间隔及效率。信息的时效性可以由信息传递的速度、使用程度等来体现。时间间隔越短，使用信息越及时，使用程度越高，信息的时效性越强。例如，信息在工程实际应用中是动态的、不断产生并且不断变化的，只有及时处理数据、及时得到信息，才能做好决策和工程管理工作，避免事故的发生，真正做到事前管理。

(5) 共享性

信息是一种资源，不同个体或群体在同一时间或不同时间可以共同使用。信息能够共享，是信息不同于物质和能量的重要特征。物质和能量的利用表现为占有和消耗，当物质和能量一定时，利用者在使用物质和能量时存在明显的竞争关系。信息的共享性是信息的一种天然属性，在时间和空间上最大限度地进行信息共享，可以提高信息的利用率，但同时也会给信息产权控制带来困难。

(6) 层次性

不同的信息接收者，所需求的信息也不同。针对不同的信息需求，必须分类提供相应的信息。从管理角度分析，一般可把信息分成战略级、战术级、作业级三个层次，不同层次的信息在内容、来源、精度、使用时间、使用频度上是不同的。例如，对于某能源基地建设工程，业主（或国家主管部门）关心的是战略信息，如工程的规模多大为好，是申请贷款还是社会集资，各分项工程进展如何，工程能否按期完工，投资能否得到有效控制等；设计单位关心的是技术是否先进，经济上是否合理，设计结果能否保证工程安全等；而监理单位为了对业主负责，则对设计、施工的质量、进度及成本等方面的信息感兴趣，这些在工程中同属于战术层。而承包商则处于执行地位，需要的是基层信息，包括其所担负项目的进度、质量及施工成本等方面的情况。如果目标发生了变化，管理层次与信息层次也将随之改变。

（7） 价值性

信息是经过加工并对生产经营活动产生影响的数据，是劳动创造的一种资源，是有价值的。索取一份经济情报或利用大型数据库查阅文献所支付的费用是信息价值的部分体现。信息的使用价值必须经过转换才能得到。信息的价值还体现在及时性上，“时间就是金钱”可以理解为及时获得有用的信息，信息资源就可以被转换为物质财富，缺乏时效性的信息，其价值会大为减小。

2. 信息的度量

信息量的大小取决于信息内容消除人们认识的不确定程度，消除的不确定程度越大，则发出的信息量就越大；消除的不确定程度越小，则发出的信息量就越小。信息量是指从 N 个相等可能事件中选出一个事件所需要的信息度量或含量，也就是在辨识 N 个事件中特定的一个事件的过程中所需要提问“是或否”的最少次数。

信息量反映了对信息的定量认识，根据信息的认识层次，信息的度量包括语法信息的度量、语义信息的度量和语用信息的度量。

（1） 语法信息的度量方法

语法信息是事物运动状态及其变化方式的外在形式，是信息问题的最基本层次。香农信息论就是研究语法信息的度量。语法信息的度量最初是为了解决通信系统的问题而产生的。通信系统包括信源、信宿、信号、信道、译码、编码等几个环节。信源的核心问题是它包含的信息究竟有多少，能否把它定量地表示出来；信宿的问题则是它能收到或获取多少信息量；信道的问题是它最多能传输多少信号；编（译）码的问题则是如何编（译）码才能使信源的信息被充分表达并最大限度地被信宿接收等。

20 世纪 20 年代，哈特莱提出应当选择对数单位测度信息量。某一事件或消息的组元数（m）与事件或消息的信息量（H）有如下关系：

$$H=\log_2 m \tag{1-1}$$

香农进一步提出，应排除信息的语义因素，把信息形式化，从定量的角度描述语法信息量的大小，采用的信息论的数学工具是概率论。假设某一随机事件 X，其结果是不确定的，有多种可能性（$x_1,x_2,x_3,\cdots,x_n$），每种结果出现的概率分别为 $p_1,p_2,p_3,\cdots,p_n$，则事件 X 的信息结构表述如下：

$$S=\begin{Bmatrix}X\\P\end{Bmatrix}=\begin{Bmatrix}x_1,x_2,x_3,\dots,x_n\\p_1,p_2,p_3,\dots,p_n\end{Bmatrix} \tag{1-2}$$

事件 X 整体的平均信息量表达如下：

$$H(X)=-K\sum_{i=1}p(x_i)\log_a p(x_i) \tag{1-3}$$

式中，K 为系数，与不同的单位制有关；a 为任意数。

式（1-3）与物理学中熵的计算公式只相差一个负号，因此可以把信息称为负熵，即信息熵。

当式（1-3）的对数底取 2，且 $n=2$，$p(x_1)=p(x_2)=1/2$ 时，令：

$$H(X)=-K\sum_{i=1}^{2}p(x_i)\log_2 p(x_i)=1 \tag{1-4}$$

则 $K=1$。

信息量的计量单位为比特（bit），是二进制单位。1bit 的信息量，包含两个独立等概率可能状态的随机事件所具有的不确定性被全部消除所需要的信息。

（2）语义信息的度量方法

主体在获得信息时，不仅要知道信息的形式，还要理解信息的意思。语义信息的度量就是分析信息的意思。度量语义信息是一个非常困难的问题，涉及符号的含义、上下文关系、语言环境的变化及认知主体的知识结构等因素。

（3）语用信息的度量方法

语用信息分析信息的效用问题，即信息的用处。度量语用信息是一个更加复杂的问题，同一信息作用于不同的对象或处于不同的环境条件下，其效用不同甚至完全相反。

1.1.3 工程信息的概念、特点及其分类

在工程项目的实施过程中，处理信息的工作量非常巨大，必须借助于计算机系统才能实现。统一的信息分类和编码体系可以使计算机系统和所有的项目参与方之间具有共同语言，一方面使得计算机系统更有效地处理、存储工程信息，另一方面有利于项目参与各方更方便地对各种信息进行交换与查询。

1. 工程信息的概念与特点

（1）工程信息的概念

工程项目从提出、调研、可行性研究、评估、决策、计划、设计、施工到竣工验收等一系列活动中，涉及范围管理、时间管理、费用管理、质量管理、采购管理、人力资源管理、风险管理、沟通管理和综合管理等多方面工作，这些工作与众多参与部门和单位形成了建设工程信息整体。从管理和其发挥作用的角度，可将这些信息分为静态信息和动态信息。静态信息是指成果性、结论性信息，如隐蔽工程验收记录、材料检验报告等，其更具有资料的性质，关系到能否为工程检查验收及日后的维护、改造、扩建提供足够的依据。动态信息是指阶段性、指令性的信息，如发函，通知，投资、进度、质量瞬时值及其分析结论等，关系到工程进展各阶段的承上启下，关系到各个管理方的内部与内部、内部与外部的沟通、决策与协调，对工程的成败至关重要。

（2）工程信息的特点

工程信息除具有一般信息的特点外，还具有其自身的特点：

1）内容构成的繁杂性。一项工程建设项目的完成往往是多部门、多专业、跨地区的综合成果。

2）信息来源的广泛性。从工程项目的提出、调研、可行性研究、评估、决策、计划、设计、施工到竣工验收等各个环节，涉及诸如设计、监理、施工、设备、物资、运营等各单位或部门，涉及范围管理、时间管理、费用管理、质量管理、采购管理、人力资源管理、风

险管理、沟通管理和综合管理等方面。

3）信息形成的阶段性。大致可分为前期准备阶段、工程设计阶段、工程施工阶段、竣工验收阶段和使用维护阶段五个阶段。

4）产生时间的延续性。工程信息随着整个工程的进展而逐渐产生，并一直延续到工程竣工验收后的管理、使用和维护阶段。

5）信息类型和载体的多样性。工程建设过程中项目建议书、可行性研究、初步设计、施工图设计、竣工验收、运行管理等多个阶段均可能产生声、像、图、文、数据等不同类型的信息，这些信息以纸质材料、照片、视频等形式存在。

6）信息使用的频繁性。工程管理各阶段产生的信息都具有承上启下的作用，各参与方、各管理方面产生的信息都具有关联性。

7）信息管理的规范性。工程信息管理必须以现行的有关建筑工程施工资料管理的规范、标准、强制性条文为基础，结合国家及地方的有关法律、法规和行政规章及建设部门对工程技术资料的具体要求而开展。

2. 工程信息分类原则

在工程管理领域，针对不同的应用需求，各国的研究者也开发、设计了各种信息分类标准。工程信息分类必须遵循以下基本原则：

1）稳定性。信息分类应选择分类对象最稳定的本质属性或特征作为信息分类的基础和标准。信息分类体系应建立在对基本概念和划分对象的透彻理解基础上。

2）兼容性。工程信息分类体系必须考虑到项目各参与方所应用的编码体系的情况，工程信息分类体系应能满足不同项目参与方高效信息交换的需要。同时，与有关国际、国内标准的一致性也是兼容性应考虑的内容。

3）可扩展性。工程信息分类体系应具备较强的灵活性，可以在使用过程中方便扩展。在分类中通常应设置一定的可扩展类目，以保证增加新的信息类型时，不会打乱已建立的分类体系，同时一个通用的信息分类体系还应为具体环境中信息分类体系的拓展和细化创造条件。

4）逻辑性。工程信息分类体系中信息类目的设置应具有逻辑性，同一层次的信息具有相同的属性，同一层面上各个子类互相排斥。

5）综合实用性。信息分类应从系统工程的角度出发，放在具体的应用环境中进行整体考虑。这体现在选择信息分类的标准与方法时，应综合考虑项目的实施环境和信息技术工具。

3. 工程信息的分类

工程项目的信息，包括在项目决策过程、实施过程（设计准备、设计、施工和物资采购过程等）和运行过程中产生的信息，以及参与项目的各方面的信息和与项目建设有关的信息，这些信息可依据不同标准进行划分。

（1）按照工程管理职能划分

1）投资控制信息。投资控制信息是指与投资控制有关的信息，如各种估算指标、类似工程造价、物价指数、设计概算、概算定额、施工图预算、预算定额、工程项目投资估算、合同价组成、投资目标体系、计划工程量、已完工程量、单位时间付款报表、工程量变化表及人工材料调查表、索赔费用表、投资偏差、已完工程结算、竣工决算、施工阶段的支付账单、原材料价格、机械设备台班费、人工费、运杂费等。

2）质量控制信息。质量控制信息是指与工程质量有关的信息，如国家有关的质量法规、政策及质量标准、项目建设标准，质量目标体系和质量目标的分解，质量控制工作流程、质量控制的工作制度、质量控制的方法，质量控制的风险分析，质量抽样检查的数据，各个环节工作的质量（工程项目决策的质量、设计的质量、施工的质量），质量事故记录和处理报告等。

3）进度控制信息。进度控制信息是指与进度有关的信息，如施工定额，项目总进度计划、进度目标分解、项目年度计划、工程总网络计划和子网络计划、计划进度与实际进度偏差，网络计划的优化、网络计划的调整情况，进度控制的工作流程、进度控制的工作制度、进度控制的风险分析等。

4）合同管理信息。合同管理信息是指与工程有关的各种合同信息，如工程招标投标文件，工程建设施工承包合同、物资设备供应合同及咨询、监理合同，合同的指标分解体系，合同签订、变更、执行情况，合同的索赔等。

5）行政管理信息。行政管理信息是指与工程行政管理有关的信息，如工程管理中各参与方之间的来往信函和文件，工程管理班子内部行政管理文件等。

（2）按照工程建设阶段划分

1）工程决策阶段的信息。工程决策阶段的信息是指在工程项目决策阶段产生的相关信息，如与项目立项决策相关的市场信息、资源信息、自然环境信息、政治和社会信息、技术经济评价和社会评价等，该阶段信息集中体现于项目建议书、可行性研究报告中。

2）设计阶段的信息。设计阶段的信息是指在设计阶段产生的相关信息，如设计任务委托书、同类工程信息、拟建工程水文地质和环境、设计规范和标准、勘察设计单位、设计管理等。

3）建设准备阶段的信息。建设准备阶段的信息是指与建设准备相关的信息，如施工场地准备、征地和拆迁、施工招标投标、施工监理招标投标、施工招标投标代理、工程地质勘察、施工图等。

4）施工阶段的信息。施工阶段的信息是指与工程施工有关的信息，如开工前的准备、施工组织设计、建设场地自然条件、施工图纸会审和交底、施工现场材料和设备、施工工序检查和验收、工地文明施工、安全措施、工程质量事故处理等。

5）竣工验收阶段的信息。竣工验收阶段的信息是指与工程竣工验收有关的信息，如竣工验收文档资料、竣工验收标准、竣工验收报告、工程移交、收尾工程等。

（3）按照管理层次划分

1）战略性信息。战略性信息是指该项目建设过程中的战略决策所需的信息，如投资总额、建设总工期、承包商的选定、合同价的确定等。

2）管理性信息。管理性信息是指项目年度进度计划、财务计划等。

3）业务性信息。业务性信息是指各业务部门的日常信息，较具体、精度较高。按照管理层次划分工程信息分类，如图 1-2 所示。

（4）按照管理性质划分

按照管理性质，工程信息可以划分为组织类信息、管理类信息、经济类信息和技术类信息。每类信息根据工程建设的阶段、工程管理的工作内容又可进一步细分，如图 1-3 所示。

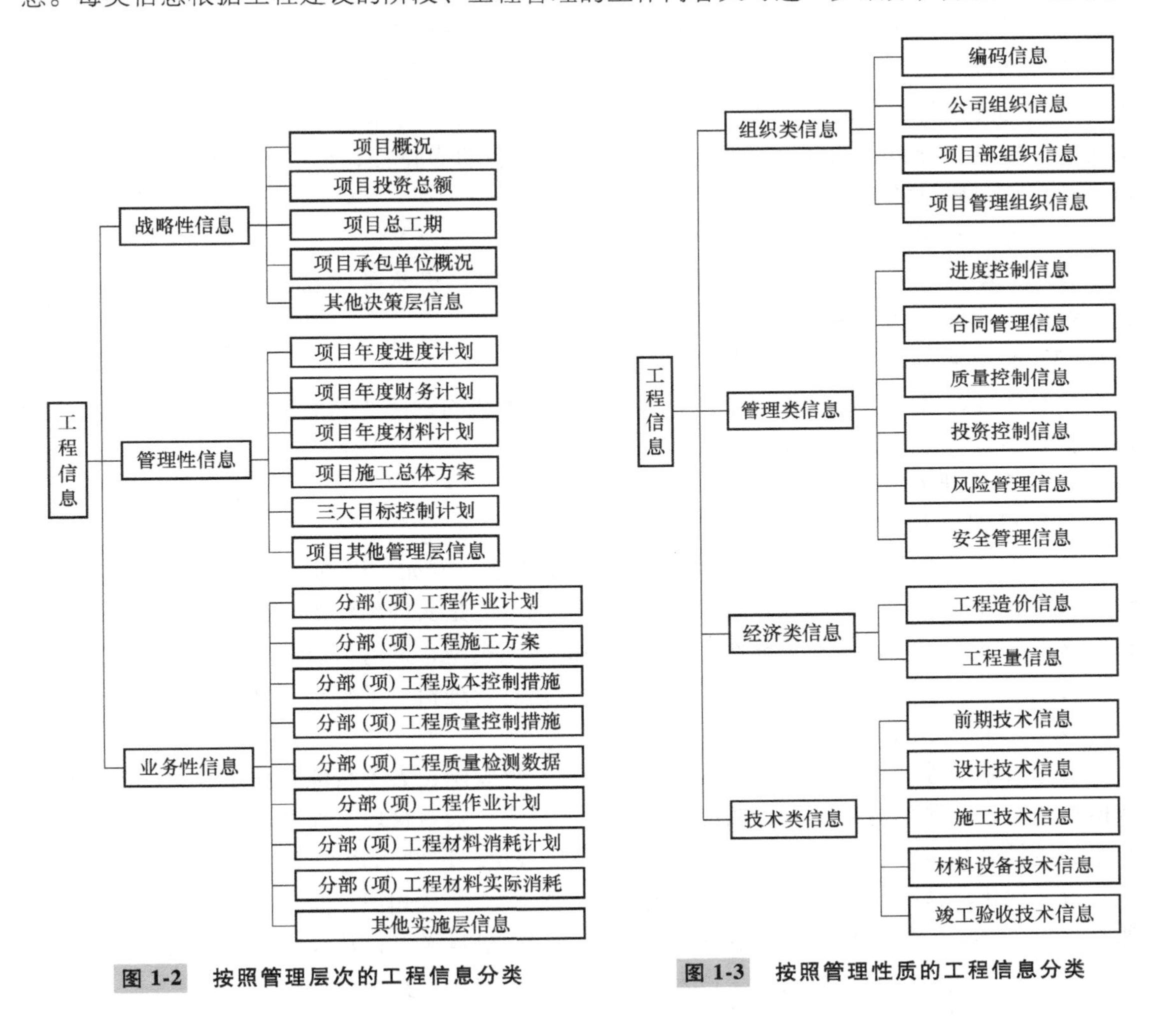

图 1-2　按照管理层次的工程信息分类

图 1-3　按照管理性质的工程信息分类

1.2 工程信息管理概述

工程信息产生于工程建设的各个阶段，工程信息管理对现代工程建设管理起着越来越重要的作用。

1.2.1　信息管理

1. 信息管理的定义

信息管理是人类为了有效地开发和利用信息资源，以现代信息技术为手段，对信息资源进行计划、组织、领导及控制的社会活动。简单地说，信息管理就是人对信息资源和信息活动的管理。对于上述定义，可从以下几个方面去理解：

（1）信息管理的对象是信息资源和信息活动

信息资源是信息生产者、信息、信息技术的有机体。信息管理的根本目的是控制信息流向，实现信息的效用与价值。信息活动是指人类社会围绕信息资源的形成、传递和利用而开展的管理活动与服务活动。信息资源的形成阶段以信息的产生、记录、收集、传递、存储、处理等活动为特征，目的是形成可以利用的信息资源。信息资源的开发利用阶段以信息资源的传递、检索、分析、选择、吸收、评价、利用等活动为特征，目的是实现信息资源的价值，达到信息管理的目的。

（2）信息管理是管理活动的一种

管理活动的基本职能（计划、组织、领导、控制）仍然是信息管理活动的基本职能，只不过信息管理的基本职能更有针对性。

（3）信息管理是一种社会规模的活动

信息管理是涉及广泛的社会个体、群体和国家参与的普遍性的信息获取、控制和利用的活动，它具有普遍性和社会性。

2. 信息管理的特征

（1）管理类型特征

信息管理是管理的一种，具有管理的一般性特征。例如，管理的基本职能是计划、组织、领导、控制，管理的对象是组织活动，管理的目的是实现组织的目标等，信息管理同样具备这些特征。但是，信息管理作为一个专门的管理类型，又有自己的独有特征：管理的对象不是人、财、物，而是信息资源和信息活动，信息管理贯穿于整个管理过程之中。

（2）时代特征

信息技术快速发展，特别是大数据、云计算、物联网、人工智能等技术的深入应用使得数据量激增，同时信息处理和传播的速度也越来越快，随着管理工作要求的提高，信息处理的方法也越来越复杂。这些不仅需要一般的数学方法，还要运用数理统计方法、运筹学方法、智能优化算法等。信息管理所涉及的领域不断扩大，从知识范畴上看，信息管理涉及管理学、社会科学、行为科学、经济学、心理学、计算机科学等；从技术上看，信息管理涉及计算机技术、通信技术、数据科学技术、办公自动化技术、数据采集技术等。

3. 信息管理的分类

1）信息管理按管理层次分为宏观信息管理、中观信息管理、微观信息管理。

2）信息管理按管理性质分为信息生产管理、信息组织管理、信息系统管理、信息市场管理等。

3）信息管理按应用范围分为企业信息管理、政务信息管理、商务信息管理、公共事业信息管理等。

4）信息管理按信息内容分为经济信息管理、科技信息管理、教育信息管理、军事信息管理等。

4. 信息管理的职能

美国信息资源管理学家霍顿和国内学者在 20 世纪 80 年代初指出，信息资源与人力、物力和财力等自然资源一样，都是企业的重要资源，因此，应该像管理其他资源那样管理信息资源。

（1）信息管理的计划职能

通过调查研究预测未来，根据战略规划所确定的总体目标分解出目标和阶段任务，并规定实现这些目标的途径和方法，制订出各种信息管理计划。信息管理计划包括信息资源计划和信息系统建设计划。

1）信息资源计划是信息管理的主计划，包括信息资源管理的战略规划和常规管理计划。信息资源管理的战略规划是组织信息管理的行动纲领，规定组织信息管理的目标、方法和原则。常规管理计划是指信息管理的日常计划，包括信息收集计划、信息加工计划、信息存储计划、信息利用计划和信息维护计划等，是对信息资源管理的战略规划的具体落实。

2）信息系统是信息管理的重要方法和手段。信息系统建设计划是信息管理过程中一项至关重要的专项计划，是指组织关于信息系统建设的行动安排和纲领性文件，内容包括信息系统建设的工作范围、对人财物和信息等资源的需求、系统建设的成本估算、工作进度安排和相关的专题计划等。信息系统建设计划中的专题计划是信息系统建设过程中为保证某些细节工作能够顺利完成、保证工作质量而制订的，这些专题计划包括质量保证计划、配置管理计划、测试计划、培训计划、信息准备计划和系统切换计划等。

（2）信息管理的组织职能

经济全球化、网络化、知识化的发展与网络通信技术、计算机信息处理技术的发展，对人类活动的组织产生了深刻的影响，信息活动的组织也随之发展。计算机网络及信息处理技术被应用于组织中的各项工作，使组织能更好地收集信息，更快地做出决策，增强了组织的适应能力与竞争力。从而使组织信息资源管理的规模日益增大，信息管理对于组织更显重要，信息管理成为组织中的重要部门。信息管理部门不仅要承担信息系统组建、保障信息系统运行和对信息系统的维护更新工作，还要向信息资源使用者提供信息、技术支持和培训等。综合起来，信息管理的组织职能包括信息系统研发与管理、信息系统运行维护与管理、信息资源管理与服务、提高信息管理组织的有效性四个方面。

1）信息管理的领导职能。信息管理的领导职能是指信息管理领导者对组织内所有成员的信息行为进行指导或引导和施加影响，使成员能够自觉自愿地为实现组织的信息管理目标而工作的过程。其主要作用就是要使信息管理组织成员更有效、更协调地工作，发挥自己的潜力，从而实现信息管理组织的目标。信息管理的领导职能不是独立存在的，它贯穿信息管理的全过程，贯穿计划、组织和控制等职能之中。

2）信息管理的控制职能。为了确保组织的信息管理目标，以及为此而制定的信息管理计划能够顺利实现，信息管理者根据事先确定的标准或因发展需要而重新确定的标准，对信息工作进行衡量、测量和评价，并在出现偏差时进行纠正，以防止偏差继续发展或今后再度发生；或者，根据组织内外环境的变化和组织发展的需要，在信息管理计划的执行过程中，对原计划进行修订或制订新的计划，并调整信息管理工作的部署。也就是说，控制工作一般分为两类：一类是纠正实际工作，减小实际工作结果与原有计划及标准的偏差，保证计划的顺利实施；另一类是纠正组织已经确定的目标及计划，使之适应组织内外环境的变化，从而纠正实际工作结果与目标和计划的偏差。

5. 信息管理的发展阶段

信息管理是20世纪60年代后才出现的新概念，信息管理的发展过程一般可以划分为四个发展阶段：手工管理阶段，技术管理阶段，资源管理阶段，知识管理阶段。实际上，虽然信息管理的四个发展阶段存在前后更替的关系，但是不同发展阶段之间并没有严格的冲突，不同阶段的信息管理技术和方法经常同时并存于当前的信息管理活动中。

（1）手工管理阶段

手工管理阶段以信息源为核心，以文献为主要载体，以图书馆为象征，主要为社会提供图书资料信息，也称为文献管理阶段或者传统管理阶段。

自然语言是人类最原始和自然的信息交流载体。文字出现，就是出现了文献。随着印刷术的发明和人类社会的发展，记录人类经验、知识和信息的文献数量迅速发展。古代社会对文献信息管理是自发的、无组织的，信息记载材料是天然的，信息记录方法是手工的；社会信息量不大，信息管理活动也是零星的、片段的。近代工业革命极大地促进了社会信息活动的发展，动力技术与活字印刷术提高了文献生产的效率，交通运输工具为文献资料的传播提供了便利条件，电信技术为信息交流创造了更便捷的手段。科学研究活动成为有组织的社会事业，科学劳动成果成倍增加，文献信息的数量急剧增长。文献信息主要集中于图书馆，信息管理手段以手工为主，辅助以部分机械化作业。

（2）技术管理阶段

20世纪60年代，计算机开始应用于数据处理，出现了以计算机技术为基础的各种信息管理系统。20世纪50年代出现了电子数据处理系统（EDPS），20世纪60年代兴起管理信息系统（MIS），20世纪70年代提出了决策支持系统（DSS）和办公自动化系统（OAS）等。随着信息系统的发展，信息管理对组织管理的作用由事件处理和业务监督走向战略决策。

技术管理阶段以信息流为核心，以计算机为工具，以自动化、信息处理和信息系统建造为主要工作内容。其主要特征是以计算机技术为核心，以管理信息系统为主要内容，主要任务是解决大量数据信息的存储和检索。

（3）资源管理阶段

信息资源管理（Information Resource Management，IRM）是20世纪80年代初提出的概念。20世纪80年代末出现了战略信息系统（Strategy Information System）的概念。信息资源管理将信息作为与经济资源、管理资源和竞争资源并列的一种资源，强调信息资源在组织管理决策与竞争战略中的作用，使组织成为新的信息管理战略，以便更加合理地开发和有效利用信息资源，增强竞争实力，获得竞争优势。

信息资源管理阶段将信息活动的各种要素都作为信息资源的要款纳入信息管理的范围，是综合性、全方位的集成管理。其主要特征是以信息资源为中心，以战略信息系统为基础，主要任务是解决信息资源对竞争战略决策的支持，并以网络作为常用的管理手段。

（4）知识管理阶段

知识管理（Knowledge Management，KM）来源于传统的信息管理，是信息管理的深化与发展。知识是信息的深加工，知识管理需要充分利用信息技术，对知识进行识别、处理和传播，并有效地提供给用户使用。知识管理也包括对人的管理，因为知识不仅是编码化的信息，而且更重要的知识普遍存在于人脑之中，知识管理的重要任务在于发掘这部分非编码化的知识，使非编码化的个人知识得以充分共享，从而提高组织竞争力。

信息管理使数据转化为信息，而知识管理使信息转化为知识。知识管理的目标是知识的运用，主要特征是以系统、整体、全面的方式解决信息管理问题，依靠知识创新推动经济增长，依靠科技进步和提高劳动者素质来推动经济增长。

6. 信息管理的发展趋势

1）信息管理从手工管理向自动化、网络化、数字化的方向发展，信息管理模式的改变和水平的提高，依赖于技术条件的支持。

2）信息系统从分散、孤立、局部地解决问题，走向系统、整体、全局性地解决问题。这是社会发展的需要。人们的观念逐渐发生变化，普遍认识到只有实现资源共享才能真正解决社会对信息的需求，共同建设、共同享用是将来信息管理发展的必由之路。

3）信息管理从以收集和保存信息为主向以传播和查找为主的方向转变。现代技术为收集和存储信息创造了良好的条件，然而更重要的问题是如何在信息的海洋中找到需要的信息，这是今后要解决的主要问题。

4）信息管理从单纯管理信息本身向管理与信息活动有关资源的方向发展。信息管理不能只关注物质因素，还要关注人文因素、社会因素和经济因素的综合管理。

5）信息管理从辅助性配角地位向决策性主角地位转变，信息管理作用会逐渐显现，并将在经济繁荣和社会发展中发挥越来越大的作用。

1.2.2　工程信息管理的基本环节和作用

工程信息管理贯穿于工程项目全过程，发生在工程建设的各个阶段、各个参与方的各个方面。伴随着物质生产过程，也是信息的产生、处理、传递及其应用的过程。项目的建设过程离不开信息，工程信息管理工作的好坏直接影响工程建设的成败。

工程信息管理是指信息传输的合理组织和控制。对各个系统、各项工作和各种数据进行管理，使项目的信息能方便和有效地获取、存储、存档、处理和交流。其目的就是通过有组织的信息流通，使决策者能及时准确地获得相应的信息。要达到信息管理的目的，就要把握好信息管理的各个环节。

1. 工程信息管理的基本环节

工程信息管理的基本环节包括信息的收集、传递、加工、整理、检索、分发和存储。工程信息的加工、整理和存储是数据收集后的必要过程。收集的数据经过加工、整理后产生信息。信息是指导施工和工程管理的基础，要把管理由定性分析转到定量管理上来，信息是不可或缺的要素。

2. 工程信息管理的作用

大型工程建设项目均具有投资大、周期长、技术难、接口多、管理协调复杂等特点，信息管理对于改进工程项目管理、提高工效和工作质量、降低造价、积累信息财富、提高企业市场竞争能力具有重要的作用。具体体现在以下几方面：

1）辅助决策。针对工程项目管理过程中积累的大量信息，借助信息化手段建立起信息存储、管理、交流的平台，可以实现跨地域的同步交流与管理。计算机信息系统为项目参与各方随时提供工程的进度、安全、质量和材料采购情况，及时收集、追踪各种信息，减少人工统计数据的片面性和误差，使信息传递更加快捷、开放。项目管理者可以通过项目数据库，方便、快捷地获得需要的数据，通过数据分析，减少决策过程中的不确定性、主观性，增强决策的合理性、科学性及快速反应能力。

2）提高管理水平。借助信息化工具对工程项目的信息流、物流、资金流进行管理，可以及时准确地提供各种数据，杜绝由于手工和人为因素造成的错误，保证流经多个部门的信息的一致性，避免由于口径不一致或版本不一致造成的混乱。同时，利用信息管理平台、电子邮件等信息化手段，可以把工程项目参与各方紧密联系起来，利用项目管理数据库提供的各种项目信息，实现异地协调与控制。

3）再造管理流程。工程项目管理是通过环环相扣的业务流程，把各项投入变成最终产品。在同等人、财、物投入的情况下，不同的业务流程所产生的结果是不同的。传统的项目组织结构及管理模式存在多等级、多层次、沟通困难、信息传递失真等弊端。以信息化建设为契机，利用成熟系统所蕴含的先进管理理念，对项目管理进行业务流程的梳理及变革，将有效地促进项目组织管理的优化。使用信息化系统减少了管理层次、缩短了管理链条，精简了人员，使决策层与执行层能直接沟通，缩短了管理流程，加快了信息传递。

4）降低成本，提高工作效率。工程项目信息化管理可以大大降低管理人员的劳动强度。通过网络进行各种文件、资料的传送和查询，节约了沟通的成本。例如，采用计算机系统管理材料物资，可对施工中所需的各种材料进行有效的采购、供应、分析和核算；进行网络采购，可降低采购成本；利用库存信息合理进行材料调配，减少了库存，节约了劳动力和经营成本。

5）提高管理创新能力。成熟的信息系统是先进管理理念的体现。通过信息化可以借鉴这些理念，建立规范制度，提升管理水平。同时，利用网络资源可以方便、快捷、广泛地获取新技术、新工艺、新材料信息，为创建优质工程提供条件。

1.3 工程信息管理的过程

工程信息管理贯穿工程项目管理全过程，衔接工程各个阶段、各个参与方。物质生产过程，也是信息的生产、处理和传递及其应用的过程，而工程建设的生产过程又的确依赖于信息。因此，工程管理工作的质量直接影响最终的工程效果。

工程项目信息管理的过程主要包括信息的收集，优化选择，加工与存储和输出与反馈。工程信息的加工、整理、存储是数据收集后的必要过程。收集的数据经过加工、整理后产生信息。

1.3.1 工程项目全生命周期管理

工程项目从开始到结束的整个过程，经历了前期决策、设计、招标投标、施工、试运行和正式运营、项目结束等多个阶段，涉及投资方、开发方、监理方、设计方、施工方、供货方、项目使用期的管理方等多个参与方。

1. 工程项目全生命周期的概念

工程项目的全生命周期是指从项目构思与设想到项目报废的全过程，它包括项目的决策阶段、实施阶段和使用阶段（运行阶段或运营阶段），如图 1-4 所示。

项目构思与设想　项目决策　项目动用　项目报废

决策阶段		实施阶段						使用阶段	
		设计准备阶段	设计阶段			施工阶段	动用前准备阶段	运行阶段	
编制项目建议书	编制可行性研究报告	编制项目建议书	初步设计	技术设计	施工图设计	施工	竣工验收	动用开始	运行与保修

图 1-4　工程项目的全生命周期

决策阶段的主要任务是确定项目的定义，即确定项目建设的任务和确定项目建设的投资目标、质量目标和工期目标等。工程项目的实施阶段包括设计准备阶段、设计阶段、施工阶段、动用前准备阶段。招标投标工作分散在设计准备阶段、设计阶段和施工阶段中进行，因此可以不单独列为招标投标阶段。实施阶段的主要任务是完成建设任务，并尽可能好地实现项目建设目标。使用阶段的主要管理任务是确保项目的运行或运营，包含项目的保修，使项目能保值和增值。本书中工程项目信息管理是指建设工程项目全生命周期的信息管理，而施工项目信息管理是指项目施工阶段和动用前准备阶段的信息管理。

2. 工程项目的参与方及其分工

工程项目全生命周期管理大体可分为项目前期的开发管理（Development Management, DM）、项目实施期的项目管理（Project Management, PM）、项目使用期的设施管理（Facility Management, FM）。在这些过程中，涉及投资方、开发方、监理方、设计方、施工方、供货方、项目使用期的管理方等多方参与，全生命周期管理中各参与方的分工及参与的时间范畴如图 1-5 所示。其中，DM 属于投资方和开发方的管理工作，FM 属于项目使用期管理方（可能是业主方，或由业主方委托的设施管理单位）的工作，而项目管理则涉及项目各参与方的管理工作，包括投资方或开发方（业主方）、监理方、设计方、施工方和供货方等的项目管理。因此，工程管理不仅仅是业主方的管理，它包括工程项目的各个参与单位对工程的管理。

工程建设过程各参与方的参与程度还体现在不同的承发包方式上，如图 1-6 所示。在不同的承发包方式下，开发方、设计方、咨询或监理方扮演了不同的角色或有不同的管理侧重。

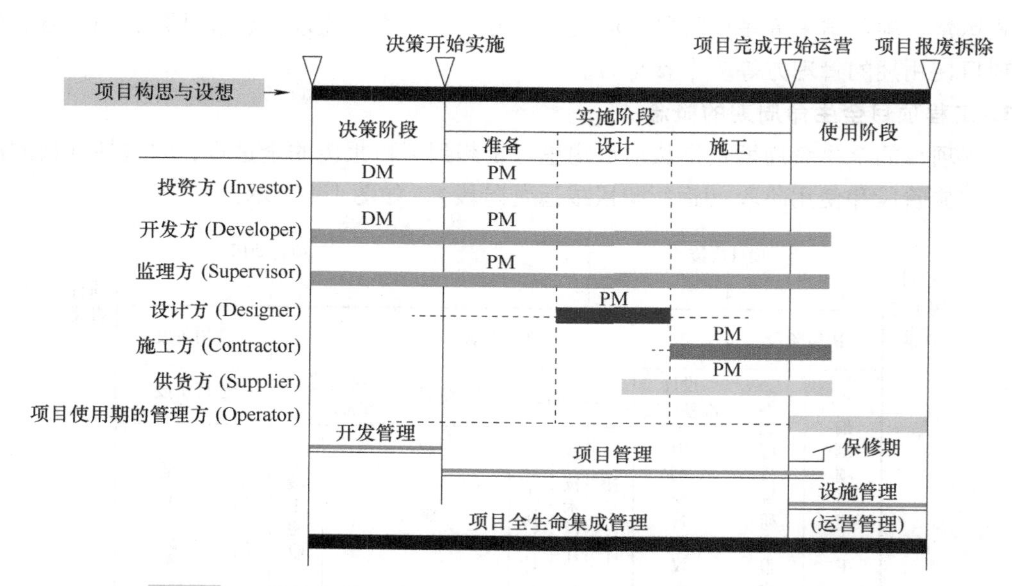

图 1-5　工程项目全生命周期管理涉及的各参与方及参与的时间范畴

筹划	可行性研究	规划	设计	采购	施工	验收及保修	维护及试运行	运营
					施工总包 (General Contracting)			
			建造管理 (Construction Management)					
			设计/建造 (Design/Build)					
项目管理 (Single Project)								
项目群管理 (Multiple Projects)								
BOT (Build/Operate/Transfer)								
系统咨询 (System Consulting)								
筹划	可行性研究	规划	设计	采购	施工	验收及保修	维护及试运行	运营

图 1-6　各种承发包方式涉及的项目参与方示意图

3. 工程项目各阶段的管理

(1) 开发管理

开发管理（DM）即工程项目决策阶段的管理，其主要任务是定义开发或建设的任务和意义，其管理的核心是对所要开发的项目进行策划。开发管理包括以下工作：建设环境和条件的调查与分析，项目建设目标论证与项目定义，项目结构分析，与项目决策有关的组织、管理和经济方面的论证与策划，与项目决策有关的技术方面的论证与策划，项目决策的风险分析等。

(2) 项目管理

项目管理（PM）的内涵是从项目开始至完成，通过项目策划和项目控制，使项目的费用目标、进度目标和质量目标得以实现。按工程生产组织的特点，一个项目往往由许多参与单位承担不同的建设任务，而各参与单位的工作性质、工作任务和利益不同，因此就形成了不同类型的项目管理。由于业主方是工程项目生产过程的总集成者，包括人力资源、物质资源和知识的集成，同时也是工程项目生产过程的总组织者，因此对于一个工程项目而言，虽然包含了代表不同利益方的多方项目管理，但是业主方的项目管理仍然是管理的核心。

1）业主方的项目管理。业主方的项目管理服务于业主的利益，其项目管理的目标包括项目的投资目标（总投资目标）、进度目标（项目动用的时间目标）和质量目标。业主方的项目管理工作涉及项目实施和使用阶段的全过程，即在设计前的准备阶段、设计阶段、施工阶段、动用前准备阶段和保修阶段分别进行安全管理、投资控制、进度控制、质量控制、合同管理、信息管理、组织和协调等工作。

2）设计方的项目管理。设计方作为项目建设的一个参与方，其项目管理主要服务于项目的整体利益和设计方本身的利益。项目的投资目标能否得以实现与设计工作密切相关。设计方的项目管理工作主要在设计阶段进行，但它也涉及设计前的准备阶段、施工阶段、动用前准备阶段和保修阶段。设计方的项目管理包括与设计工作有关的安全管理，设计成本控制和与设计工作有关的工程造价控制，设计进度控制，设计质量控制，设计合同管理，设计信息管理，与设计工作有关的组织和协调等。

3）施工方的项目管理。施工方作为项目建设的一个参与方，其项目管理主要服务于项目的整体利益和施工方本身的利益。施工方的项目管理工作主要在施工阶段进行，但它也涉及设计准备阶段、设计阶段、动用前准备阶段和保修阶段。在工程实践中，设计阶段和施工阶段往往是交叉的，因此施工方的项目管理工作也涉及设计阶段。施工方的项目管理包括：施工安全管理，施工成本控制，施工进度控制，施工质量控制，施工合同管理，施工信息管理，与施工有关的组织与协调。施工方可能是施工总承包方、施工总承包管理方、分包施工方，或建设项目总承包的施工任务执行方，或仅仅提供施工的劳务。当施工方担任的角色不同时，其项目管理的任务和工作重点也会有差异。

4）供货方的项目管理。供货方作为项目建设的一个参与方，其项目管理主要服务于项目的整体利益和供货方本身的利益。供货方的项目管理工作主要在施工阶段进行，但它也涉及设计准备阶段、设计阶段、动用前准备阶段和保修阶段。供货方的项目管理包括：供货的安全管理，供货方的成本控制，供货的进度控制，供货的质量控制，供货合同管理，供货信息管理，与供货有关的组织与协调。

（3）设施管理

设施管理（FM）的目的是使工程项目在使用期（运营期或运行期）能保值和增值。设施管理工作应尽可能在项目的决策期和实施期就介入，以利于在决策期和实施期充分考虑项目使用的需求。在项目决策阶段，设施管理的主要工作是参与项目定义的工作过程，并对决策阶段的重要问题参与讨论。在设计准备阶段和设计阶段，设施管理的主要工作是参与设计任务书的编制，并从设施管理的角度跟踪设计过程。在施工阶段，设施管理的主要工作是参与设计变更的确定，并跟踪施工过程。

4. 工程全生命管理的产生

工程项目建设从开始到结束的整个过程中，与项目有关的技术、经济、管理、法律等各方面的信息从无到有，从粗到细，经历了复杂的不断积累增加的变化过程。

由于工程项目的特殊性，项目建设周期长，参与到项目中的多个单位、各种人员在项目建设前没有直接关系，而在项目建设中需了解工程项目的要求，要掌握相应的信息，产生并处理新的工程信息。随着设计、施工等各阶段工作的逐渐展开，与工程有关的信息不断地增加并逐渐深化和系统化。当一个阶段工作结束，下一个阶段工作开始时，新的人员开始参与到项目中，对于这些人员，原有的信息绝大多数是未知的。如果没有统一的信息平台，就会在工程建设各阶段的衔接中产生信息丢失，从而降低工程的效率，如图 1-7 中折线所示。

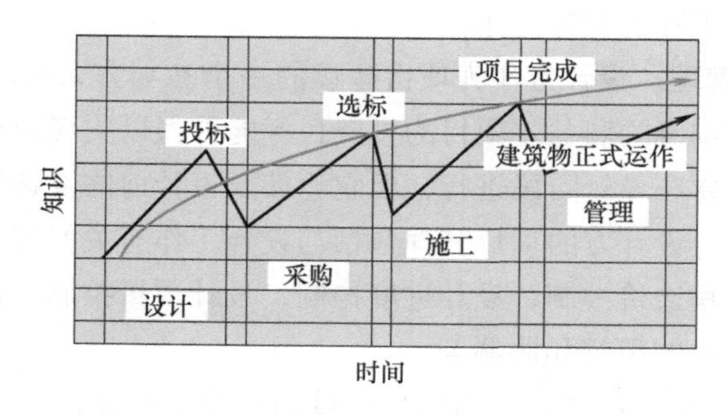

图 1-7　工程管理各个阶段信息丢失比较

如何避免工程建设过程信息的流失所造成的负面影响，已成为建设领域信息化的一个主要工作任务。国内外 IT 技术的最新发展从信息化的角度为避免信息流失和减少交流障碍提供了两方面的可能性：一方面是推行工程设计、施工和管理工作中的工程信息的模型化和数字化，即建筑信息模型（Building Information Modeling，BIM）的概念；另一方面是提高工程信息在参与建设工程各个单位和个人之间共享的程度，减少信息在这些界面之间的交流障碍，即工程全生命管理（Engineering Lifecycle Management，ELM）的概念。工程全生命管理是将工程建设过程中包括规划、设计、招标投标、施工、竣工验收及物业管理等作为一个整体，形成衔接各个环节的综合管理平台，通过相应的信息平台，创建、管理及共享统一完整的工程信息，减少工程建设各阶段衔接及各参与方之间的信息丢失，提高工程的建设效率，如图 1-7 中曲线所示。

1.3.2　工程信息数据采集

工程参建各方对数据和信息的收集是不同的，有不同的来源、不同的角度、不同的处理方法，但要求各方相同的数据和信息规范化。由于参建各方在不同时期对数据和信息的收集侧重点有所不同，因而也要求规范信息行为。工程的不同阶段，如项目决策阶段、项目设计阶段、项目施工招标投标阶段、项目施工阶段等，决定了不同的信息内容。但无论项目信息内容有何不同，人们获取信息的来源、信息采集的途径、信息采集的方法是相同的。

1. 决策阶段的信息收集

应该在进入工程咨询期间就进行项目决策阶段相关信息的收集，主要是工程项目外部的宏观信息，从时间跨度上要收集过去、现在和未来的与项目相关的信息。信息收集包括项目相关市场方面的信息，项目资源相关方面的信息，自然环境相关方面的信息，新技术、新设备、新工艺、新材料，专业配套能力方面的信息，政治环境、社会状况、当地法律法规等信息。决策阶段信息的主要作用是帮助建设单位进行正确决策，开展调查和投资机会研究，编写可行性研究报告，进行投资估算和工程建设经济评价。

2. 设计阶段的信息收集

（1）计划任务书及其有关资料的收集

计划任务书又称设计任务书，它是确定工程项目建设方案（包括建设规模、建设布局和建设进度等原则问题）的重要文件，也是编制工程设计文件的重要依据。所有新建或扩建的工程项目，都要根据资源条件和国民经济发展规划按照工程项目的隶属关系，由主管部门组织有关单位提前编制设计任务书。

（2）设计文件及有关资料的收集

工程项目的设计任务书经审批后，主管部门需要委托设计单位编制工程设计文件。工程设计文件通常包括以下内容：

1）社会调查情况。建设地区的工农业生产、社会经济、地区历史、人民生活水平及自然灾害等调查情况。

2）工程技术勘测调查情况。收集建设地区的自然条件资料，如河流、水文资源、地质、地形、地貌、水文地质、气象等资料。

3）技术经济勘察调查情况。主要收集工程建设地区的原材料、燃料来源、水电供应和交通运输条件、劳力来源、数量和工资标准等资料。

4）设计图反映出大量的信息。如施工总平面图、建筑物的施工平面图和剖面图、安装施工详图、各种专门工程的施工图及各种设备和材料的明细表等，依据施工图设计所提出的预算等。

3. 施工招标投标阶段的信息收集

该阶段的信息收集有助于协助设计单位编制招标书，有助于建设单位选择施工单位和项目经理、项目班子，有利于签订施工合同。要求信息收集人员充分了解施工设计和施工图预算，熟悉法律法规、招标投标程序、合同示范范本，特别要求在了解工程特点和工程量分解上具有一定的能力。

项目施工招标投标阶段的信息收集主要从以下几个方面进行，如工程地质、水文勘察报告，施工图设计及施工图预算、设计概算，设计、地质勘察、测绘的审批报告等信息；设计单位建设前期报审文件，工程造价的市场变化情况，当地施工单位情况，本工程实用的相关规范、规程等信息，有关招标投标的规定和代理信息，以及建设过程采用的新技术、新设备、新材料、新工艺等。

4. 施工阶段的信息收集

该阶段的信息收集可以从施工准备期、施工实施期、竣工保修期三个子阶段分别进行。

（1）施工准备期

施工准备期阶段信息来源较多、复杂，由于各参与方相互了解还不够，信息渠道没有建立，信息收集有一定困难。应组建工程信息合理的流程，确定合理的信息源，规范各参与方的信息行为，建立必要的信息秩序。该阶段的信息收集主要包括：施工图预算及施工图，监理大纲，工程预算体系和施工合同，施工单位项目经理部的组成，施工进场情况，安全措施，现场环境情况，施工图纸会审及交底情况，本工程需遵循的相关建筑法律、法规，质量检验验收标准等。

（2）施工实施期

施工实施期阶段信息来源相对比较稳定，主要是施工过程中随时产生的数据，由施工单位逐层收集上来，比较单纯，容易实现规范化。但关键是施工单位、监理单位和建设单位在信息形式上和汇总上不统一，应对此加以规范。统一建设各方的信息格式，实现标准化、代码化、规范化。施工实施期收集的信息应该分类由专门的部门或专人分级管理。该阶段的信息收集主要包括：施工单位人员、设备、水、电、气等能源的动态信息，施工期的气象信息，建筑材料、半成品、成品、构配件等工程物资的进场、保管等信息，项目经理部的相关信息，施工中须执行的国家和地方相关的规范、规程等，施工中发生的工程数据，建筑材料相关试验检测数据，设备安装时运行和测试信息，施工索赔相关信息等。

（3）竣工保修期

竣工保修期阶段信息是建立在施工实施期日常信息积累的基础上，是各参与方信息收集最后的汇总和总结。该阶段要收集的信息主要包括：工程准备阶段文件，监理文件，施工资料、竣工图，竣工验收资料等。

5. 竣工验收阶段的信息收集

工程竣工验收阶段主要收集工程竣工验收和移交的相关信息，包括工程建设所有竣工验收资料、竣工图、工程存档资料等信息。

1.3.3 工程信息加工与存储

1. 工程项目信息的加工及整理

工程项目信息的加工、整理主要是把各参与方得到的数据和信息进行鉴别、选择、核对、合并、排序、更新、计算、汇总、转储，生成不同形式的数据和信息，提供给不同需求的各类管理人员使用。

信息加工整理往往要求按照不同的需求分层进行。不同的使用角度，加工方法是不同的。工程人员对数据的加工要从鉴别开始。一种数据是自己收集的，可靠度较高；而对其他单位提供的数据就要从数据采样系统是否规范、采样手段是否可靠，提取数据的人员素质如何、数据的精度是否达到所要求的精度入手，对这些数据加以选择、核对及必要的汇总，对动态的数据要及时更新，对在施工中产生的数据要按照单位工程、分部工程、分项工程组织在一起，每一单位、分部、分项工程又把数据信息分为造价、进度、质量等多个方面。工程信息加工与存储流程如图 1-8 所示。

2. 工程项目信息的存储

信息的存储一般需要建立统一的数据库，各类数据以文件的形式组织在一起，组织的方式要考虑规范化。可以按工程进行组织，同一工程按照投资、进度、质量、合同等组织，各类信息进一步按照具体情况细化；各参与方协调统一存储方式，在国家技术标准有统一代码时尽量采用统一代码，文件名命名也应规范化；尽量通过网络数据库的形式存储数据，达到建设各方数据共享，减少数据冗余，保证数据的唯一性。

经过收集、加工和整理后的工程信息，应该存档以备将来使用。为了便于管理和使用工程信息，工程参与方必须建立完善的信息资料管理制度，包括工程信息资料的收集、加工、整理、存储等工作，将各类资料按不同类别分别登记和存放。

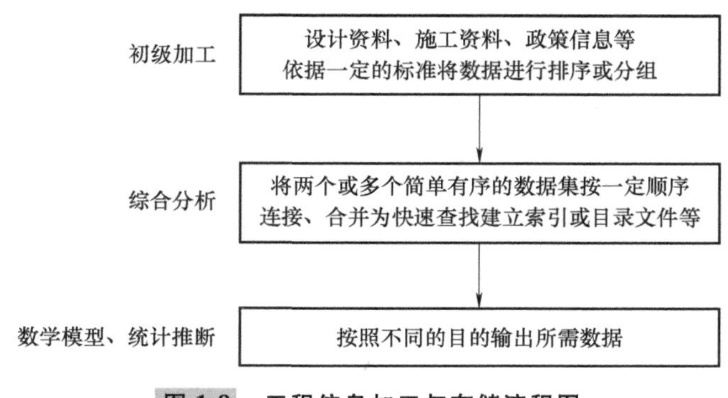

图 1-8　工程信息加工与存储流程图

1.3.4　工程信息输出与反馈

1. 工程信息的输出

信息处理的主要任务是为用户提供其所需要的信息，根据数据的性质和来源，信息输出内容可分为以下三类：

1）原始基础数据类，如市场环境信息等。这类数据主要用于辅助企业决策，根据用户查询、浏览和比较的结果来输出。

2）过程数据类，主要是指由原始基础数据推断、计算、统计、分析而得出的信息，如市场需求量的变化趋势、方案的收支预测数、方案的财务指标、方案的敏感性分析等。

3）文档报告类，主要包括市场调查报告、经济评价报告、投资方案决策报告等，这类数据主要是存档、备案、送上级主管部门审查之用。

2. 工程信息的反馈

信息反馈在工程项目管理过程中起着十分重要的作用。信息反馈就是将输出信息的作用结果再返送回来的过程，必要时对输入信息进行修正以提高信息的准确性。

本 章 小 结

信息是客观世界中各种事物的运动状态和变化的反映，是客观事物之间相互联系和相互作用的表征，表现的是客观事物运动状态和变化的实质内容。

复习思考题

1. 如何区别信息与数据、知识？
2. 信息有哪些特征？
3. 如何对工程信息进行分类？
4. 什么是工程信息管理？
5. 简述工程信息管理的过程。

第2章 工程管理信息系统概述

【学习目标】

1. 了解工程管理的定义、内涵、特点等，并将工程管理与信息化结合深入理解信息化对工程管理的意义。

2. 从管理信息系统出发，了解工程管理信息系统的定义、结构与类型等，掌握工程管理信息系统的功能和特点。

3. 了解工程管理信息系统的发展历程及未来的发展趋势。

2.1 工程管理基础

2.1.1 工程管理的定义

目前，国内外对工程管理有多种不同的解释和界定，主要有以下三种：

（1）Engineering Management

Engineering Management 是指广义的工程管理，它的管理对象是广义的“工程”。美国工程管理协会（ASEM）对它的解释为：工程管理是对具有技术成分的活动进行计划、组织、资源分配及指导和控制的科学和艺术。

美国电气电子工程师协会（IEEE）工程管理学会对工程管理的解释为“工程管理是关于各种技术及其相互关系的战略和战术决策的制定及实施的学科”。

中国工程院咨询项目报告《我国工程管理科学发展现状研究》中对工程管理也做了界定：工程管理是指为实现预期目标，有效地利用资源，对工程所进行的决策、计划、组织、指挥、协调与控制。

广义的工程管理既包括对重大建设工程实施（包括工程规划与论证、决策、工程勘察与设计、工程施工与运营）的管理，也包括对重要复杂的新产品、设备、装备在开发、制造、生产过程中的管理，还包括技术创新、技术改造、转型、转轨的管理，产业、工程和科技的发展布局与战略的研究与管理等。

（2） Construction Management

Construction Management 就是常说的建筑工程管理。它的管理对象是狭义的工程领域，即比较传统的“工程”的范畴，包括土木建筑工程（包括房屋建筑、地下建筑、隧道、道路、桥梁、矿井工程等）和水利工程（包括各种水利水电工程，如运河、大坝、水力发电设施等）。所以，可以认为它是狭义的工程管理。目前，我国的工程管理专业主要是指这种工程管理，它是上述广义的工程管理的一部分。

（3） Project Management

Project Management，即项目管理。项目管理具有十分广泛的意义，它与工程管理有一个交集，即工程项目管理。

工程项目管理是工程管理的一个主要组成部分。它采用项目管理的方法对工程的建设过程进行管理，通过计划和控制保证工程项目目标的实现。工程管理不仅包括工程项目管理，还包括工程的决策、工程估价、工程合同管理、工程经济分析、工程信息管理、工程的投融资、工程资产管理（物业管理）等。

2.1.2 工程管理的内涵

工程管理可以从许多角度进行描述，主要有：

1）工程管理的目标是取得工程的成功，使工程达到成功工程的各项要求。成功工程的要求是多维度的，对于一个具体的工程，这些要求就转化为工程的目标，所以工程管理的目标有很多。

2）工程管理是对工程全生命周期的管理，包括对工程前期策划管理、设计和计划管理、施工管理、运营维护管理等。

3）工程管理是涉及工程各方面的管理工作，包括技术、质量、安全和环境、造价（费用、成本、投资）、进度、资源和采购、现场组织、法律和合同、信息等，这些构成工程管理的主要内容。

4）将管理学中对“管理”的定义进行拓展，则“工程管理”就是以工程为对象的管理，即通过计划、组织、人事、领导和控制等职能，设计和保持一种良好的环境，使工程参加者在工程组织中高效率地完成既定的工程任务。

5）按照一般管理工作的过程，工程管理可分为在工程中的预测、决策、计划、控制、反馈等工作。

6）工程管理就是以工程为对象的系统管理方法，通过一个临时性的、专门的柔性组织，对工程建设和运营过程进行高效率的计划、组织、指导和控制，以对工程进行全过程的动态管理，实现工程的目标。

7）按照系统工程方法，工程管理可分为确定工程目标，制定工程方案，实施工程方案，跟踪检查等工作。

2.1.3 工程管理的特点

1）工程作为工程管理的对象，有它的特殊性。工程的特殊性带来工程管理的特殊性。

工程管理需要对整个工程的建设和运营过程中的规划、勘察、设计、各专业工程的施工和供应进行策划、计划、控制和协调。工程管理本身有鲜明的专业特点，有很强的技术性。不懂工程、没有工程相关专业知识的人是很难做好工程管理工作的。

2）工程管理是综合性的管理工作。

① 人们对工程的要求是多方面的、综合性的，工程管理是多目标约束条件下的管理问题。

② 它要协调各个工程专业工作，管理各个工程专业之间的界面，所以它与工程各个专业都相关。

③ 由于工程的任务是由许多不同企业（如设计单位、施工单位、供应单位）的人员完成的，所以对一个工程的管理会涉及许多企业。

④ 在工程计划和控制过程中，工程管理要综合考虑技术问题、经济问题、工期问题、合同问题、质量问题、安全和环境问题、资源问题等。

⑤ 这些就决定了工程管理工作的复杂性远远高于一般的生产管理和企业管理。工程管理者需要掌握多学科的知识才能胜任工作。

3）工程管理是实务型的管理工作。

① 不仅要设立目标、编制计划，还要执行计划、进行实施过程的控制，甚至要“旁站”监理。

② 由于一个工程的建设和运营是围绕着工程现场进行的，所以工程管理的落脚点是工程现场。无论是业主、承包商还是设计单位人员，如果不重视工程现场工作，不重视现场管理，是无法圆满完成工程任务的。对工程现场不理解，没有现场管理经验的人是很难胜任工程管理工作的。

4）工程管理与技术工作和纯管理工作都不同。它既有技术性，需要严谨的作风和思维，又是一种具有高度系统性、综合性、复杂性的管理工作，需要有沟通和协调的艺术，需要知识、经验、社会交往能力和悟性。

5）工程的实施和运营过程是不均衡的，工程全生命周期的各阶段有不同的工作任务和管理目标。

6）由于每个工程都是一次性的，所以工程管理工作是常新的工作，富有挑战性，需要创新，需要高度的艺术性。

7）工程管理工作对保证工程的成功有决定性作用。它与各个工程专业（如建筑学、土木工程等）一样，对社会贡献大，是非常有价值和有意义的工作，会给人以成就感。

2.1.4　工程管理信息化

信息化是我国学者成思危在 2004 年国际信息系统大会（ICIS 2004）上做主题报告时，首次在国际惯例信息系统学术领域中提出的“Informationization”一词。在国内，信息化的含义较广，既可指宏观层面上的 IT/IS[⊖] 发展，也可指微观层面上某个工程或组织的信息系

⊖ IT：Information Technology；IS：Information System。

统应用建设，以促成应用对象或领域（如工程参与企业或社会）发生转变的过程。在美国，其近义词是“Information Technology Application”或者“Using IT”。

在工程管理领域，信息化管理早期体现为工程管理软件的应用，如在工程管理的各个阶段使用的各类软件，包括项目管理软件，这些软件主要用于收集、综合和分发工程管理过程的输入和输出信息。但一个软件不可能包含工程全过程的所有功能，一般来说，每个软件都有自己的主要功能，因此，将这些软件的功能集成、整合在一起，即构成了工程管理信息系统。目前，国内外建设项目规模不断扩大，科技含量不断增加，研究、开发、建设、运行各环节逐渐相结合，建设项目越来越需要全过程的控制。建设项目管理模式和管理理念也在不断发展变革，项目管理越来越呈现出信息化、集成化和虚拟化的特点，全生命周期集成管理将成为工程管理的重要发展方向之一。

工程管理信息化需要先进的工程管理思想、工程管理组织、工程管理方法和管理手段的配合。

1）思想是指南：要使用系统思想、全生命周期思想、集成化思想进行工程管理信息化。

2）组织是基础：有多种组织形式，其中扁平化是发展趋势。

3）方法是保证：主要是运用工程分解结构（Engineering Breakdown Structure，EBS）、工作分解结构（Work Breakdown Structure，WBS）、关键线路法（Critical Path Method，CPM）等进行工程管理信息化，并尽可能使各项工程管理工作程序化和标准化。

4）手段是工具：主要是计算机技术，包括建筑信息模型（Building Information Modeling，BIM）、项目信息门户（Project Information Portal，PIP）的使用。

工程管理信息化是近年来顺应工程项目日趋扩大，技术日趋复杂，对工程质量、工期、费用的控制日益严格的形势而发展起来的一门新兴学科。它的研究对象可以是项目决策阶段的宏观管理，也可以是项目实施阶段的微观管理。在工程建设项目管理中引入现代信息技术，是促进工程项目管理现代化、科学化的基本保证。

2.2 工程管理信息系统的定义、结构与类型

2.2.1 工程管理信息系统的定义

管理信息系统（Management Information Systems，MIS）是以管理、信息及系统为基础发展起来的。首先它是一个系统，其次是一个信息系统，再次是一个应用于管理方面的信息系统。这说明一切用于管理方面的信息系统均可认为是管理信息系统。

管理信息系统一词最早出现在1970年，瓦尔特·青尼万（Walter T. Kennevan）对它的定义为“以书面或口头的形式，在合适的时间向经理、职员以及外界人员提供过去的、现在的、预测未来的有关企业内部及其环境的信息，以帮助他们进行决策”。很明显，这个定义是出自管理的，而不是出自计算机的。它没有强调一定要用计算机，而是强调了用信息支持决策，但没有强调应用模型，所有这些均显示了这个定义的初始性。

1985 年，管理信息系统的创始人、明尼苏达大学卡尔森管理学院的著名教授高登·戴维斯（Gordon B. Davis）给出了管理信息系统一个较完整的定义："它是一个利用计算机硬件和软件，手工作业，分析、计划、控制和决策模型，以及数据库的用户——机器系统。它能提供信息，支持企业或组织的运行、管理和决策功能。"这个定义全面地说明了 MIS 的目标、功能和组成，反映了当时已达到的水平，说明了 MIS 在高、中、低三个层次上支持管理活动。

我国关于 MIS 的定义于 20 世纪 70 年代末 80 年代初出现于《中国企业管理百科全书》："管理信息系统 MIS 是一个由人、计算机等组成的能进行信息的收集、传送、储存、加工、维护和使用的系统。它能实测企业的运行情况，利用过去的数据预测未来，从企业全局出发辅助企业进行决策，利用信息控制企业的行为，帮助企业实现其规划目标。"这个定义强调了 MIS 的功能和性质，强调了计算机只是 MIS 的一种工具，MIS 不仅仅是一个技术系统，而且是一个把人包括在内的人机系统，是一个社会系统。

朱镕基主编的《管理现代化》一书中对管理信息系统的定义为"管理信息系统是一个由人、机械（计算机等）组成的系统，它从全局出发辅助企业进行决策，它利用过去的数据预测未来，它实测企业的各种功能情况，它利用信息控制企业行为，以期达到企业的长期目标"。这个定义指出了当时我国一些人认为管理信息系统就是计算机应用的误区，再次强调了管理信息系统的功能和性质，强调了计算机只是管理信息系统的一种工具。

管理信息系统可以定义为：开发和使用的用以帮助企业或者项目实现其管理目标的信息系统，其中，信息系统是指以人为主导，利用计算机硬件和软件，依靠业务流程将数据转化为信息，并进行信息的收集、传输、加工、存储、更新和维护的人机系统。

（1）开发和使用

不论什么行业都会需要信息系统，为了保证信息系统满足需求，使用信息系统的人必须在系统开发中起到积极作用。即使不是程序员或者数据库设计者，也不是信息系统专业人士，也必须能够清楚说明对信息系统的要求，了解管理信息系统的开发过程，否则系统将很难满足使用者的真正需求。另外，使用者在使用过程中也要学会使用管理信息系统来实现目标，也有责任保证系统和信息的安全，对信息进行备份。

（2）实现管理目标

管理信息系统用于帮助企业或者工程实现管理目标，这也是工程或者企业使用管理信息系统的目的。工程或者企业并不是为了探索技术而开发或使用管理信息系统，也不是为了获得所谓的信息化或跟上现有技术的发展而使用或开发管理信息系统。

（3）信息系统

管理信息系统是一个信息系统，而不是信息技术（Information Technology，IT）。信息系统和信息技术是两个密切相关的术语，但也有区别。信息技术主要包括硬件、软件和数据，而信息系统除此之外，还包括流程和人。信息技术本身无法帮助项目或企业实现目标，只有硬件、软件和数据与使用系统的人和流程结合起来，才会变得有用。

将管理信息系统应用于工程管理领域，可以得到工程管理信息系统的定义：工程管理信息系统是以人为主导，利用计算机硬件和软件，依靠业务流程将数据转化为信息，并进行工程相关信息的收集、传输、加工、存储、更新和维护，以工程整体的战略竞优、提高效益和效率为目的，支持工程项目组织的高层决策、中层控制和基层运作的集成化的人机系统。这个定义有以下三层含义：

（1）组成要素

组成要素包括人，计算机硬件、软件，工程相关数据和业务流程。

（2）处理功能

1）将工程相关数据转化为信息。

2）进行信息的收集、传输、加工、存储、更新和维护，即覆盖了信息的生命周期全过程。

3）支持工程项目组织的高层决策、中层控制和基层运作。

（3）目标

以工程整体的战略竞优、提高效益和效率为目的。

工程管理信息系统是面向工程的信息系统，其处理对象主要是工程中的相关数据和信息，但开发工程管理信息系统的一般为参与工程的企业，如业主、承包商等，在本书中一般称为用户企业，即出资开发工程管理信息系统的主体。

工程管理信息系统的用户不仅包括用户企业的人员，还包括工程中其他参与方人员。一些大型工程需要开发工程全过程的管理信息系统，如三峡大坝工程，这类工程管理信息系统的用户企业一般为业主，但用户包括参与工程的所有相关工程管理人员。而有些工程需要开发工程某个职能或者工程某个方面的小型管理信息系统，如现场材料管理信息系统，一般用户企业为承包商，但用户除承包商在工程中的人员外，也会包括监理等其他企业人员。工程管理信息系统的开发应该考虑和用户企业管理信息系统的结合，也要考虑其他工程参与方的影响。

2.2.2 工程管理信息系统的结构与类型

1. 工程管理信息系统的结构

工程管理信息系统的结构是指各部件的构成框架，对部件的不同理解就构成了不同的结构方式，其中最重要的是概念结构、层级结构、功能结构、软件结构和硬件结构。

（1）概念结构

从概念上看，工程管理信息系统由四大部件组成，即信息源、信息处理器、信息用户和信息管理者，如图 2-1 所示。

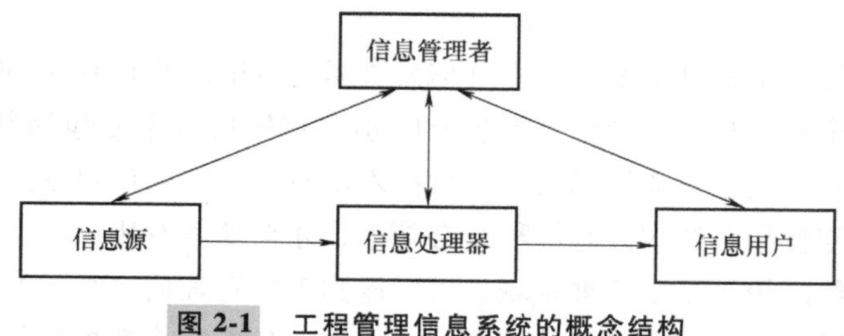

图 2-1 工程管理信息系统的概念结构

这里，信息源是信息产生地；信息处理器担负信息的传输、加工、保存等任务；信息用户是信息的使用者，他应用信息进行决策；信息管理者负责工程管理信息系统的设计实现，在实现以后，他负责工程管理信息系统的运行和协调。按照以上四大部件及其内部组织方式，可以把工程管理信息系统分为开环结构和闭环结构（图 2-2）。开环结构又称无反馈结构，系统在执行一个决策的过程中不收集外部信息，并不根据信息情况改变决策，直至产生本次决策的结果，事后的评价只供以后的决策做参考。闭环结构是在过程中不断收集信息，不断送给决策者，不断调整决策，事实上最后执行的决策已不是当初设想的决策。

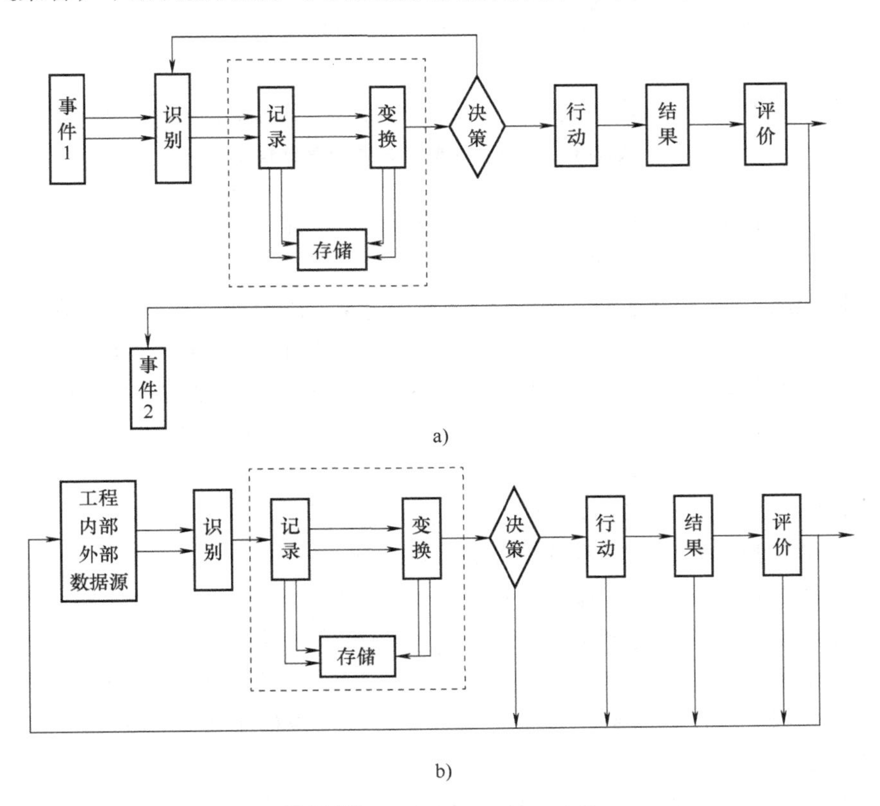

图 2-2　开环结构与闭环结构

a）开环结构　b）闭环结构

一般来说，计算机实时处理的系统均属于闭环系统，而批处理系统均属于开环系统。但对于一些较长的决策过程来说，批处理系统也能构成闭环系统。

（2）层级结构

一般的工程管理是分层次的，可分为战略管理、管理控制、运行控制和业务处理四层，为它们服务的信息处理与决策支持也相应分为四层，这四个层次构成了工程管理信息系统的纵向结构。从横向来看，任何工程项目组织都可以按照职能进行划分，工程管理信息系统也可以据此分为质量管理、成本管理、进度管理、合同管理、安全健康环境管理等。从处理的内容及决策的层次来看，信息处理所需资源的数量随工程管理任务的层次而变化。一般来说，下层系统处理量大，上层系统处理量小，所以就组成了纵横交织的金字塔结构，如图 2-3 所示。

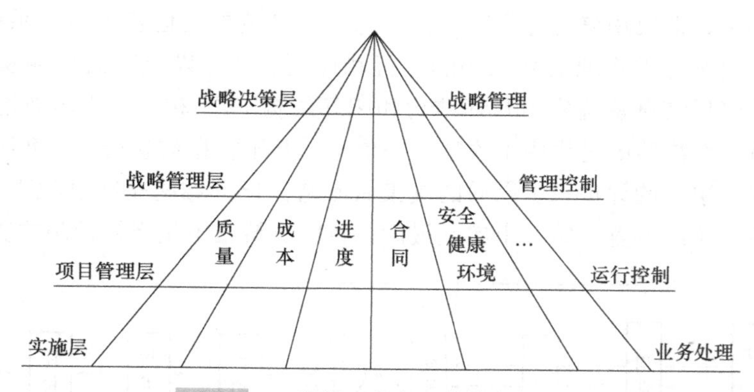

图 2-3　工程管理信息系统的层级结构

纵向结构根据工程管理的职能进行划分，和实施层的管理有一定的对应性。横向的工程管理工作也对应可以分为以下四个层次：

1）战略决策层。该层是工程的投资者（或发起者），包括工程所属企业的领导、投资工程的财团、参与工程融资的单位。它居于工程项目组织的最高层，在工程的前期策划和实施过程中开展战略决策和宏观控制工作。它的组成由工程的资本结构决定，但由于它通常不参与工程的具体实施和管理工作，所以一般不出现在工程项目组织中。

2）战略管理层。投资者通常委托一个工程主持人或建设的负责人作为业主，以工程所有者的身份进行工程全过程总体的管理工作，具体包括：

① 工程重大的技术和实施方案的选择和批准。

② 批准工程的设计文件、实施计划和它们的重大修改。

③ 确定工程组织策略，选择承发包方式、管理模式，委托工程任务，并以工程所有者的身份与工程管理单位和工程实施者（承包商、设计单位、供应单位）签订合同。

④ 审定和选择工程所用材料、设备和工艺流程等，提供工程实施的物质条件，负责与环境的协调，取得官方的批准。

⑤ 对工程进行宏观控制，给工程管理单位以持续的支持。

⑥ 按照合同规定向工程实施者支付工程款和接受已完工程等。

3）项目管理层。通常由业主委托项目管理公司或咨询公司在工程实施过程中承担计划、协调、监督、控制等一系列具体的项目管理工作，在工程项目组织中是一个由项目经理领导的项目经理部（或小组），为业主提供有效的独立的项目管理服务，主要责任是实现业主的投资目的，保护业主利益，保证项目整体目标的实现。

4）实施层。工程的设计、施工、供应等单位，为完成各自的项目任务，分别开展相应的工程管理工作，如质量管理、安全管理、成本管理、进度管理、信息管理等。这些管理工作由他们各自的项目经理部承担。

（3）功能结构

一个工程管理信息系统从使用者的角度看，它总是具有多种功能，各种功能之间又有各种信息联系，构成一个有机结合的整体，形成完整的功能结构。图 2-4 所示的工程管理信息系统功能/层次矩阵反映了支持整个工程项目组织在不同层次的各种功能。

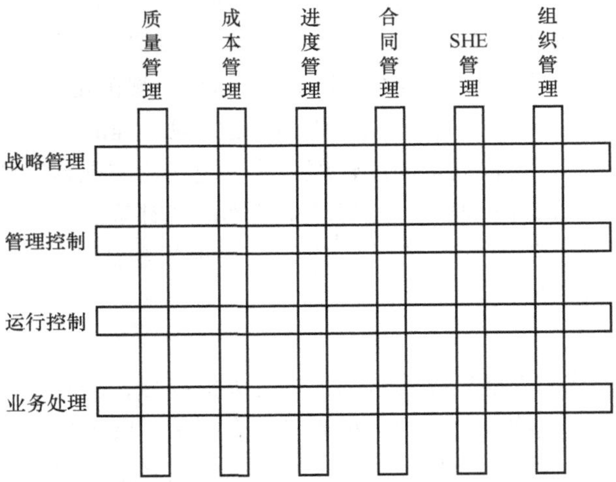

	质量管理	成本管理	进度管理	合同管理	SHE管理	组织管理
战略管理						
管理控制						
运行控制						
业务处理						

图 2-4　工程管理信息系统功能矩阵

图 2-4 中，每一列代表一种管理功能。其实这种功能没有标准的分法，因组织不同而异；每一行表示一个管理层次，行列交叉表示每一种功能子系统。图 2-4 中各个职能子系统的简要职能介绍如下：

1）质量管理子系统。质量管理子系统面向具体的施工产品和过程，集成工程信息和施工活动中的质量信息，实时监控工程质量，是施工质量管理各相关方参与质量活动的重要工具。它的主要功能包括施工过程质量控制、施工产品验收管理、材料设备管理、质量统计分析工具、质量文档管理等。

2）成本管理子系统。成本管理子系统用于收集、存储和分析施工成本有关的信息，在工程实施的各个阶段制订成本控制计划，收集成本相关信息，从而实现工程成本的动态控制。该系统具有以下功能：

① 分析归纳将要发生的各项费用，为编制成本计划提供可靠的依据。

② 编制成本（投资）预测和计划，包括工程成本（投资）的估算、概算和预算。

③ 编制工程的支付计划、收款计划、资金计划和融资计划。

④ 进行费用偏差分析。

⑤ 进行成本跟踪和诊断。

⑥ 编制竣工结算及最终结算。

3）进度管理子系统。进度管理子系统的主要功能包括进度计划和进度控制两个方面。

① 进度计划。在明确进度目标的基础上，对整个工程进行工作分解，确定工程所有可能包含的分项工程。按照工程要求及各项约束条件，绘制横道图、网络图、资源图等，并按照总工期目标合理安排各工程活动的工期。

② 进度控制。进度控制包括收集进度日报、月进度报告，绘制实际进度曲线及实际施工计划，预测进度状况，编制工程综合进度统计表，调整（修改）进度计划等。

4）合同管理子系统。合同管理子系统包含以下主要功能：

① 招标投标管理，包括招标投标文件的存档和管理等。

② 合同实施控制，包括会议纪要编号存档、来往函件存档等。

③ 合同变更管理，包括设计施工图变更文件存档、变更补偿计算等。

④ 合同索赔管理，包括收集整理索赔证据、索赔程序规范化等。

5）SHE 管理子系统。SHE 管理子系统的目的是实现工程的安全、健康、环境控制。它包括以下功能：现场施工、操作规章制度管理，施工现场监测视频管理，质量安全和环境信息管理，日常安全和环保情况管理，工程现场事故率的统计等。

6）组织管理子系统。组织管理子系统包括工程项目组织人员的雇用、培训、考核记录、工资和解雇等情况的管理。

（4）软件结构

在工程管理信息系统的功能矩阵的基础上进行纵横综合，纵向上把不同层次的管理业务按职能综合起来，横向上把同一层次的各种职能综合起来，做到信息集中统一，程序模块共享，各子系统功能无缝集成。由此形成一个完整一体化的系统，即工程管理信息系统的软件结构，也是支持管理信息系统各种功能的软件系统或软件模块所组成的系统结构，如图 2-5 所示。

从图 2-5 可以看出，工程管理信息系统由各功能子系统组成，每个功能子系统又可分为业务处理、运行控制、管理控制、战略管理四个主要的信息处理模块。每个功能子系统都有自己的程序式文件，即图中每个方块是一段程序块或一个文件，每一个纵行是支持某一管理领域的软件系统。例如，质量管理的软件系统是由支持战略管理、管理控制、运行控制及业务处理的模块所组成的系统，同时还带有它自己的专用数据文件。整个系统有为全系统所共享的数据和程序，包括公用数据文件、公用程序、公用模型库及数据库管理系统等。当然这个图所画的是总的粗略一级的结构，事实上每个模块均可再用一个树结构表示，每个树叶均表示一个小的程序模块。

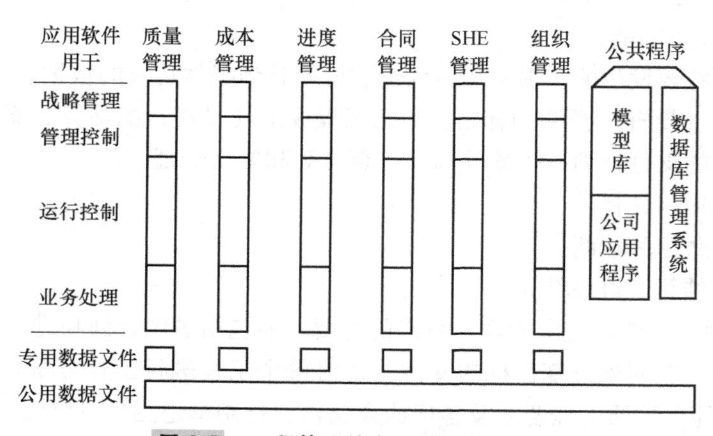

图 2-5 工程管理信息系统的软件结构

（5）硬件结构

工程管理信息系统的硬件结构不仅要说明硬件的组成及其连接方式，还要说明硬件所能达到的功能。在工程管理信息系统总体规划中，不仅要进行硬件的选型，更重要的是规划它们如何构成系统，即系统的架构。系统架构的规划原则是根据工程管理信息系统的应用架构，结合组织的现有资源，考虑信息技术的发展趋势来合理地确定工程管理信息系统建设的技术路线和系统架构，也就是确定工程管理信息系统的系统硬件结构。

设备的选型主要确定设备的档次级别、品牌型号，如选择 PC 级的服务器，还是使用小型机；选择名牌设备，还是选择一般品牌。必须根据系统的架构需要、系统的规模来确定，还要考虑硬件的能力，如有无实时处理、分时处理或批处理的能力等。

2. 工程管理信息系统的类型

工程项目管理信息化主要包括两个方面：一是信息化的硬件条件，如计算机硬件、网络设备、通信工具等；二是信息化的软件条件，如项目管理软件系统、相关的信息化管理制度等。从我国当前情况来看，工程项目管理信息化的硬件条件（如计算机硬件、网络设备、通信工具等）与西方发达国家差距不大，但是工程项目管理信息化的软件条件却有很大的差距。

（1）基于大型计算机的集中式项目管理信息系统

20 世纪 60 年代开发的项目管理软件主要是以网络计划技术（如关键路径法 CPM 和计划评审技术 PERT）为主要理论支撑，软件功能主要集中在进度编制和优化方面，软件的运行都集中于大型计算机，主要的应用领域是大型的土木建筑工程领域。

（2）基于个人计算机桌面的项目管理信息系统

该阶段开发的项目管理软件主要是以系统工程理论和一些项目管理基本方法（进度控制技术、资源平衡技术、成本分析技术等）为主要理论依据，软件功能主要包括进度计划、费用计划与控制、进度图形化、工程量计算、竣工资料编写等方面，基本上是在单机上运行，而且只能满足单一工程项目参与方的使用要求，应用领域逐渐扩大到能源、交通、水利、电力等领域。典型的代表如美国 Primavera 的 P3、Microsoft 的 Project98。

（3）基于网格技术的项目协同管理平台

随着网格计算机技术的发展，网格计算机技术成为互联网发展新阶段的代表，它试图实现互联网上所有资源的全面联通，尝试把整个互联网整合成一台巨大的超级计算机，实现计算资源、存储资源、通信、软件、信息、知识的全面共享，构建以网格计算机技术为支撑的工程项目协同管理平台成为网格技术应用的新领域，将给工程项目管理带来巨大的变革。网格技术可以将项目参与方的信息全面集成，不仅提供项目相关信息，而且可以从信息平台上获得相应的工程项目管理的知识。所以，构建基于网格技术的工程项目协同管理平台将是工程项目管理信息化未来发展的趋势。

（4）基于 PIP 的项目管理信息平台

20 世纪 90 年代后期到 21 世纪初期，现代信息技术和网络技术得到了快速发展，并且在工程建设领域得到了广泛的应用。该阶段出现了以项目控制论、项目全生命周期集成管理理论、协同管理理论、项目远程控制理论、互联网电子商务等管理理论和思想为理论支撑的项目管理信息系统（或者称为信息平台）。这个阶段的软件主要是以 Internet 为通信工具，以现代计算机技术、大型服务器和数据库技术为数据处理和储存技术支撑，形成以项目为中心的网络虚拟环境，将项目多个参与方、项目多个阶段、项目多个管理要素进行集成，大多数是以网站的形式展现出来。该阶段的软件系统的主要功能不仅能满足项目管理职能（三大控制、合同、信息管理）的要求，而且为项目参与方提供了一个个性化项目信息的单一入口，可以满足项目多个参与方实现信息交流、协同工作、实时传送和共享数据信息等功能，最终形成高效率信息交流和共同工作的信息平台和网络虚拟环境。比较典型的项目信息门户（PIP）有美国 Autodesk 公司的 Buzzsaw. com、德国 Drees & Sommor 公司的 PKM 等，国内有国家发展和改革委员会和金投公司合作研发的 P9PIP 和 P9SAP、上海普华的 Power PIP 等。

（5）基于 BIM 的 BLM 平台

BLM 是“Building Lifecycle Management”的缩写，中文名称为“建设工程全生命期管理”。BLM 信息管理包括两个方面：其一是项目创建过程中建立建筑工程信息；其二是在整个项目生命期中管理和共享这些信息，从而达到提高决策准确度，提高运营效率，提高项目质量和提高用户获利能力的目标。工程项目全生命期信息是指在工程的决策、建设和运行维护、扩建、工程健康诊断等过程产生的和需要处理的各种信息，它们在不同的工程参与者之间，以及不同的工程阶段之间传递，如图 2-6 所示。

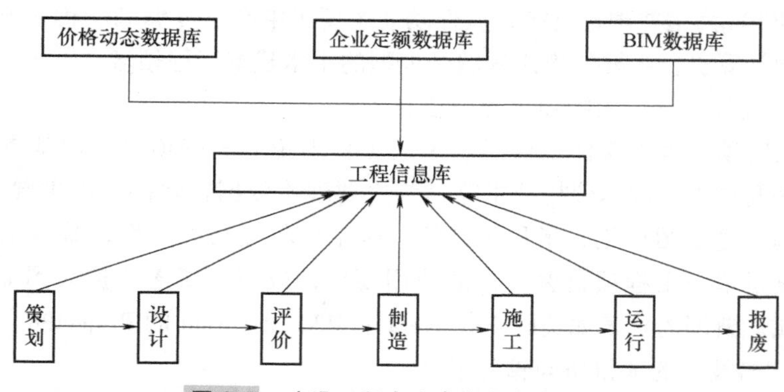

图 2-6　建设工程全生命期信息库示意

1）建设工程全生命期信息的主要内容。工程全生命期信息涵盖了与决策、建设和运行过程有关的技术、经济、管理、法律等方面的各种信息，能全面反映工程的历史、现状、形象、健康状况等工程基本信息。主要包括：

第一，工程基本形象信息。如位置、工程名称、工程用途、结构类型、楼层、地下室、总楼面面积、建设时间等。

第二，原场地信息。如水文地质资料、地形图、生态信息等。

第三，环境信息。主要包括影响工程建设与运行过程中环境方面的信息等。其中，工程运行过程信息包括：

① 工程以前已发生问题的基本情况：问题名称、诊断日期、问题原因、采用的维修方案、诊断工程师、诊断报告、费用、维修施工承包商、工程发生问题时及以后的照片或图像资料、维修后工程的运行情况、监测报告等。

② 当前工程的问题情况：工程运行情况、出现的问题名称、问题基本状况描述等。

③ 工程运行的常规信息：包括工程建设经济方面的信息、质量信息、人员信息、维修情况信息、更新改造情况信息等。

除此之外，所有的相关报告，包括过去工程结构、材料和设施的实验报告、检查报告、测试报告、监测报告、诊断检查报告，以及工程疾病症状的照片或图像文件等，可以作为附件，也保存在相对应的信息库里。

2）建设工程全生命期工程项目管理。从 BLM 平台来看，建筑工程全生命期工程项目管理主要从两个过程着手：第一是信息过程，第二是物质过程。施工开始以前的项目策划、设计、招标投标等阶段的主要工作就是信息的生产、处理、传递和应用；施工阶段的工作重点虽然是物质生产，但是物质生产的指导思想却是信息（施工阶段以前产生的施工图及相关资料），同时伴随施工过程还在不断产生新的信息（材料、设备的明细资料等）；使用阶段实际上也是信息指导物质使用的（维修保养等）过程。BLM 平台包括建筑物规划、设计、施工、运营、改造、拆除等全部过程中所有信息的大型数据库，为真正实现建设工程全生命周期的建设和管理提供技术支撑，如图 2-7 所示。

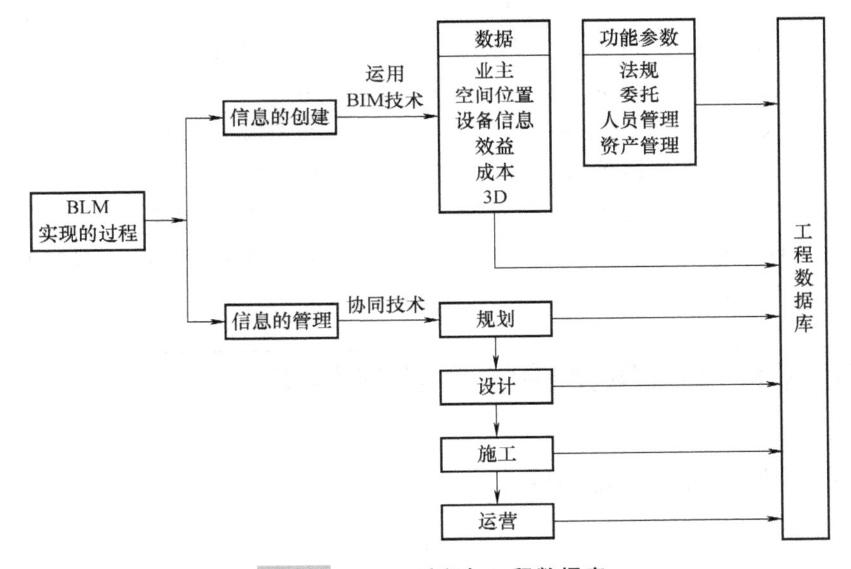

图 2-7　BLM 过程与工程数据库

3）建设工程全生命期管理的基础数据库。BLM 工程数据库所涉及的工程基础数据种类繁多，本书所指的基础数据是与工程成本直接相关的实物量、价格、消耗量等数据，即工程项目的核心基础数据。价格动态数据库、企业定额数据库和 BIM 数据库，这三大基础数据库的建设将成为建筑信息化建设的核心内容。项目管理各条线不能及时准确获取项目核心基础数据是当前国内工程项目管理领域的困境所在，也是几十年来建筑业生产力难以提升的根本原因。工程基础数据库就是解决这个关键问题的信息化系统，是基础数据创建、积累、存取、共享、协同的支撑平台。以下详细介绍这三大基础数据库。

① 价格动态数据库。价格动态数据库是基于互联网的材料、机械设备、人工等动态数据的收集、分析和共享系统。价格信息积累具有自增长机制，以应对海量的产品种类、品牌

种类、供应商数据，能自动分析中准价，有严格的授权控制体系。一个良好的价格动态数据库的作用：一是大幅提升采购员工的工作效率，其中历史价格、供应商数据库、产品数据库都使采购人员的工作效率得到极大提升，一对多的询价工具可使询价工作效率数倍提高；二是历史数据库共享带来企业巨大增值。

② 企业定额数据库。企业定额数据库即企业消耗量指标数据库。消耗量指标体现了一个企业的项目管理水平，每个项目的材料、人工、机械消耗水平，是工程成本重大决定因素之一。企业定额数据库也是基于互联网动态数据库，能及时动态创建、管理维护和共享，能不断维护更新和增加数据以应对新材料、新工艺不断出现。企业定额数据库的作用有两方面：一是投标组价分析，当前不少建筑企业还靠 20 世纪 90 年代的政府定额分析成本和组价投标，企业竞争力无从体现，恶性竞争因此得以加剧，因不清楚实际成本消耗而盲目压价的现象比比皆是；二是项目全过程成本控制，应该如何签订分包价格，人和物的消耗、损耗如何制定标准，这些都关系到项目及企业的成本控制，没有依据就处于盲目之中。

③ BIM 数据库。BIM 数据库是支撑每个具体工程项目海量数据的创建、承载、管理、共享的平台。企业将每个工程项目的 BIM 模型集成在一个数据库中，即形成了企业级的 BIM 数据库。BIM 技术能自动计算工程实物量，因此 BIM 数据库自然包含实物量的数据。不仅如此，BIM 数据库可承载项目全生命周期几乎所有的工程信息，并且能建立起 4D（3D 实体+1D 时间）关系数据库，这样的技术平台将真正带来项目管理的革命。BIM 数据库的作用包括几个方面：一是支撑项目各条线及时准确获取管理所需数据，数据粒度达到构件级；二是全企业范围内快速统计分析管理所需数据，实现单项目和多项目的多算对比，实现各管理部门对各项目基础数据的协同和共享；三是加强总部对各项目的掌控能力，为 ERP 系统提供准确的基础数据，提升 ERP 系统的价值。

2.3 工程管理信息系统的功能及特点

2.3.1 工程管理信息系统的功能

1. 数据处理功能

能够将各种渠道获得的信息进行输入、加工、传递和储存，对信息进行统一编码方便查询和使用，同时能够完成各种统计工作，及时提供给信息需求方。

2. 信息资源共享功能

工程是一个多方参与的过程，各个参与方之间要达到信息的及时交流和对称，必须依赖可以方便提取信息的系统，达到信息的实时共享。

3. 辅助决策功能

运用计算机中储存的大量数据可以快速生成各种财务、进度、资源等分析报表，给项目各级管理者最直接的材料进行合理的决策，以期取得最大的经济效益。并且可以运用现代数学方法、统计方法或模拟方法，根据现有数据预测未来。

4. 动态控制功能

根据工程项目进行过程的工程资料数据可以进行计划与设计施工对比分析，从而得到进度实施情况表，并分析产生偏差的原因，使管理人员及时进行调整和采取纠偏措施。

2.3.2　工程管理信息系统的特点

1）工程管理信息系统是一个人机系统。从管理信息系统的概念图及工程管理信息系统的定义中就可以看出这一点。

2）工程管理信息系统是一个一体化的集成系统。即以系统的思想为指导进行设计和开发，从总体出发，全面考虑，保证各工程部门共享数据，减少数据的冗余度，保证数据的兼容性和一致性。严格地说只有信息的集中统一，信息才能成为工程的资源。数据的一体化并不限制个别功能子系统可以保存自己的专用数据，为保证一体化，首先要有一个全局的系统计划，每一个小系统的实现均要在这个总体计划的指导下进行。其次，是通过标准、大纲和手续达到系统一体化。这样数据和程序就可以满足多个用户的要求，系统的设备也应当互相兼容，即使在分布式系统和分布式数据库的情况下，保证数据的一致性也是十分重要的。

3）工程管理信息系统体现数据库技术和数学模型的应用。具有集中统一规划的数据库是工程管理信息系统成熟的重要标志，它象征着工程管理信息系统是经过周密的设计而建立的，它标志着信息已集中成为资源，为各种用户所共享。数据库有自己功能完善的数据库管理系统，管理着数据的组织、数据的输入、数据的存取，使数据为多种用户服务。绝大多数工程管理信息系统是以数据库技术为基础来实现的，这也是工程管理信息系统很重要的特点。

工程管理信息系统可以用数学模型分析数据，辅助决策。只提供原始数据或者总结综合数据对工程管理者来说往往感到不满足，工程管理者希望直接给出决策的数据。为得到这种数据往往需要利用数学模型，如投资决策模型、成本模型等。模型可以用来发现问题，寻找可行解、非劣解和最优解。在高级的工程管理信息系统中，系统备有各种模型，供不同的子系统使用，这些模型的集合叫作模型库。高级的智能模型能和管理者以对话的形式交换信息，从而组合模型，并提供辅助决策信息。

4）工程管理信息系统是现代管理方法和手段相结合的系统。在工程管理信息系统应用的实践中发现，如果只是简单地采用计算机技术提高处理速度，而不采用先进的管理方法，工程管理信息系统的应用仅仅是用计算机系统仿真原手工管理系统，只是在一定程度上减轻工程管理人员的劳动，其作用是有限的。要完全发挥工程管理信息系统在工程管理中的作用，就必须与先进的管理方法和手段结合起来，如业务流程再造、全生命周期管理、集成化管理等。

5）工程管理信息系统具有工程特色。工程管理信息系统的管理对象是工程中的信息，因此带有工程特色，不同类型的工程，其信息类型、来源等都具有很大差异性，这对工程管理信息系统的开发提出了更高的要求。既要提炼出各工程的一般性特征，又要带有不同类型工程的特色，这是工程管理信息系统的特点，也是难点。

6）用户更为广泛。工程管理信息系统的用户虽然都是在一个工程中，但是来自不同的企业，因此，很难做到满足所有用户要求，使所有用户满意。既要考虑用户企业的人员，又要考虑工程其他参与方人员的要求，而这些人员的要求很可能本身就是相互矛盾的。

2.4 工程管理信息系统的发展历程

2.4.1 工程管理信息系统发展概述

在国际工程中普遍将信息技术作为工程管理的基本手段，不仅提高了信息处理的效率，在一定程度上也起到了规范工程管理流程、提高项目管理工作效率和增强目标控制有效性的作用。

工程管理信息系统是一个由多个子系统组成的系统。子系统的划分与组织结构是密切相关的，每个子系统都有处理本部门业务所需的软件及必要的事务性决策支持软件。在国际工程界，工程管理信息系统是一个较为广泛的概念，在英文中也有着多种名称，如 PMIS（Project Management Information System）或者 PIMS（Project Information Management System）及 CMIS（Construction Management Information System）等。随着工程理论的发展，工程管理信息系统又被赋予许多新的内涵，如项目控制信息系统 PCIS、项目集成管理信息系统 PIMIS 等。国际上对工程管理信息系统普遍认可的定义：工程管理信息系统是处理项目信息的人机系统。它通过收集、存储及分析项目实施过程中的有关数据，辅助工程项目的管理人员和决策者规划、决策和检查，其核心是辅助对项目目标的控制。

它与一般管理信息系统的差别在于，一般管理信息系统是针对企业中的人、财、物、产、供、销，以及以企业管理系统为辅助工作对象的系统；而工程管理信息系统是针对工程项目中的投资、进度、质量目标的规划与控制，以工程系统为辅助工作对象的系统。

工程管理信息系统的目标是实现信息的系统管理及提供必要的决策支持。工程管理信息系统为工程管理者和工程师提供标准化的、合理的数据来源，一定时间要求的、结构化的数据；提供预测、决策所需的信息及数学-物理模型；提供编制计划、修改计划、计划调控的必要科学手段及应变程序；保证对随机性问题处理时，为工程管理者、工程师提供多个可供选择的方案。

工程管理信息系统是在现代计算机普遍应用的基础上发展起来的，作为信息系统的一种前沿应用。但是随着项目管理信息化的不断推行，工程管理信息系统在处理信息的方法、技术等方面都有了较大发展，显示出人们对工程管理信息系统的认识在逐步加深，其概念也在逐步地成熟。随着信息技术的发展及工程项目管理思想与方法的不断改进，工程管理信息系统的功能也在不断发生变化，已成为一个集工程建设各参与方（包括投资方、开发方、监理方、设计方、施工方、供货方、项目使用期的管理方），同时集建设工程项目全过程的管理信息系统，在工程建设中发挥着巨大的作用。

近年来在国家和政府部门的引导下，我国建筑施工总承包企业信息化得到一定的发展，不少施工总承包企业信息网络基本建成，信息技术应用得到一定的推广。建筑施工企业信息化建设对我国施工总承包企业管理规范化、绩效改善，生产力和竞争力提高都起到了积极的推动作用。

国内部分大型建筑施工企业把“信息化”作为企业生存、发展的重要资源予以经营，不断引进国外先进的管理思想、方法和技术，积极推进企业的改制和重组，大力开展信息化建设工作。近年来，中建、上海建工、中铁、中冶等大型骨干建筑施工企业把自身的信息化提高到企业战略的高度，江苏、浙江的民营建筑施工企业如浙江中天、浙江广厦、江苏中南集团等出于自身竞争和发展的需要，均积极地行动起来，从原来的购买工具软件、财务软件、预算软件、成本软件到开始上办公自动化系统、经营管理系统、项目管理系统等。不少企业建立了内部网、外部网、企业门户网站，各类网络的覆盖率和业务应用范围加大，已覆盖到企业的各个层面，尤其是企业的管理部门和核心业务部门。其中还涌现出了一大批优秀企业，其信息化建设取得了显著成效。通过使用信息技术，彻底改变了企业的经营管理模式，极大地提高了企业及项目的管理水平，创造了巨大的经济效益。据调查，企业使用项目管理工具可以使投资收益率增加 25%，生产能力增加 15%，节省时间 15%，工作效率增加 20%。

2.4.2　工程管理信息系统发展阶段

工程管理信息系统通过对企业当前运行的数据进行处理来获得有关信息，以控制企业的行为；利用过去和现在的数据及相应的模型，对未来的发展进行预测；能从全局目标出发，对企业的管理决策活动予以辅助。从工业发达的国家来看，工程管理信息系统经历了三个发展阶段：单机批处理阶段，通过单机实现分批次处理数据信息；分时处理阶段，按不同时间顺序处理数据信息，可以实现资源共享；实时处理阶段，通过计算机分布联网系统实时处理数据信息，并充分利用运筹学等数学方法，实现了硬件、软件和数据资源的共享。

1. 国外工程管理信息系统的发展

建筑业是一种分工细致及劳动力密集的行业。建筑工程管理具有施工人数众多、工序繁复、分散性、移动性和一次性等特点。将计算机技术应用在建筑工程项目的管理上，其基本的出发点与其他大多专业一致，其发展经历了一些挫折。计算机技术在建筑上的应用基本上可以分为四个阶段：起步阶段、发展阶段、相持阶段和拉开档次阶段。

世界发达国家信息化起步较早，信息技术、网络技术在建设领域已有相当广泛的应用。这些应用主要表现在工程咨询、建筑业、房地产业、城市规划、建设和管理行业。这些国家和地区都努力通过建立高效的政府管理信息系统来提高管理水平和政府工作的透明度，改进行业管理、提高工程质量、降低工程成本。例如，美国 Autodesk 公司最早推出 AutoCAD，最早两三年出一个新版本，现在每年都有一个新版本，其功能不断趋于完善。又如，最近几年，国外大公司开始推出基于 BIM 技术的设计软件和施工管理软件，这类软件可以称为下一代的建筑工程应用软件。同时，一些发达国家对建筑业信息化给予了高度重视。日本在 1995 年就提出实现建设领域信息化的口号，并制定了时间跨度 15 年的信息化发展战略。美国、北欧国家、新加坡等同样重视信息化工作，并把重点放在开发新技术、应用新技术上。例如，美国和北欧四国共同发表声明，将在公共工程中推进 BIM 技术的应用。据统计，美国在财务会计方面有 90%的工作由计算机完成，物资管理方面 80%～100%的信息处理由计算机完成，计划管理是 80%～90%。

与我国相比，日本的项目管理信息化进行得比较系统，其行业标准也比较统一，日本近年来大力推进建设项目全生命周期信息化，即 CALS/EC。其特点是，以建设项目的全生命周期为对象，信息全部实现电子化；利用因特网进行信息的提交、接收；所有电子化信息均储存在数据库实现共享、再利用，达到降低成本、提高质量、提高效率和增强建筑业竞争力的目的，充分体现了现代信息技术在整个项目管理过程中的成功应用。

2. 我国工程管理信息系统的发展

我国建设工程行业于 20 世纪 80 年代率先在工程设计中推广使用计算机，90 年代开始应用工程项目管理软件、造价软件等。1996 年开始，工程造价信息化全面启动，中国化学工程总公司自 20 世纪 90 年代初开始，在建设部和化工部的领导支持下，以国际通用的项目管理原理为基础，组织专家自主开发完成了我国的“工程项目综合管理系统 IPMS；1994 年前后，北京建筑工程学院与北京铁路西客站工程指挥部联合研制了建筑监理软件，并初步应用于西客站的工程监理；而较全面引入管理信息系统的是举世闻名的三峡水利工程。1995 年，三峡工程总公司以 1250 万美元的价格签订了引进加拿大 Monenco AGRA 工程设计咨询公司工程管理信息系统 MPMS 的合同。

随后，一些规模较大或水平较高的企业率先建立了局域网，实现了企业内部数据资源的共享，同时，项目管理软件也成为建筑企业的一个关注点。国家相继出台相关政策规定，倡导工程管理信息化的应用及发展。信息化是建筑产业现代化的主要特征之一，特别是 BIM 应用，作为建筑业信息化的重要组成部分，正极大地促进建筑领域生产方式的变革。BIM 能够应用于工程项目规划、勘察、设计、施工、运营维护等各阶段，实现了建设项目全生命期各参与方在同一多维建筑信息模型基础上的数据共享，为产业链贯通、工业化建造和繁荣建筑创作提供了技术保障；支持对工程环境、能耗、经济、质量、安全等方面的分析、检查和模拟，为项目全过程的方案优化和科学决策提供了依据；支持各专业协同工作、项目的虚拟建造和精细化管理，为建筑业的提质增效、节能环保创造了条件。

目前，为贯彻《2011—2015 年建筑业信息化发展纲要的通知》和《住房城乡建设部关于推进建筑业发展和改革的若干意见》有关工作的部署，推进 BIM 的应用，住房和城乡建设部于 2015 年 6 月印发了《关于推进建筑信息模型应用的指导意见》，在企业和项目层面指出了未来工程信息化发展的重点内容和趋势。在企业层面，到 2020 年年末，建筑行业甲级勘察、设计单位及特级、一级房屋建筑工程施工企业应掌握并实现 BIM 与企业管理系统和其他信息技术的一体化集成应用；在项目层面，到 2020 年年末，以国有资金投资为主的大中型建筑、申报绿色建筑的公共建筑和绿色生态示范小区新立项项目在勘察设计、施工、运营维护中，集成应用 BIM 的项目比率达到 90%。

《关于推进建筑信息模型应用的指导意见》强调 BIM 的全过程应用，指出要聚焦于工程项目全生命期内的经济、社会和环境效益，在规划、勘察、设计、施工、运营维护全过程中普及和深化 BIM 应用，提高工程项目全生命期各参与方的工作质量和效率，并在此基础上，针对建设单位、勘察单位、规划和设计单位、施工企业和工程总承包企业及运营维护单位的特点，分别提出 BIM 应用要点。具体如下：

（1）建设单位

全面推行工程项目全生命期、各参与方的 BIM 应用，要求各参与方提供的数据信息具有便于集成、管理、更新、维护，以及可快速检索、调用、传输、分析和可视化等特点。实现工程项目投资策划、勘察设计、施工、运营维护各阶段基于 BIM 标准的信息传递和信息共享。满足工程建设不同阶段对质量管控和工程进度、投资控制的需求。

1）建立科学的决策机制。在工程项目可行性研究和方案设计阶段，通过建立基于 BIM 的可视化信息模型，提高各参与方的决策参与度。

2）建立 BIM 应用框架。明确工程实施阶段各方的任务、交付标准和费用分配比例。

3）建立 BIM 数据管理平台。建立面向多参与方、多阶段的 BIM 数据管理平台，为各阶段的 BIM 应用及各参与方的数据交换提供一体化信息平台支持。

4）建筑方案优化。在工程项目勘察、设计阶段，要求各方利用 BIM 开展相关专业的性能分析和对比，对建筑方案进行优化。

5）施工监控和管理。在工程项目施工阶段，促进相关方利用 BIM 进行虚拟建造，通过施工过程模拟对施工组织方案进行优化，确定科学合理的施工工期，对物料、设备资源进行动态管控，切实提升工程质量和综合效益。

6）投资控制。在招标、工程变更、竣工结算等各个阶段，利用 BIM 进行工程量及造价的精确计算，并作为投资控制的依据。

7）运营维护和管理。在运营维护阶段，充分利用 BIM 和虚拟仿真技术，分析不同运营维护方案的投入产出效果，模拟维护工作对运营带来的影响，提出先进合理的运营维护方案。

（2）勘察单位

研究建立基于 BIM 的工程勘察流程与工作模式，根据工程项目的实际需求和应用条件确定不同阶段的工作内容，开展 BIM 示范应用。

1）工程勘察模型建立。研究构建支持多种数据表达方式与信息传输的工程勘察数据库，研发和采用 BIM 应用软件与建模技术，建立可视化的工程勘察模型，实现建筑与其地下工程地质信息的三维融合。

2）模拟与分析。实现工程勘察基于 BIM 的数值模拟和空间分析，辅助用户进行科学决策和规避风险。

3）信息共享。开发岩土工程各种相关结构构件族库，建立统一的数据格式标准和数据交换标准，实现信息的有效传递。

（3）规划和设计单位

研究建立基于 BIM 的协同设计工作模式，根据工程项目的实际需求和应用条件确定不同阶段的工作内容。开展 BIM 示范应用，积累和构建各专业族库，制定相关企业标准。

1）投资策划与规划。在项目前期策划和规划设计阶段，基于 BIM 和地理信息系统（GIS）技术，对项目规划方案和投资策略进行模拟分析。

2）设计模型建立。采用 BIM 应用软件和建模技术，构建包括建筑、结构、给水排水、暖通空调、电气设备、消防等多专业信息的 BIM 模型。根据不同设计阶段任务要求，形成满足各参与方使用要求的数据信息。

3）分析与优化。进行包括节能、日照、风环境、光环境、声环境、热环境、交通、抗震等在内的建筑性能分析。根据分析结果，结合全生命周期成本，进行优化设计。

4）设计成果审核。利用基于BIM的协同工作平台等手段，开展多专业间的数据共享和协同工作，实现各专业之间数据信息的无损传递和共享，进行各专业之间的碰撞检测和管线综合碰撞检测，最大限度减少错、漏、碰、缺等设计质量通病，提高设计质量和效率。

（4）施工企业

改进传统项目管理方法，建立基于BIM应用的施工管理模式和协同工作机制。明确施工阶段各参与方的协同工作流程和成果提交内容，明确人员职责，制定管理制度。开展BIM应用示范，根据示范经验，逐步实现施工阶段的BIM集成应用。

1）施工模型建立。施工企业应利用基于BIM的数据库信息，导入和处理已有的BIM设计模型，形成BIM施工模型。

2）细化设计。利用BIM设计模型根据施工安装需要进一步细化、完善，指导建筑构件的生产及现场施工安装。

3）专业协调。进行建筑、结构、设备、管线在施工阶段综合的碰撞检测、分析和模拟，消除冲突，减少返工。

4）成本管理与控制。应用BIM施工模型，精确高效地计算工程量，进而辅助工程预算的编制。在施工过程中，对工程动态成本进行实时、精确的分析和计算，提高对项目成本和工程造价的管理能力。

5）施工过程管理。应用BIM施工模型，对施工进度、人力、材料、设备、质量、安全、场地布置等信息进行动态管理，实现施工过程的可视化模拟和施工方案的不断优化。

6）质量安全监控。综合应用数字监控、移动通信和物联网技术，建立BIM与现场监测数据的融合机制，实现施工现场集成通信与动态监管、施工时变结构及支撑体系安全分析、大型施工机械操作精度检测、复杂结构施工定位与精度分析等，进一步提高施工精度、效率和安全保障水平。

7）地下工程风险管控。利用基于BIM的岩土工程施工模型，模拟地下工程施工过程及对周边环境的影响，对地下工程施工过程可能存在的危险源进行分析评估，制定风险防控措施。

8）交付竣工模型。BIM竣工模型应包括建筑、结构和机电设备等各专业内容，在三维几何信息的基础上，还包含材料、荷载、技术参数和指标等设计信息，质量、安全、耗材、成本等施工信息，以及构件与设备信息等。

（5）工程总承包企业

根据工程总承包项目的过程需求和应用条件确定BIM应用内容，分阶段（工程启动、工程策划、工程实施、工程控制、工程收尾）开展BIM应用。在综合设计、咨询服务、集成管理等建筑业价值链中技术含量高、知识密集型的环节大力推进BIM应用，优化项目实施方案，合理协调各阶段工作，缩短工期、提高质量、节省投资。实现与设计、施工、设备供应、专业分包、劳务分包等单位的无缝对接，优化供应链，提升自身价值。

1）设计控制。按照方案设计、初步设计、施工图设计等阶段的总包管理需求，逐步建立适宜的多方共享的 BIM 模型，使设计优化、设计深化、设计变更等业务基于统一的 BIM 模型，并实施动态控制。

2）成本控制。基于 BIM 施工模型，快速形成项目成本计划，高效、准确地进行成本预测、控制、核算、分析等，有效提高成本管控能力。

3）进度控制。基于 BIM 施工模型，对多参与方、多专业的进度计划进行集成化管理，全面、动态地掌握工程进度、资源需求，以及供应商生产及配送状况，解决施工和资源配置的冲突和矛盾，确保工期目标的实现。

4）质量安全管理。基于 BIM 施工模型，对复杂施工工艺进行数字化模拟，实现三维可视化技术交底；对复杂结构实现三维放样、定位和监测：实现工程危险源的自动识别分析和防护方案的模拟；实现远程质量验收。

5）协调管理。基于 BIM 集成各分包单位的专业模型，管理各分包单位的深化设计和专业协调工作，提升工程信息交付质量和建造效率；优化施工现场环境和资源配置，减少施工现场各参与方、各专业之间的相互干扰。

6）交付工程总承包 BIM 竣工模型。工程总承包 BIM 竣工模型应包括工程启动、工程策划、工程实施、工程控制、工程收尾等工程总承包全过程中用于竣工交付、资料归档、运营维护的相关信息。

（6）运营维护单位

改进传统的运营维护管理方法，建立基于 BIM 应用的运营维护管理模式。建立基于 BIM 的运营维护管理协同工作机制、流程和制度。建立交付标准和制度，保证 BIM 竣工模型完整、准确地提交到运营维护阶段。

1）运营维护模型建立。可利用基于 BIM 的数据集成方法，导入和处理已有的 BIM 竣工交付模型，再通过运营维护信息录入和数据集成，建立项目 BIM 运营维护模型，也可以利用其他竣工资料直接建立 BIM 运营维护模型。

2）运营维护管理。应用 BIM 运营维护模型，集成 BIM、物联网和 GIS 技术，构建综合 BIM 运营维护管理平台，支持大型公共建筑和住宅小区的基础设施和市政管网的信息化管理，实现建筑物业、设备、设施及其巡检维修的精细化和可视化管理，并为工程健康监测提供信息支持。

3）设备设施运行监控。综合应用智能建筑技术，将建筑设备及管线的 BIM 运营维护模型与楼宇设备自动控制系统相结合，通过运营维护管理平台，实现设备运行和排放的实时监测、分析和控制，支持设备设施运行的动态信息查询和异常情况快速定位。

4）应急管理。综合应用 BIM 运营维护模型和各类灾害分析、虚拟现实等技术，实现各种可预见灾害的模拟和应急处置。

综上，工程管理信息系统全面推行工程项目全生命期、各参与方的 BIM 应用，要求各参与方提供的数据信息具有便于集成、管理、更新、维护，以及可快速检索、调用、传输、分析和可视化等特点。实现工程项目投资策划、勘察设计、施工、运营维护各阶段基于 BIM 标准的信息传递和信息共享，满足工程建设不同阶段对质量管控和工程进度、投资控制的需求。

2.4.3 工程管理信息系统的发展趋势

这里从项目、企业、行业几个层面分析工程管理信息系统的发展趋势。

1. 工程项目管理信息系统

工程管理信息系统是一个逐步深化的过程，在现代互联网技术普及之前，对工程管理过程中的工程信息和工程资料的收集处理是最原始、单一的信息系统。在现代建设工程领域内，伴随工程项目日益大型化、综合化与复杂化，项目管理的知识密集与信息密集特点日益凸现，信息技术手段在工程项目管理中的作用已经得到共识，采用工程项目管理信息系统（Project Management Information System，PMIS）进行项目管理已经成为现代建设项目管理的重要特征之一，国内外对PMIS进行了较多的探索与实践，加之项目管理理论的不断发展，工程项目管理中信息技术的支持作用已得到很大强化。

整体上，当前建设项目管理中信息技术手段的应用程度相对较低。在建设项目日益大型化、综合化与复杂化的情况下，在建设项目面临的资金、工期、质量、安全、环境等外在约束小幅度增强的趋势下，在建设项目管理知识密集与信息密集程度小幅度提高的情况下，传统PMIS暴露了众多的不足而面临着多种挑战，有效应用包括地理信息技术、遥感、协同计算等新技术手段，将PMIS从传统简单的管理信息系统提升到具有各决策支持功能、空间分析与规划能力、多用户协同工作支持功能等的综合性支撑平台，是目前的研究与实践的重要内容，也是PMIS未来发展的重要方向。

2. 建筑企业管理信息系统

互联网和信息技术的高速发展，改变了建筑企业的经营管理模式、做事的方法和人们的生活方式。全球经济环境不断发展和变化，竞争环境复杂多变，企业的管理思想、管理方法的不断创新，计算机网络技术的快速发展，促成了建筑企业管理信息系统持续地发展和变化。总的发展趋势是管理思想现代化、系统应用网络化、开发平台标准化、业务流程自动化、应用系统集成化（五化）。

（1）管理思想现代化

社会和科学技术总是不断发展的，适应知识经济的新的管理模式和管理方法不断涌现：敏捷制造、虚拟制造、精益生产、客户关系管理、供应商关系管理、大规模定制、基于约束理论的先进计划和排产系统APS、电子商务、商业智能、基于平衡记分卡的企业绩效管理等，不一而足。工程管理信息系统必须不断增加这些新思想、新方法以适应企业的管理变革和发展要求。

（2）系统应用网络化

当今处在全球经济一体化的年代，网络经济的时代，由于互联网络和通信技术的高速发展，彻底改变了建筑企业的经营管理模式、生活方式和做事的方法。企业对互联网的依赖将进一步加深，企业离开互联网的应用就谈不上敏捷制造、虚拟制造、精益生产、客户关系管理、供应商关系管理、电子商务。只有采用基于互联网的系统才能方便地实现集团管理、异地管理、移动办公，实现环球供应链管理。

（3）开发平台标准化

计算机技术发展到今天，那种封闭的专有系统已经走向消亡。基于浏览器/服务器的体系结构，支持标准网络的通信协议，支持标准的数据库访问，支持 XML 的异构系统互联；实现应用系统独立于硬件平台、操作系统和数据库；实现系统的开放性、集成性、可扩展性、互操作性；这些已成为应用系统必须遵守的标准；反之，不符合上述标准的系统是没有前途的系统。

（4）业务流程自动化

传统 ERP 是一个面向功能的事务处理系统。它为业务人员提供了丰富的业务处理功能，但是每个业务处理都不是孤立的，它一定与其他部门、其他人、其他事务有关，这就构成了一个业务流程。传统 ERP 对这个业务流程缺乏有效的控制和管理。许多流程是由人工离线完成的。工作流管理技术是解决业务过程集成的重要手段，它与 ERP 或其他管理信息系统的集成，将实现业务流程的管理、控制和过程的自动化，使企业领导与业务系统真正集成，实现企业业务流程的重构。所以工作流管理技术受到人们的高度重视并得到快速发展。

（5）应用系统集成化

建筑企业信息化包括很多内容：技术系统信息化包括 CAD、CAM、CAPP、PDM、PLM；管理信息化包括 ERP、CRM、SRM、BI、EC；生产制造过程自动化包括 NC、FMS、自动化立体仓库 AS/RS、制造执行系统 MES。所有这些系统都是为企业经营战略服务的，它们之间存在着大量的共享信息和信息交换，在单元技术成功运行的基础上，它们之间要实现系统集成，使其应用效果最大化。

建筑业的信息化建设经历了起步、普及、网络化阶段，正步入集成化阶段。面对日益加大的工程量和可持续发展型社会对建设项目的要求，迫切需要将现代信息技术与新技术、新工艺、新材料等相结合，推动设计、施工生产过程和方法的创新、企业管理模式的创新、企业间协作管理的创新，从而提升我国建筑业的核心竞争力。运用信息化等高新技术改造传统产业，是促进建筑业科学发展、转变发展方式与企业转型升级的重要途径和核心课题。

3. 建筑业行业信息化发展

建筑业信息化发展方向的重点将会实现“三个转变，一个升级”。“三个转变”是指从建筑业的管理机构到建筑业企业再到建筑业信息化服务商三个层次的转变，“一个升级”是指信息化技术的战略升级。

（1）政府对建筑业管理方式的转变

基于建筑生命周期的建筑业管理信息化建设是国家电子政务的组成部分。住房和城乡建设部在《2011—2015 年建筑业信息化发展纲要》中明确了加强行业主管部门的引导作用，加强建筑业信息化软科学研究，为建筑业信息化发展提供了理论支撑。所以，为尽快实现建筑生命周期建筑业集成管理的发展目标，建筑生命周期涉及的相关管理部门必须协调起来共同解决信息化过程中的业务整合、流程优化、组织业务功能合理、管理目标统一和信息系统的建设，这就需要国家统一协调，建立起以建筑生命周期为主线的建筑业管理信息化总体规划，稳步推进。

（2）加快行业主管部门信息化进程

我国目前有 6 万多家建筑施工企业，央企、国企、民企同时并存，同行业企业之间在实力和管理上良莠不齐。作为行业主管部门应严格市场准入制度，对建筑施工企业的基本信息，如资产、资金、经营业绩、资信能力、人员信息等数据进行科学收集、分类、维护和管理，加快行业主管部门信息化的进程，从源头上规范建筑业整体市场的运营，推进建筑业整体市场的制度化、标准化和信息化的进程。

（3）建筑业信息化支持产业的转变

随着经济生活全球化和社会需求多元化的快速发展，以及节能减排的要求，我国工程建设领域面临越来越复杂的环境。目前，针对工程建设的服务往往是基于产品的简单技术咨询，而对全生命周期的工程建设中的疑难问题，很难给出满意答案。因此，“十二五”建筑业信息化支持产业发展的趋势是建立以工程建设为核心的较为完善的工程建设服务体系，突破跨专业服务整合、资源整合等技术瓶颈，将无形的服务有形化、将分散资源集中化、将孤立系统集成化，为工程建设提供更有价值的服务，并建立专业的工程建设信息服务队伍，向着产业化方向发展。

（4）建筑业企业自身的转变

城市运营是一个广义的概念，从具体操作层面来看，更多的是体现在城市公路、污水处理、轨道交通、保障性住房和市政设施等方面。建筑企业这种经营方式的转变急需信息系统的支持，因此建筑业信息化推进工作将逐渐偏向对城市建设服务的运营维护，对基于建筑信息模型的建筑设施运营维护服务支持系统、关键建筑设施全生命周期性能模拟分析软件系统、运营状态实时监控系统、能耗监测服务系统的研究，对于提升整个城市建设服务水平具有十分重大的意义。

（5）建筑业信息化应用技术的升级

住房和城乡建设部在《2011—2015年建筑业信息化发展纲要》中明确了将进一步完善建筑业相关的信息化标准，重点完善建筑行业信息编码标准、数据交换标准、电子工程图档标准、电子文档交付标准等，推动信息资源的整合，提高信息综合利用水平。建筑业管理的基础信息编码和业务流程的统一是管理信息共享、交换的基础，逐步建立和完善建筑工程设计、施工、验收全过程的信息化标准体系，用以指导企业进行信息化建设。统一行业业务流程是建筑业管理信息资源共享和交换的基本工作之一，可以通过计算机软件的应用，统一规范建筑业信息化建设的工作流程。

我国工程项目规模不断增大，施工过程也日益复杂。目前的一些施工信息技术逐渐不能满足高质量施工服务的要求，迫切需要升级。新型施工技术就是基于此需求而产生的，这些新技术贯穿施工的整个过程，对传统的施工信息技术进行转变或优化，从而达到节约时间、降低成本和保证质量的目的。由目前的发展趋势，虚拟现实、BTM、云技术、物联网和绿色建筑等前沿技术将成为研发的重点领域。

本章小结

本章首先从工程管理基础知识出发，工程管理基础知识具体是指建筑工程管理，其组织包括针对企业和工程项目两大类，与信息有密切关系。广义的工程管理既包括对重大建设工程实施（包括工程规划与论证、决策、工程勘察与设计、工程施工与运营）的管理，也包括对重要复杂的新产品、设备、装备在开发、制造、生产过程中的管理，还包括技术创新、技术改造、转型、转轨的管理，产业、工程和科技的发展布局与战略的研究与管理等。

同时对工程管理信息系统进行了概述，体现了工程管理在管理信息系统中的应用。对信息系统和管理信息系统进行了介绍，据此，提出了工程管理信息系统的定义和总体概念模型；在概念结构、层级结构、功能结构、软件结构和硬件结构方面都体现了工程管理的特殊性。

复习思考题

1. 请简述工程管理的特点。
2. 工程管理信息系统的定义是什么？请绘制出其总体概念图。
3. 工程管理信息系统的结构分为哪五种？请选择其中一种进行简要说明。
4. 简述工程管理信息系统的发展历程。

第3章 工程管理信息系统技术基础

【学习目标】

1. 了解计算机硬件系统、软件系统与计算机网络的相关知识。
2. 了解数据库的基本概念，掌握数据库的设计步骤。
3. 了解数据仓库与大数据管理的相关技术方法。

3.1 计算机系统与计算机网络

3.1.1 计算机硬件系统

计算机硬件泛指实际的物理设备，主要包括中央处理器（Central Processing Unit，CPU）、存储器（Memory）、输入设备（Input Device）和输出设备（Output Device）四部分。

1. 中央处理器

中央处理器可以简称为微处理器（Microprocessor），经常被人们直接称为处理器（Processor）。CPU 是一块超大规模的集成电路，是计算机的运算核心和控制核心，其重要性好比心脏对于人一样。实际上，处理器的作用和大脑更相似，因为它负责处理、运算计算机内部的所有数据。CPU 的种类决定了应使用的操作系统和相应的软件。CPU 主要包括运算器和高速缓冲存储器及实现它们之间联系的数据、控制及状态的总线（Bus）。

2. 存储器

存储器是计算机系统中的记忆设备，用来存放程序和数据。计算机中的全部信息，包括输入的原始数据、计算机程序、中间运行结果和最终运行结果都保存在存储器中。它根据控制器指定的位置存入和取出信息。

存储器是用来存储程序和数据的部件，有了存储器，计算机才有记忆功能，才能保证正常工作。按用途存储器可分为主存储器（内存）和辅助存储器（外存）。内存是指主板上的存储部件，用来存放当前正在执行的数据和程序，仅用于暂时存放程序和数据，关闭电源或断电，数据就会丢失，属于主机的组成部分。外存通常是磁性介质或光盘等，能长期保存信息，属于外部设备。

3. 输入设备

输入设备是将数据、程序、文字符号、图像、声音等信息输送到计算机中的设备。计算机的输入设备按功能可分为下列几类：

1）字符输入设备。键盘（Keyboard）。

2）光学阅读设备。光学标记阅读机（一种用光电原理读取纸上标记的输入设备，常用的有条码读入器和计算机自动评卷记分的输入设备等），光学字符阅读机。

3）图形输入设备。鼠标（机械式和光电式两种）、操纵杆、光笔。

4）图像输入设备。摄像机、扫描仪［利用光电扫描将图形（图像）转换成像素数据输入计算机中的输入设备］、传真机。

5）模拟输入设备。语言模数转换识别系统。

4. 输出设备

输出设备用于数据的输出。它把各种计算结果数据或信息以数字、字符、图像、声音等形式表示出来。常见的有显示器、打印机、绘图仪、影像输出系统、语音输出系统、磁记录设备等。

3.1.2　计算机软件系统

只有硬件的裸机是无法运行的，还需要软件的支持。计算机是依靠硬件系统和软件系统的协同工作来执行给定任务的。所谓软件，是指为解决问题而编制的程序及其文档。计算机软件包括计算机本身运行所需要的系统软件（包括操作系统，计算机语言及处理等）和用户完成任务所需要的应用软件（包括通用应用软件和专用应用软件）。

1. 操作系统

操作系统（Operating System，OS）是管理和控制计算机硬件与软件资源的计算机程序，是直接运行在“裸机”上的最基本的系统软件，任何其他软件都必须在操作系统的支持下才能运行。

操作系统是用户和计算机的接口，同时也是计算机硬件和其他软件的接口。操作系统的功能包括管理计算机系统的硬件、软件及数据资源，控制程序运行，改善人机界面，为其他应用软件提供支持，让计算机系统所有资源最大限度地发挥作用，提供各种形式的用户界面，使用户有一个好的工作环境，为其他软件的开发提供必要的服务和相应的接口等。

2. 数据库管理系统

数据库管理系统（Database Management System，DBMS）是一种操纵和管理数据库的大型软件，用于建立、使用和维护数据库。它对数据库进行统一的管理和控制，以保证数据库的安全性和完整性。用户通过 DBMS 访问数据库中的数据，数据库管理员也通过 DBMS 进行数据库的维护工作。它提供多种功能，可使多个应用程序和用户用不同的方法在同一时刻或不同时刻去建立、修改和询问数据库。它使用户能方便地定义和操纵数据，维护数据的安全性和完整性，以及进行多用户下的并发控制和恢复数据库。

目前有许多数据库产品，如 Oracle、Sybase、Informix、Microsoft SQL Server、Microsoft Access、Visual FoxPro 等产品各以自己特有的功能，在数据库市场上占有一席之地。

3. 程序设计语言

程序设计语言是用于书写计算机程序的语言，它是一种被标准化的交流技巧，用来向计算机发出指令。

在过去的几十年间，大量的程序设计语言被发明、被取代、被修改或组合在一起。尽管人们多次试图创造一种通用的程序设计语言，却没有一次尝试是成功的。之所以有那么多种不同的程序设计语言存在的原因是，编写程序的初衷各不相同；新手与老手之间技术的差距非常大，有许多语言对新手来说不易学习；不同程序之间的运行成本各不相同。有许多用于特殊用途的语言，只在特殊情况下使用。例如，PHP 专门用来显示网页，Perl 更适合文本处理，C 语言被广泛用于操作系统和编译器的开发。

高级程序设计语言（也称高级语言）的出现使得计算机程序设计语言不再过度地依赖某种特定的机器或环境。这是因为高级语言在不同的平台上会被编译成不同的机器语言，而不是直接被机器执行。

在计算机系统中，硬件系统是物质基础，软件系统是指挥枢纽和灵魂。软件系统的功能与质量在很大程度上决定了整个计算机的性能。因此，软件系统和硬件系统一样，是计算机系统工作必不可少的组成部分。

3.1.3 计算机通信网络

1. 通信介质

通信介质就是网络通信的线路。连接网络首先要用的东西就是传输线，它是所有网络的最小要求。常见的传输线有四种基本类型：同轴电缆、双绞线、光纤和无线电波。每种类型都满足一定的网络需要，解决一定的网络问题。

（1）同轴电缆

同轴电缆是由内外相互绝缘的同轴心导体构成的电缆：内导体为铜线，外导体为铜管或网。电磁场封闭在内外导体之间，因而辐射损耗小，受外界干扰影响小。同轴电缆也是局域网中最常见的传输介质之一。

（2）双绞线

双绞线由两根具有绝缘保护层的铜导线组成。把两根绝缘的铜导线按一定密度互相绞在一起，每一根导线在传输中辐射出来的电波会被另一根导线发出的电波抵消，能有效降低信号的干扰。实际使用时，双绞线是由多对双绞线一起包在一个绝缘电缆套管里的。

与其他传输介质相比，双绞线在传输距离、信道宽度和数据传输速度等方面均受到一定的限制，但价格较为低廉。

（3）光纤

光纤是光导纤维的简称，是一种由玻璃或塑料制成的纤维，可以用于通信传输。通常光纤与光缆两个名词会被混淆。多数光纤在使用前必须由几层保护结构包覆，包覆后的缆线被称为光缆。光纤外层的保护层和绝缘层可防止周围环境对光纤的伤害。光纤和同轴电缆相似，只是没有网状屏蔽层，中心是光传播的玻璃芯。

在日常生活中，光纤被用作长距离的信息传递。

（4）无线电波

利用无线电波传输信息的通信方式称为无线电通信，它能传输声音、文字、数据和图像等。与有线电通信相比，不需要架设传输线路，不受通信距离限制，机动性好，建立迅速；但传输质量不稳定，信号易受干扰或易被截获，易受自然因素影响，保密性差。

2. 通信控制处理机及其功能

通信控制处理机（Communication Control Processor）是对各主计算机之间、主计算机与远程数据终端之间，以及各远程数据终端之间的数据传输和交换进行控制的装置。不同功能的通信控制处理机能把多台主计算机、通信线路和很多用户终端连接成计算机通信网，使这些用户能同时使用网络中的计算机，实现资源共享。

（1）调制解调器

调制解调器（Modem），其实是 Modulator（调制器）与 Demodulator（解调器）的简称，中文称为调制解调器（港台称为数据机）。根据 Modem 的谐音，亲昵地称之为“猫”。所谓调制，就是把数字信号转换成电话线上传输的模拟信号；解调，即把模拟信号转换成数字信号，合称为调制解调器。

（2）交换机

交换机（Switch）就是一种在通信系统中完成信息交换功能的设备，是一种基于介质访问控制（Media Access Control，MAC）地址识别，能完成封装转发数据包功能的网络设备。交换机可以“学习”MAC 地址，并把其存放在内部地址表中，通过在数据帧的始发者和目标接收者之间建立临时的交换路径，使数据帧直接由源地址到达目的地址。

（3）网络互联中继设备

网络互联的目的是使一个网络上的某一主机能够与另一网络上的主机进行通信，一个网络的用户能访问其他网络的资源，使不同网络的用户相互通信和交换信息。若互联的网络都具有相同的构型，则互联的实现比较容易。因此，按照功能，互联中继设备可以分为以下几类：

1）中继器。中继器（Repeater）是局域网互联的最简单设备，它只能在每一个分支中的数据包和逻辑链路协议相同时才能正常工作。例如，在 802.3 以太局域网和 802.5 令牌环局域网之间，中继器是无法使它们通信的。但是，中继器可以用来连接不同的物理介质，并在各种物理介质中传输数据包。

中继器是扩展网络的最廉价的方法。当扩展网络的目的是要突破距离和节点的限制时，并且连接的网络分支都不会产生太多的数据流量、成本又不能太高时，就可以考虑选择中继器。中继器没有隔离和过滤功能，它不能阻挡含有异常的数据包从一个分支传到另一个分支。这意味着，一个分支出现故障可能影响其他的每一个网络分支。

2）集线器。集线器的英文称为 Hub，它的主要功能是对接收到的信号进行再生整形放大，以扩大网络的传输距离，同时把所有节点集中在以它为中心的节点上。Hub 可以视作多端口的中继器，也是一个多端口的转发器，当以 Hub 为中心设备时，网络中某条线路产生了故障，并不影响其他线路的工作，所以Hub在局域网中得到了广泛的应用。它大多用于星形与树形网络拓扑结构中。

3）网桥。网桥（Bridge）包含了中继器的功能和特性，不仅可以连接多种介质，还能连接不同的物理分支，如以太网和令牌网，能将数据包在更大的范围内传送。

4）路由器。比起网桥，路由器（Router）不但能过滤和分隔网络信息流、连接网络分支，而且能访问数据包中更多的信息。路由器比网桥慢，主要用于广域网或广域网与局域网的互联。

5）桥由器。桥由器（Brouter）是网桥和路由器的合并。

6）网关（Gateway）。网关能互连异类的网络，首先从一个环境中读取数据，剥去数据的老协议，然后用目标网络的协议进行重新包装。网关的一个较为常见的用途是在局域网的微机和小型机或大型机之间做翻译。网关的典型应用是网络专用服务器。

3. 计算机网络分类

计算机网络分类很多，这里只介绍常见的两种。

（1）按网络的拓扑结构划分

网络拓扑结构是指用传输媒体互连各种设备的物理布局，就是用什么方式把网络中的计算机等设备连接起来。构成网络的拓扑结构有很多种，一般可分为星形结构、树形结构、总线结构、环形结构、网状结构和混合型结构。

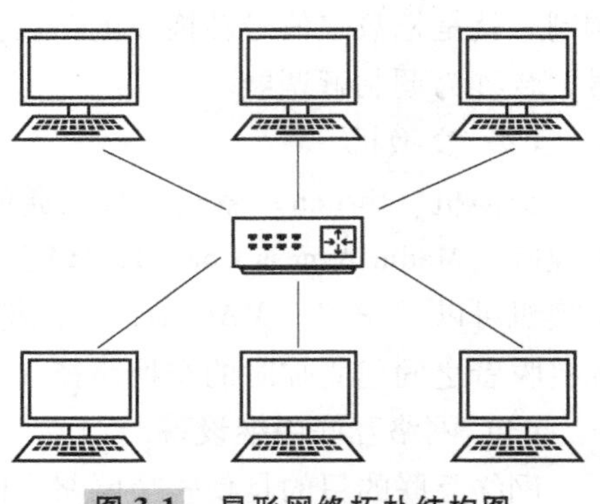

图 3-1　星形网络拓扑结构图

1）星形结构。星形结构是一种最古老的网络连接方式，如图3-1所示，是用集线器或交换机作为网络的中央节点，网络中的每一台计算机都通过网卡连接到中央节点，计算机之间通过中央节点进行信息交换，各节点呈星状分布而得名。星形结构是目前局域网中应用最为普遍的一种，企业网络几乎都是采用这一方式。星形网络几乎是以太网（Ethernet）网络专用。这类网络目前用得最多的传输介质是双绞线。

星形结构的多个节点均以自己单独的链路与处理中心相连，呈辐射状排列在中央节点周围。网络中任意两个节点的通信都要通过中央节点转接，在同一时刻只能允许一对节点占用总线通信，单个节点的故障不会影响网络的其他部分。这种网络结构简单，便于集中控制和管理，一个端用户设备因为故障而停机时也不会影响其他端用户间的通信，易于维护和安全，而且节点的扩展和移动也很方便。但这种结构的中心系统必须具有极高的可靠性，中心系统一旦损坏，整个系统便趋于瘫痪。

2）树形结构。树形结构中，网络节点呈树状排列，整体看来就像一棵朝下的树，如图3-2所示。树形结构是总线型结构的扩展，它是在总线网上加上分支形成的，其传输介质可有多条分支，但不形成闭合回路，也可以把它看作星形结构的叠加。

树形结构具有层次性，是一种分层网。网络的最高层是中央处理机（根节点），最低层是终端，其他各层可以是多路转换器、集线器或部门用计算机，其结构可以对称，具有一定容错能力。一般一个分支和节点的故障不影响另一分支和节点的工作，任何一个节点送出的信息都由根节点接收后重新发送到所有的节点。

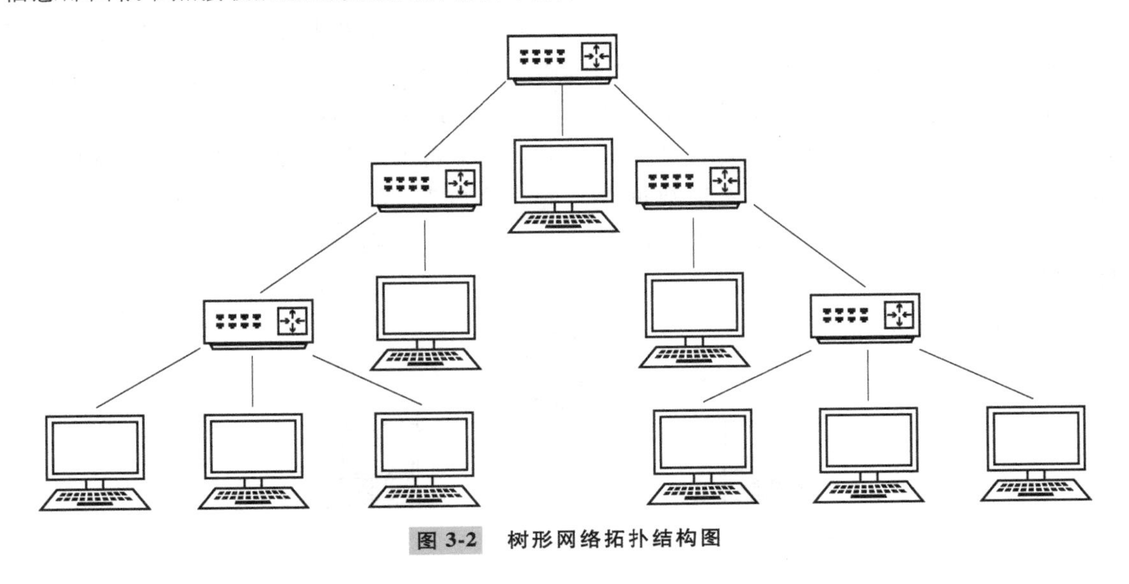

图 3-2 树形网络拓扑结构图

这种结构通信线路总长较短，成本较低，节点易于扩充，寻找路径比较方便。根节点出故障时全网不能正常工作。

3）总线结构。在计算机网络中，各个计算机部件之间传送信息的公共通路叫作总线，它是由导线组成的传输线束，计算机的各个部件通过总线相连接，外部设备通过相应的接口电路再与总线相连接，从而形成了计算机硬件系统。总线结构中，所有设备都直接与总线相连，如图 3-3 所示。它所采用的介质一般是同轴电缆，不过现在也有采用光缆作为总线结构的传输介质的。

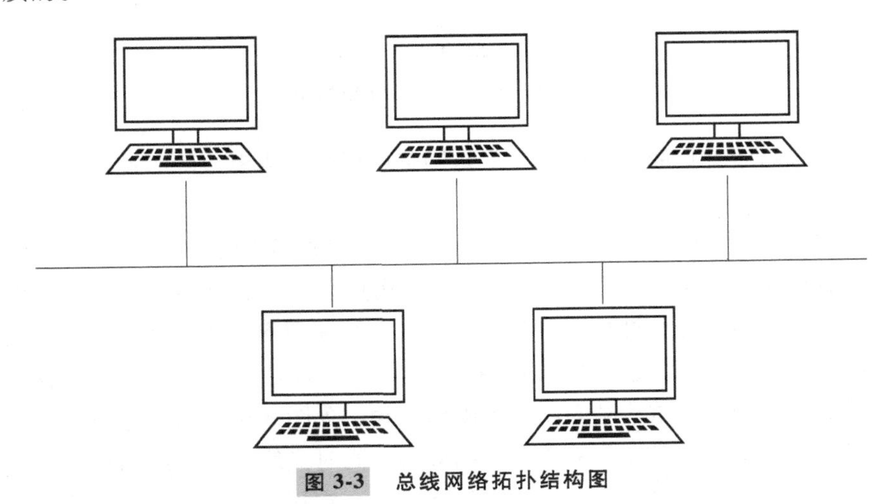

图 3-3 总线网络拓扑结构图

总线结构组网费用低，网络用户扩展较灵活，维护较容易。但所有的数据都需经过总线传送，总线若出现故障则整个网络就会瘫痪。而且一次仅能一个端用户发送数据，其他端用户则必须等待获得发送权。这种网络因为各节点是共用总线带宽的，所以在传输速度上会随着接入网络的用户增多而下降。

4）环形结构。在环形结构中，各设备是直接通过电缆来串接的，最后形成一个闭环，整个网络发送的信息就是在这个环中传递，这种网络结构主要应用于令牌网中，因此通常把这类结构称为令牌环网，如图 3-4 所示。在环形结构中，环路中各节点地位相同，环路上任何节点均可请求发送信息，请求一旦被批准，便可以向环路发送信息。在环形拓扑结构中，有一个控制发送数据权力的“令牌”，它会按一定的方向单向环绕传送，每经过一个节点都要判断一次，确定是发给该节点的则接收，否则就将数据送回到环中继续往下传。

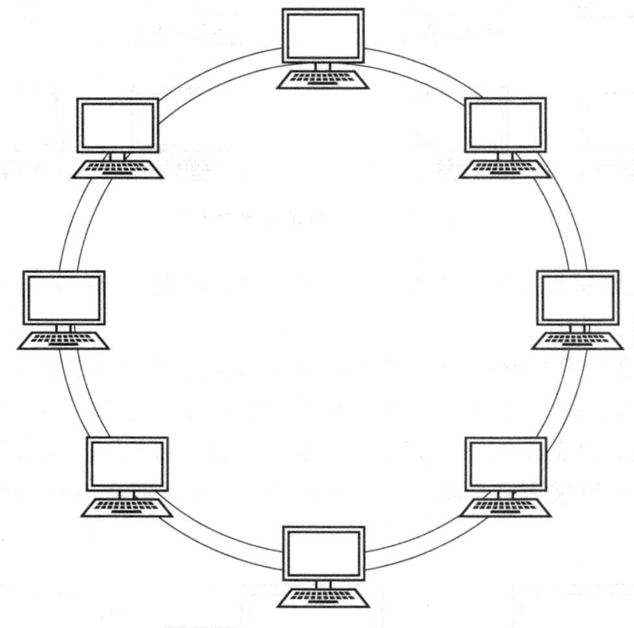

图 3-4　环形网络拓扑结构图

环形结构总线路短，抗故障性能好，但是回路中任意节点有故障时都会影响整个回路的通信。

5）网状结构。在网状结构中，各节点通过传输线互联连接起来，并且每一个节点至少与其他两个节点相连，如图 3-5 所示。网状拓扑结构具有较高的可靠性，但其结构复杂，实现起来费用较高，不易管理和维护。目前广域网基本都采用网状拓扑结构。

6）混合型结构。将两种或几种网络拓扑结构混合称为混合型拓扑结构。最常见的混合型结构是将星形结构和总线结构结合起来的网络结构，如图 3-6 所示。这种结构更能满足较大网络的拓展，突破星形网络在传输距离上的局限，同时又解决了总线结构在连接用户数量方面的限制问题，可以兼顾星形与总线结构的优点，一定程度上弥补各自的缺点，适用于较大型的局域网中。

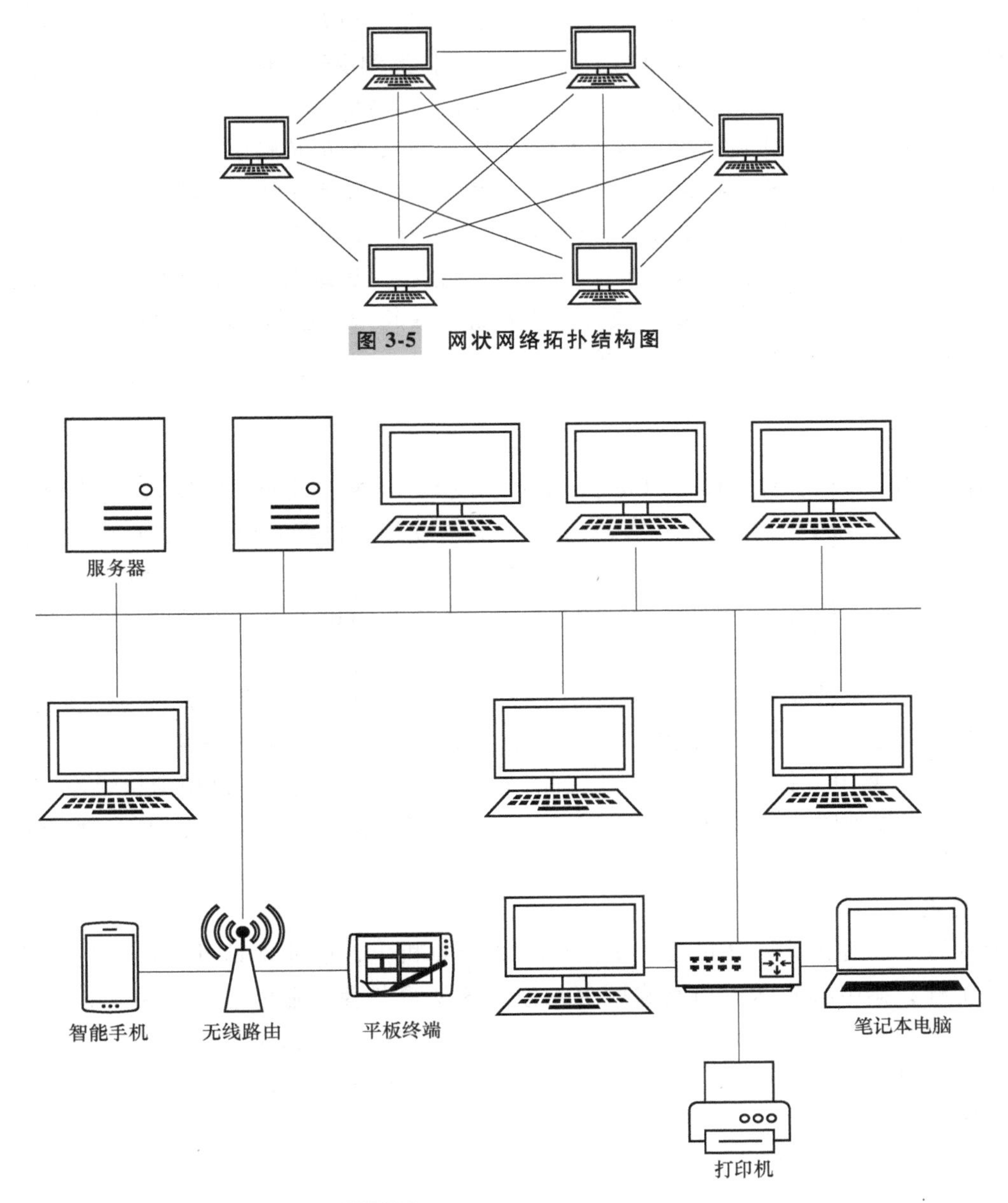

图 3-5　网状网络拓扑结构图

图 3-6　混合型网络拓扑结构图

（2）按地理范围划分

按地理范围可以把各种计算机网络划分为局域网、城域网和广域网三种，这也是最常见的分类。

1）局域网。局域网（Local Area Network，LAN）是指在某一区域内由多台计算机互联成的计算机组，一般是方圆几千米以内。局域网可以实现文件管理、应用软件共享、打印机共享、工作组内的日程安排、电子邮件和传真通信服务等功能。局域网是封闭型的，可以由办公室内的两台计算机组成，也可以由一个公司内的上千台计算机组成。

LAN 的拓扑结构常用的是总线和环形结构，这是由有限地理范围决定的，这两种结构很少在广域网环境下使用。LAN 具有高可靠性、易扩缩和易于管理及安全等多种特性。

2）城域网。城域网（Metropolitan Area Network，MAN）是在一个城市范围内所建立的计算机通信网，属于宽带局域网。城域网传输时延较小，它的传输媒介主要采用光缆。

3）广域网。广域网（Wide Area Network，WAN）也称远程网，所覆盖的范围比城域网更广。它一般是不同城市之间的 LAN 或者 MAN 网络互联，所覆盖的范围从几十公里到几千公里，它能连接多个城市或国家，或横跨几个洲并能提供远距离通信，形成国际性的远程网络。它将分布在不同地区的局域网或计算机系统互联起来，达到资源共享的目的。因特网（Internet）是世界范围内最大的广域网。

3.1.4 云计算

到目前为止，云计算（Cloud Computing）仍没有一个被广泛承认的概念。美国国家标准与技术研究院（NIST）的定义是“云计算是一种按使用量付费的模式，这种模式提供可用的、便捷的、按需的网络访问，进入可配置的计算资源共享池（资源包括网络、服务器、存储、应用软件、服务），这些资源能够被快速提供，只需投入很少的管理工作，或与服务供应商进行很少的交互”。

一般来说，云计算是基于互联网的相关服务的增加、使用和交付模式，通常涉及通过互联网来提供动态易扩展且经常是虚拟化的资源。云是网络、互联网的一种比喻说法。云计算甚至可以有每秒 10 万亿次的运算能力，拥有如此强大的计算能力可以模拟核爆炸、预测气候变化和市场发展趋势。用户可以通过计算机、手机等终端设备接入数据中心，按自己的需求进行运算。

1. 特点

云计算是通过将计算分布在大量的分布式计算机上，而非本地计算机或远程服务器中，使工程数据中心的运行与互联网更相似。这使得工程企业能够将资源切换到需要的应用上，根据需求访问计算机和存储系统。这意味着计算能力也可以作为一种商品进行流通，就像煤气、水电一样，取用方便，费用低廉。最大的不同在于，它是通过互联网进行传输的。

被普遍接受的云计算特点如下：

（1）可进行超大规模计算

通过云计算，服务器集群可以达到大型计算机的效果，普通用户也可以使用大型数据中心所拥有的强大的存储、计算能力，完成一些在个人计算机上难以实现的数据导向型和计算导向型任务。

（2）虚拟化

云计算支持用户在任意位置、使用各种终端获取应用服务。所请求的资源来自“云”，而不是固定的有形的实体。应用在“云”中某处运行，但实际上用户无须了解、也不用担心应用运行的具体位置。只需要一台笔记本电脑或者一个手机，就可以通过网络服务来实现需要的一切，甚至包括超级计算这样的任务。

（3）高可靠性

“云”使用了数据多副本容错、计算节点同构可互换等措施来保障服务的高可靠性，使用云计算比使用本地计算机可靠。

（4）通用性

云计算不针对特定的应用，在“云”的支撑下可以构造出千变万化的应用，同一个“云”可以同时支撑不同的应用运行。

（5）高可扩展性

“云”的规模可以动态伸缩，满足应用和用户规模增长的需要。

（6）按需服务

“云”是一个庞大的资源池，可以按需购买；“云”可以像自来水、电、煤气那样计费。

（7）极其廉价

由于“云”的特殊容错措施可以采用极其廉价的节点来构成“云”，“云”的自动化集中式管理使大量工程企业无须负担日益高昂的数据中心管理成本，“云”的通用性使资源的利用率较之传统系统大幅提升，因此用户可以充分享受“云”的低成本优势。

（8）潜在的危险性

云计算服务除了提供计算服务外，还提供存储服务。但是云计算服务当前垄断在某些企业手中。云计算中的数据对于数据所有者以外的其他云计算用户是保密的，但是对于提供云计算的企业而言确实毫无秘密可言，大量信息的保密和安全性都掌握在这些企业手中。一旦泄露，影响巨大。

2. 服务形式

云计算可以认为包括以下几个层次的服务：基础设施即服务（Infrastructure-as-a-Service，IaaS），平台即服务（Platform-as-a-Service，PaaS）和软件即服务（Software-as-a-Service，SaaS）。

（1）IaaS：基础设施即服务

用户通过 Internet 可以获得完善的计算机基础设施服务。IaaS 通过网络向用户提供计算机（物理机和虚拟机）、存储空间、网络连接、负载均衡和防火墙等基本计算资源，用户在此基础上部署和运行各种软件，包括操作系统和应用程序。相关产品包括云主机、云存储、云容灾备份、虚拟防火墙、弹性计算平台等。

（2）PaaS：平台即服务

PaaS 实际上是指将软件研发的平台作为一种服务，以 SaaS 的模式提交给用户。因此，PaaS 也是 SaaS 模式的一种应用。但是，PaaS 的出现可以加快 SaaS 的发展，尤其是加快 SaaS 应用的开发速度。相关产品包括云操作系统、应用程序开发/运行平台、在线数据库等。

（3）SaaS：软件即服务

这是一种通过 Internet 提供软件的模式，用户无须购买软件，而是向提供商租用基于 Web 的软件来管理企业经营活动。云提供商在云端安装和运行应用软件，云用户通过云客户端（通常是 Web 浏览器）使用软件。云用户不能管理应用软件运行的基础设施和平台，只能做有限的应用程序设置。相关产品包括资源管理应用系统（如客户关系管理系统CRM）、文档编辑处理、地图服务、应用程序定制使用等。

3.1.5 项目信息门户

项目信息门户（Project Information Portal，PIP）是在对工程项目实施全过程中项目参与各方产生的信息和知识进行集中式存储和管理的基础上，为项目参与各方在 Internet 平台上提供的一个获取个性化（按需所取）项目信息的单一入口。它是基于互联网的一个开放性工作门户，为项目各参与方提供项目信息共享、信息交流和协同工作的环境。PIP 作为一种基于 Internet 技术的项目信息沟通解决方案，以项目为中心对项目信息进行有效的组织与管理，并通过个性化的用户界面和用户权限设置，为在地域上广泛分布的项目参与各方提供一个安全、高效的信息沟通环境，有利于项目信息管理和控制项目的实施。PIP 信息交流特点如图 3-7 所示。

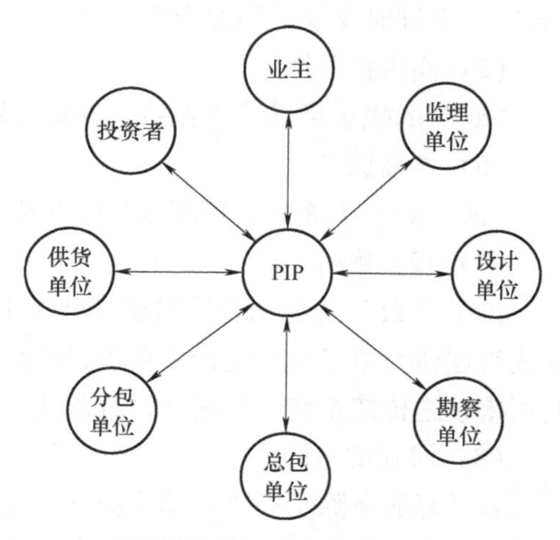

图 3-7 PIP 信息交流特点

从图 3-7 可以看到，PIP 改变了传统工程项目信息交流的点对点式沟通方式，实现了项目实施全过程中参与各方的信息共享，大大提高了项目建设的信息透明度。PIP 在工程项目中的应用使工程项目的信息流动大大加快，信息处理效率极大提高，项目管理的作用得到充分的发挥，传统项目实施过程中的信息不对称现象得到有效遏制，由此造成的工程损失和浪费得到了根本的控制，工程建设的综合效益也得到显著的提高。国外大型工程项目实施的有关统计结果显示，PIP 在大型工程项目中的应用使工程项目的综合经济效益平均提高 10%左右。

基于 PIP 的信息交流是一种有序的信息交流方式，项目信息以数字化的形式集中存储起来，项目的任一参与方可以通过 Internet 在任何时间和任何地点获取自己需要的被授权的项目信息。这种信息交流方式增强了业主对项目信息的主动控制权，同时可以降低项目参与各方信息交流与协同工作的复杂程度。

3.1.6 建筑信息模型

建筑信息模型（Building Information Modeling，BIM）是以建筑工程项目的各项相关信息数据作为模型的基础，建立建筑模型，通过数字信息仿真模拟建筑物所具有的真实信息。美国国家 BIM 标准（NBIMS）对 BIM 的定义由三部分组成：

1）BIM 是一个设施（建设项目）物理和功能特性的数字表达。

2）BIM 是一个共享的知识资源，是一个分享有关这个设施的信息，为该设施从建设到拆除的全生命周期中的所有决策提供可靠依据的过程。

3）在工程的不同阶段，不同利益相关方通过在 BIM 中插入、提取、更新和修改信息，以支持和反映其各自职责的协同作业。

在工程全生命周期中，BIM 可以实现集成管理，因为这一模型既包括建筑物的信息模型，又包括建筑工程管理行为的模型，能将建筑物的信息模型同建筑工程的管理行为模型进行完美的组合。在一定范围内，建筑信息模型可以模拟实际的建筑工程建设行为，例如，建筑物的日照、外部围护结构的传热状态等。

BIM 具有可视化、协调性、模拟性、优化性和可出图性五大特点。

1. 可视化

可视化即“所见即所得”的形式，例如，一般的施工图只是在图纸上采用线条绘制表达各个构件的信息，但是其真正的构造形式就需要看图人自行想象了。BIM 提供的可视化的思路可以将以往的线条式的构件形成一种三维的立体实物图形展示在人们面前。BIM 的可视化是一种能够同构件之间形成互动性和反馈性的可视，在 BIM 中，由于整个过程都是可视化的，所以可视化的结果不仅可以用于效果图的展示及报表的生成，更重要的是，项目设计、建造、运营过程中的沟通、讨论、决策都在可视化的状态下进行。

2. 协调性

不管是施工单位还是业主及设计单位，无不在做着协调及相互配合的工作。一旦项目的实施过程中遇到了问题，就要将各有关人士组织起来开协调会，找出问题发生的原因及解决办法，然后给出变更方案和相应的补救措施。这种问题的协调只能在出现问题后再进行。

在设计时，往往由于各专业设计师之间的沟通不到位，而出现各种专业之间的碰撞问题，如暖通等专业设计进行管道布置时，由于该专业的施工图和结构专业施工图是分开绘制的，真正进入施工阶段时，往往遇到正好有结构设计的梁等构件在此妨碍暖通专业管线的布置，这种是施工中常遇到的碰撞问题，以前一般只能在这样的问题出现后再进行协调解决，现在 BIM 的协调性服务就可以帮助在设计阶段处理这种问题，也就是说，BIM 可以在工程建设前期对各专业的碰撞问题进行协调，并提供所生成的协调数据。当然 BIM 的协调作用也并不是只能解决各专业间的碰撞问题，它还可以解决如电梯井布置与其他设计布置及净空要求的协调，防火分区与其他设计布置的协调，地下排水布置与其他设计布置的协调等。

3. 模拟性

BIM 的模拟性并不是只体现在模拟设计建筑物模型，还可以模拟不能够在真实世界中进行操作的事物。在设计阶段，BIM 可以根据设计所需进行相关模拟实验，例如，节能模拟、紧急疏散模拟、日照模拟、热能传导模拟等；在招标投标和施工阶段可以进行 4D 模拟（三维模型加工程的发展时间），也就是根据施工组织设计模拟实际施工，从而确定合理的施工方案来指导施工。同时还可以进行 5D 模拟（基于 3D 模型的造价控制），从而来实现成本控制；后期运营阶段可以进行日常紧急情况的处理方式的模拟，如地震人员逃生模拟及消防人员疏散模拟等。

4. 优化性

工程的设计、施工、运营的过程就是一个不断优化的过程，当然优化和 BIM 也不存在实质性的必然联系，但在 BIM 的基础上可以进行更好的优化。

优化一般受到信息、复杂程度和时间的制约，没有准确的信息做不出合理的优化结果，BIM 模型提供了建筑物的实际存在的信息，包括几何信息、物理信息、规则信息，还提供了建筑物变化以后的实际存在。现代建筑物的复杂程度不断增加，当超出参与人员本身的极限而无法掌握所有的信息，必须借助一定的科学技术和设备的帮助。BIM 及与其配套的各种优化工具提供了对复杂工程项目进行优化的可能。基于 BIM 的优化可以进行以下工作：

1）工程方案优化。把工程设计和投资回报分析结合，设计变化对投资回报的影响可以实时计算；这样业主对设计方案的选择就不会主要停留在对外形的评价上，而更多地可以使得业主更加关注更有利于自身需求的工程设计方案。

2）特殊工程的设计优化。例如，裙楼、幕墙、屋顶、大空间这些异形设计看起来占整个建筑的比例不大，但是在投资和工作量上所占的比例却往往较大，而且通常施工难度较大，施工问题较多，对这些部分的设计施工方案进行优化，可以带来显著的工期和造价改进。

5. 可出图性

BIM 是通过对建筑物进行可视化展示，协调、模拟、优化以后，可在设计院常规出图的基础上，为业主特别提供以下设计文件：

1）综合管线图（经过碰撞检查和设计修改，消除了相应错误以后）。

2）综合结构留洞图（预埋套管图）。

3）碰撞检查侦错报告和建议改进方案。

3.2 数据管理技术概述

3.2.1 数据库概述

数据库技术是计算机管理数据的基础技术，也是信息资源管理的基础技术。从小型单项事务处理系统到大型信息系统，从联机事务处理到联机分析处理，从一般企业管理到计算机辅助设计与制造（CAD/CAM）、计算机集成制造系统（CIMS）、办公信息系统（OIS）、地理信息系统（GIS）、计算机集成建设（CIC）等，越来越多的应用领域采用数据库存储和处理信息资源。

1. 数据库相关概念

（1）数据库的定义

数据库是长期储存在计算机内的、有组织的、可共享的数据集合。数据库中的数据：按一定的数据模型组织、描述和储存，具有较小的冗度、较高的数据独立性和易扩展性，并可为各种用户共享。人们收集并抽取出一个应用所需要的大量数据之后，应将其保存起来以供进一步加工处理，进一步抽取有用信息。

（2）数据库管理系统

数据库管理系统（DBMS）是位于用户与操作系统之间的一层数据管理软件。它的主要功能包括数据定义功能、数据操纵功能、数据库的运行管理、数据库的建立和维护功能。数据库管理系统是数据库系统的一个重要组成部分。

2. 数据管理技术的发展历史

在计算机硬件、软件发展的基础上，数据管理技术经历了人工管理、文件系统、数据库系统三个阶段。

（1）人工管理阶段

20 世纪 50 年代以前，计算机主要用于科学计算。计算机硬件设备中，外存只有纸带、卡片、磁带，没有磁盘等直接存取的存储设备。计算机软件中，没有操作系统，没有管理数据的软件。在数据处理方式上，只能采用批处理。

人工管理数据具有以下特点：

1）数据不保存。由于当时计算机主要用于科学计算，一般不需要将数据长期保存。

2）应用程序独立管理数据。数据需要由每个应用程序独立管理，没有通用软件系统负责数据管理工作。每个应用程序中不仅要规定数据的逻辑结构，而且要设计物理结构，包括存储结构、存取方法、输入方式等。

3）数据不能共享。数据是面向应用的，一组数据只能对应一个程序。当多个应用程序涉及某些相同的数据时，由于必须各自定义，无法互相利用、互相参照，程序与程序之间有大量的冗余数据。

4）数据不具有独立性。数据的逻辑结构或物理结构发生变化后，必须对应用程序做相应的修改。

（2）文件系统阶段

20 世纪 50 年代后期到 60 年代中期，计算机硬件进一步发展，出现磁盘、磁鼓等直接存取存储设备。计算机软件方面，操作系统中已经出现专门的数据管理软件，一般称为文件系统。在数据处理方式上，不仅有了批处理，而且能够联机实时处理。用文件系统管理数据具有以下特点：

1）数据可以长期保存。存储设备可以保证数据长期保留，可以在外存上反复进行查询、修改、插入和删除等操作。

2）由文件系统管理数据。由专门软件即文件系统进行数据管理，文件系统把数据组织成相互独立的数据文件，可以对文件进行修改、插入和删除的操作。文件系统实现了记录内部的结构性，但整体无结构。程序和数据之间由文件系统提供存取方法进行转换，使应用程序与数据之间有了一定的独立性，程序员可以不必过多地考虑物理细节，而将精力集中于算法；而且数据在存储上的改变不一定反映在程序上，大大节省了维护程序的工作量。

3）数据共享性差，冗余度大。在文件系统中，一个文件基本上对应于一个应用程序，即文件仍然是面向应用的。当不同的应用程序具有部分相同的数据时，也必须建立各自的文件，而不能共享相同的数据，因此数据的冗余度大，浪费存储空间。同时由于相同数据的重复存储、各自管理，容易造成数据的不一致性，给数据的修改和维护带来了困难。

4）数据独立性差。文件系统中的文件是为某一特定应用服务的，文件的逻辑结构对该应用程序来说是优化的，因此要想对现有的数据再增加一些新的应用比较困难，系统不容易扩充。一旦数据的逻辑结构改变，必须修改应用程序，修改文件结构的定义。应用程序的改变，如应用程序改用不同的高级语言等，也将引起文件的数据结构的改变。因此，数据与程序之间仍缺乏独立性。可见，文件系统仍然是一个不具有弹性的无结构的数据集合，即文件之间是孤立的，不能反映现实世界事物之间的内在联系。

（3）数据库系统阶段

20 世纪 60 年代后期以来，计算机的应用规模越来越大，应用范围越来越广泛。随着数据量急剧增长，对多种应用、多种语言互相覆盖地共享数据集合的要求越来越强烈。计算机硬件出现大容量磁盘，硬件价格下降。计算机软件上，表现为系统软件及应用程序的功能和规模增加。在数据处理方式上，联机实时处理要求更多，并开始提出和考虑分布处理。此时，以文件系统作为数据管理手段已经不能满足应用的需求，为解决多用户、多应用共享数据的需求，使数据为尽可能多地应用服务，数据库技术便应运而生，出现了统一管理数据的专门软件系统，即数据库管理系统。用数据库系统来管理数据比文件系统具有明显的优点，从文件系统到数据库系统的转变发展，标志着数据管理技术的飞跃。

与人工管理和文件系统相比，数据库系统的特点主要有以下几个方面：

1）数据结构化。数据结构化是数据库与文件系统的根本区别。在文件系统中，相互独立的文件的记录内部是有结构的。在文件系统中，尽管其记录内部已有了某些结构，但记录之间没有联系。数据库系统实现整体数据的结构化，数据不再针对某一应用，而是面向全组织，具有整体的结构化。不仅数据是结构化的，而且存取数据的方式也很灵活，可以存取数据库中的某一个数据项、一组数据项、一个记录或一组记录。

2）数据的共享性高和冗余度低。数据库系统从整体角度看待和描述数据，数据可以被多个用户、多个应用共享使用，数据共享大大减少数据冗余，节约存储空间。数据共享还能够避免数据之间的不相容性与不一致性。采用人工管理或文件系统管理时，由于数据被重复存储，不同的应用使用和修改很容易造成数据的不一致；在数据库中数据易于扩充，可以适应各种用户的要求。

3）数据独立性高。数据独立性包括数据的物理独立性和数据的逻辑独立性。物理独立性是指用户的应用程序与磁盘存储的数据库数据是相互独立的。逻辑独立性是指用户的应用程序与数据库的逻辑结构是相互独立的。数据独立性是由 DBMS 的二级映射功能来保证的。数据与程序的独立，把数据的定义从程序中分离，简化了应用程序的编制，减少了应用程序的维护和修改。

4）数据由 DBMS 统一管理和控制。数据库的共享是并发的共享，即多个用户可以同时存取数据库中的数据，甚至可以同时存取数据库中的同一个数据。DBMS 还提供数据的安全性保护、数据的完整性检查、并发控制、数据库恢复等功能。

3.2.2 数据库系统的构成

数据库系统是指在计算机系统引入数据库后的系统，一般由硬件、软件（数据库、数据库管理系统及其开发工具、应用系统）、数据库管理员和用户构成。在不引起混淆的情况下，常常把数据库系统简称为数据库。数据库系统的构成如图 3-8 所示。

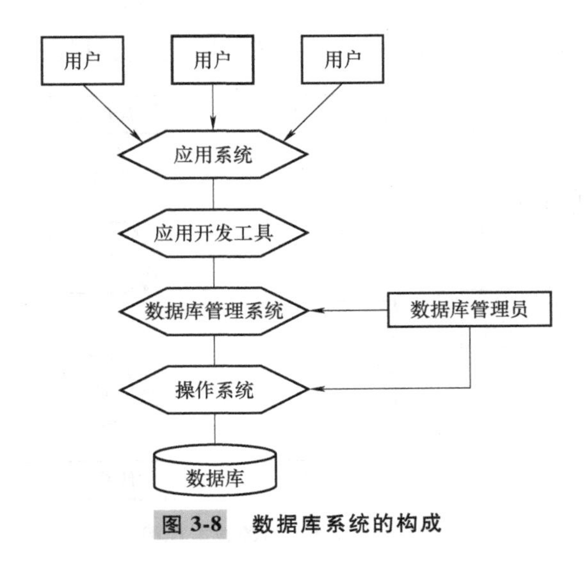

图 3-8　数据库系统的构成

1. 硬件

任何数据系统都必须依赖于一定的计算机硬件平台。数据库系统可处理的数据量大，DBMS 的功能丰富，规模大，因此数据库系统对硬件资源要求高。例如，要有足够大的内存，可存放操作系统、DBMS 核心模块、数据缓冲区和应用程序，有足够大的磁盘等数据存储设备和数据备份设备，以及较快速的数据传输能力等。

2. 软件

数据库系统的软件主要包括操作系统、编程软件、数据库管理系统及其开发工具、各种应用软件或程序包，其中核心是数据库管理系统。

数据库管理系统是为数据库的建立、使用和维护配置的软件，应用开发工具是指系统为应用开发人员和最终用户提供的高效率、多功能的应用生成器、第四代语言等各种软件工具。此外，还包括为特定应用环境开发的数据库应用系统。

3. 用户

数据库系统的用户包括数据库的开发、管理和使用等人员，数据库的用户有三类：第一类称为应用程序员，他们使用程序设计语言编写程序对数据库进行操作，涉及的数据面较广；第二类称为终端用户，他们是从计算机终端使用数据库的用户；第三类称为数据库管理员（Data Base Administrator），他们通过系统提供的软件工具对数据库实施维护操作，以保证系统的正常运转。这三类用户使用的数据可以任意交叉、重叠，不同的人员涉及不同的数据抽象级别，具有不同的数据视图，如图 3-9 所示。

3.2.3　数据仓库管理技术

随着大数据时代的来临，数据仓库对于企业决策的支持作用越来越大。由此，数据仓库也成为各大厂商看重并着力发展的业务领域。IBM、Oracle、Teradata 等厂商纷纷采用各种软硬件技术（如 MPP 并行处理、列存储等）将其产品扩展到 PB 级数据量。另外，新兴的互联网企业也在尝试利用一些新技术（如 MapReduce）开发能支持大规模非结构化数据处理的数据仓库解决方案，如 Facebook 在 Hadoop 基础上开发出 Hive 系统，用来分析点击流和日志文件。

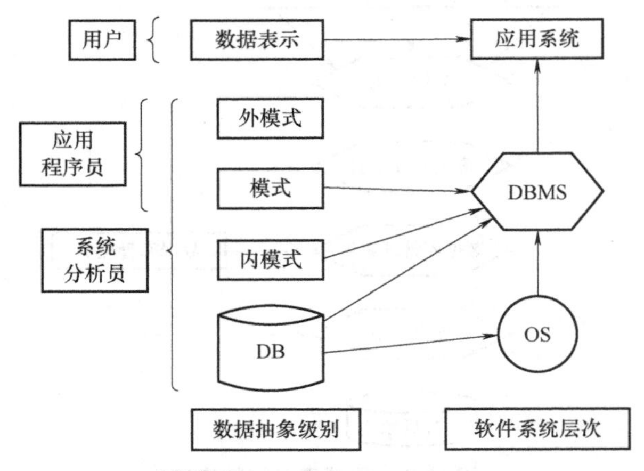

图 3-9　各种人员的数据视图

数据仓库和数据库只有一字之差，似乎是一样的概念，但实际则不然。数据仓库是为了构建新的分析处理环境而出现的一种数据存储和组织技术。由于分析处理和事务处理具有极不相同的性质，因而两者对数据也有不同的要求。数据仓库概念的创始人 W. H. Inmon 在其 *Building the Data Warehouse* 一书中列出了操作型数据与分析型数据之间的区别，具体见表 3-1。

表 3-1　操作型数据和分析型数据的区别

操作型数据	分析型数据
细节的	综合的，或提炼的
在存取瞬间是准确的	代表过去的数据
可更新	不可更新
操作需求事先可知道	操作需求事先不知道
生命周期符合软件开发生命周期（SDLC）	完全不同的生命周期
对性能要求高	对性能要求宽松
一个时刻操作一个元组	一个时刻操作一个合集
事务驱动	分析驱动
面向应用	面向分析
一次操作数据量小	一次操作数据量大
支持日常操作	支持管理决策需求

基于上述操作型数据和分析型数据之间的区别，可以给出数据仓库的定义：数据仓库是一个用以更好地支持企业（或组织）决策分析处理的、面向主题的、集成的、不可更新的、随时间不断变化的数据集合。数据仓库本质上和数据库一样，是长期储存在计算机内的、有组织、可共享的数据集合。

1. 数据仓库的基本特征

数据仓库和数据库主要的区别是数据仓库中的数据具有以下四个基本特征。

（1）主题与面向主题

数据仓库中的数据是面向主题进行组织的。主题是一个抽象的概念，是在较高层次上将企业信息系统中的数据综合、归类并进行分析利用的抽象，在逻辑意义上，它对应企业中某一宏观分析领域所涉及的分析对象。例如，对一家商场而言，概括分析领域的对象，应有的主题包括供应商、商品、顾客等。面向主题的数据组织方式是根据分析要求将数据组织成一个完备的分析领域，即主题域。

主题是一个在较高层次上对数据的抽象，这使得面向主题的数据组织可以独立于数据的处理逻辑，因而可以在这种数据环境上方便地开发新的分析型应用。同时这种独立性也是建设企业全局数据库所要求的，所以面向主题不仅适用于分析型数据环境的数据组织方式，同时也适用于建设企业全局数据库的组织。

（2）数据仓库是集成的

前面已经讲到，操作型数据与分析型数据之间差别甚大，数据仓库的数据是从原有的分散的数据库数据中抽取来的，因此数据在进入数据仓库之前必然要经过加工与集成，统一与综合。这一步实际上是数据仓库建设中最关键、最复杂的一步。

首先，要统一原始数据中所有矛盾之处，如字段的同名异义、异名同义，单位不统一，字长不一致等；然后，将原始数据结构做一个从面向应用到面向主题的大转变；最后进行数据综合和计算。数据仓库中的数据综合工作可以在抽取数据时完成，也可以在进入数据仓库以后进行综合时完成。

（3）数据仓库是不可更新的

数据仓库主要供决策分析之用，所涉及的数据操作主要是数据查询，一般情况下并不进行修改操作。数据仓库存储的是相当长一段时间内的历史数据，是不同时点数据库快照的集合，以及基于这些快照进行统计、综合和重组的导出数据，不是联机处理的数据。OLTP 数据库中的数据经过抽取（Extracting）、清洗（Cleaning）、转换（Transformation）和装载（Loading）存放到数据仓库中（此过程简记为 ECTL）。一旦数据存放到数据仓库中，数据就不可再更新了。

（4）数据仓库是随时间变化的

数据仓库中的数据不可更新，是指数据仓库的用户进行分析处理时是不进行数据更新操作的，但并不是说在数据仓库的整个生存周期中数据集合是不变的。

数据仓库的数据是随时间的变化不断变化的，这一特征表现在以下三方面：①数据仓库随时间变化不断增加新的数据内容；②数据仓库随时间变化不断删去旧的数据内容；③数据仓库中包含大量的综合数据，这些综合数据中很多与时间有关，如数据按照某一时间段进行综合，或隔一定的时间段进行采样等，这些数据就会随着时间的变化不断地进行重新综合。因此，数据仓库中数据的标识码都包含时间项，以标明数据的历史时期。

2. 数据仓库中的数据组织

数据仓库中的数据分为多个级别：早期细节级、当前细节级、轻度综合级和高度综合级。数据仓库的数据组织结构如图 3-10 所示。源数据经过抽取、清洗、转换、装载进入数据仓库。首先进入当前细节级，根据具体的分析处理需求再进行综合，进而成为轻度综合级和高度综合级。随着时间的推移，早期的数据将转入早期细节级。

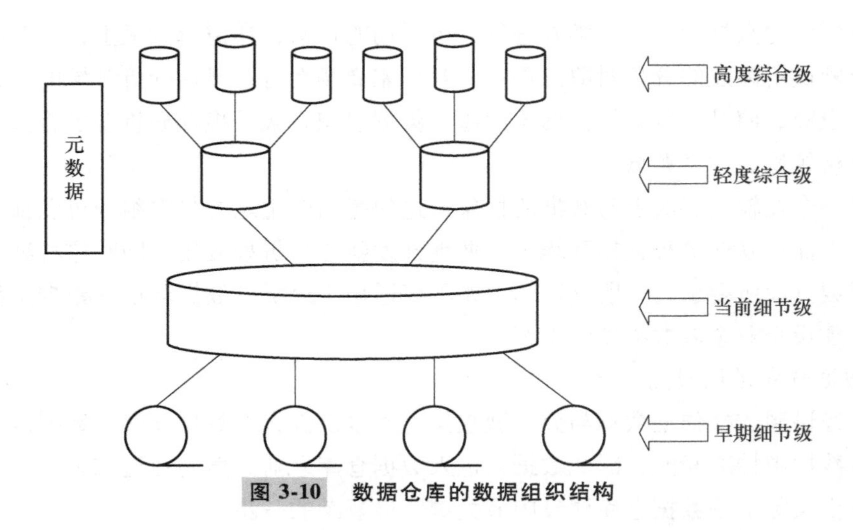

图 3-10　数据仓库的数据组织结构

由于数据仓库的主要应用是分析处理，绝大部分查询都针对综合数据，因而多重级别的数据组织可以大大提高联机分析的效率。不同级别的数据可以存储在不同的存储设备上。例如，可以将综合级别高的数据存储于快速设备甚至放在内存中，这样，对于绝大多数查询分析，系统性能将大大提高，而综合级别低的数据则可存储在磁带磁盘阵列、光盘组或磁带上。

3. 数据仓库系统的体系结构

如图 3-11 所示，数据仓库系统的体系结构由数据仓库的后台工具、DW 与 DW 服务器、

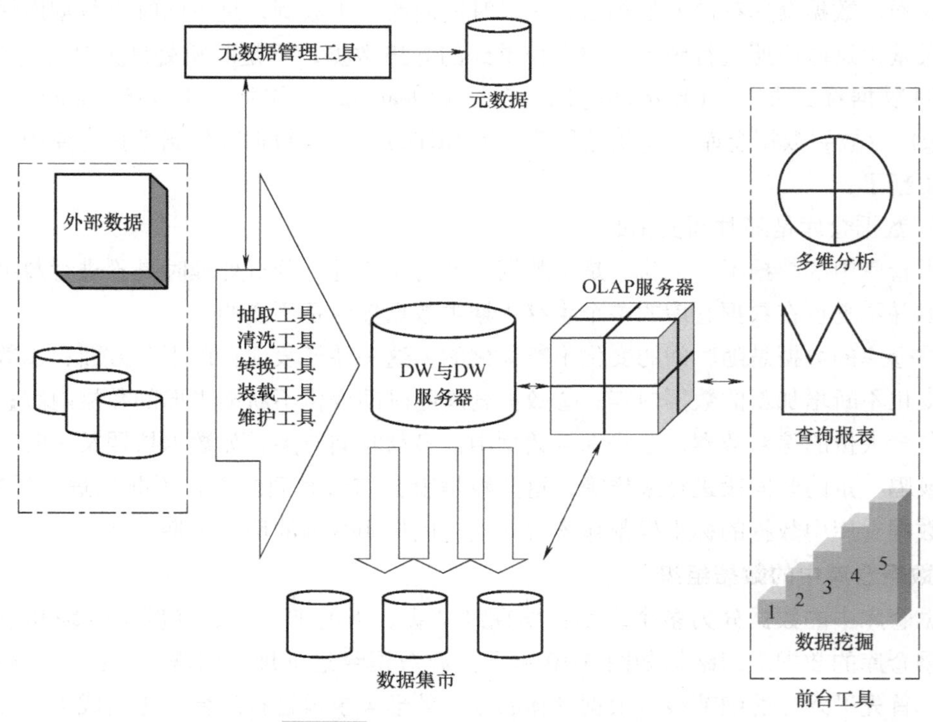

图 3-11　数据仓库系统的体系结构

OLAP 服务器和前台工具组成。

数据仓库的后台工具包括数据抽取、清洗、转换、装载和维护（Maintain）工具，简记为 ECTL 工具或 ETL 工具。

数据仓库服务器相当于数据库系统中的数据库管理系统，它负责管理数据仓库中数据的存储管理和数据存取，并给 OLAP 服务器和前台工具提供存取接口（如 SQL 查询接口）。数据仓库服务器目前一般是关系数据库管理系统或扩展的关系数据库管理系统，即由传统数据库厂商对数据库管理系统加以扩展修改，使它能更好地支持数据仓库的功能。

OLAP 服务器透明地为前台工具和用户提供多维数据视图。用户不必关心它的分析数据（即多维数据）到底存储在什么地方，是怎么存储的。

前台工具包括查询报表工具、多维分析工具、数据挖掘工具和分析结果可视化工具等。

3.2.4　大数据管理技术

大数据是当今科技界和工业界甚至世界各国政府关注的热点。国际著名的学术期刊 *Nature* 和 *Science* 等相继出版专刊来专门探讨大数据带来的挑战和机遇。著名管理咨询公司麦肯锡声称，数据已经渗透到每一个行业和业务职能领域，成为重要的生产因素。

人们对于大数据的挖掘和运用，预示着新一波生产力增长和科技发展浪潮的到来。科技界和工业界正在研究大数据理论和技术、开发大数据系统，企业、政府、科研院所等各行各业都在努力应用大数据。大数据正在孕育新的学科——数据科学。大数据正在创造价值，正在形成新的产业，正在展现无穷的、变化的、灿烂的前景。

1. 大数据的概念

超大规模数据库（Very Large Database，VLDB）这个词是 20 世纪 70 年代中期出现的，在数据库领域一直享有盛誉的 VLDB 国际会议就是从 1975 年开始，到 2020 年已经是第 46 届。当年数据库中管理的数据集有数百万条记录就是超大规模了。海量数据（Massive Date）则是 21 世纪初出现的词，用来描述更大的数据集及更加丰富的数据类型。2008 年 9 月，*Science* 发表了一篇文章 Big Data：Science in the Petabyte Era，“大数据”这个词开始被广泛传播。这些词都表示需要管理的数据规模很大，相对于当时的计算机存储和处理技术水平而言，遇到了技术挑战，需要计算机界研究和发展更加先进的技术，才能有效地存储、管理和处理它们。

面对超大规模数据，人们研究了数据库管理系统的高效实现技术，包括：系统的三级模式体系架构，数据与应用分离即数据独立性的思想（增加了数据库管理系统的适应性和应用系统的稳定性），关系数据库的描述性语言 SQL，基于代价的优化技术，事务管理与故障恢复技术等。创建了一套关系数据理论，奠定了关系数据库坚实的理论基础。同时，数据库技术在商业上也取得了巨大成功，引领了数十亿美元的产业，有力地促进了以 OLTP 和 OLAP 为标志的商务管理与商务智能应用的发展。这些技术精华和成功经验为今天大数据管理和分析奠定了基础。为了应对海量数据的挑战，研究了半结构化数据和各种非结构化数据的数据模型，以及对它们的有效管理、多数据源的集成问题等。因此，大数据并不是当前时代所独有的特征，而是伴随着人类社会的发展及人类科技水平的提高而不断发展演化的。

当前，人们从不同的角度在诠释大数据的内涵。关于大数据的一个定义是，一般意义上，大数据是指无法在可容忍的时间内用现有 IT 技术和软硬件工具对其进行感知、获取、管理、处理和服务的数据集合。

还有专家给出的定义是，大数据通常被认为是 PB、EB 更高数量级的数据，包括结构化的、半结构化的和非结构化的数据，其规模或复杂程度超出了传统数据库和软件技术所能管理和处理的数据集范围。

有专家按大数据的应用类型将大数据分为海量交易数据（企业 OLTP 应用）、海量交互数据（社交网、传感器、全球定位系统、Web 信息）和海量处理数据（企业 OLAP 应用）。

海量交易数据的应用特点是数据海量，读写操作比较简单、访问和更新频繁、一次交易的数据量不大，但要求支持事务 ACID⊖特性，对数据的完整性及安全性要求高，必须保证强一致性。

海量交互数据的应用特点是实时交互性强，但不要求支持事务特性。其数据的典型特点是类型多样异构、不完备、噪声大、数据增长快，不要求具有强一致性。

海量处理数据的应用特点是面向海量数据分析，计算复杂，往往涉及多次迭代完成，追求数据分析的高效率，但不要求支持事务特性。典型的应用是采用并行与分布处理框架实现。其数据的特点是同构性（如关系数据或文本数据或列模式数据）和较好的稳定性（不存在频繁的更新操作）。

当然，可以从不同的角度对大数据进行分类，目的是有针对性地进行研究与利用。例如，有些专家将网络空间（Cyber Space）中各类应用引发的大数据称为网络大数据，并按数据类型分为自媒体数据、日志数据和富媒体数据三类。

2. 大数据的特征

大数据不仅仅是量“大”，它具有许多重要的特征，专家们将其归纳为若干个 V，即巨量（Volume）、多样（Variety）、快变（Velocity）、价值（Value）。大数据的这些特征给我们带来了巨大的挑战。

（1）巨量

大数据的首要特征是数据量巨大，而且在持续、急剧地膨胀。

大规模数据的几个主要来源如下：

1）科学研究（天文学、生物学、高能物理等）、计算机仿真领域。例如，大型强子对撞机每年积累的新数据量为 15PB 左右。

2）互联网应用、电子商务领域。例如，沃尔玛公司每天通过数千商店向全球客户销售数亿件商品，为了对这些数据进行分析，沃尔玛公司数据仓库系统的数据规模达到 4PB，并且在不断扩大。

3）传感器数据（Sensor Data）。分布在不同地理位置上的传感器对所处环境进行感知，不断生成数据。即便对这些数据进行过滤，仅保留部分有效部分，长时间累积的数据量也是惊人的。

⊖ ACID——原子性（Atomicity）、一致性（Consistency）、隔离性（Isolation）、持久性（Durability）。

4）网站点击流数据（Click Stream Data）。为了进行有效的市场营销和推广，用户在网上的每个点击及其时间都被记录下来，利用这些数据，服务提供商可以对用户存取模式进行仔细的分析，从而提供更加具有针对性的个性化服务。

5）移动设备数据（Mobile Device Data）。通过移动电子设备，包括移动电话和PDA、导航设备等，可以获得设备和人员的位置、移动轨迹、用户行为等信息，对这些信息进行及时分析有助于决策者进行有效的决策，如交通监控和疏导。

6）无线射频识别数据（RFID Data）。RFID可以嵌入到产品中，实现物体的跟踪。RFID的广泛应用将产生大量数据。

7）传统的数据库和数据仓库所管理的结构化数据也在急速增大。

总之，无论是科学研究还是商业应用，无论是企业部门还是个人，处处时时都在产生着数据。几十年来，管理大规模且迅速增长的数据一直是一个极具挑战性的问题。目前数据增长的速度已经超过了计算资源增长的速度。这就需要设计新的计算机硬件及新的系统架构，设计新硬件下的存储子系统。而存储子系统的改变将影响数据管理和数据处理的各个方面，包括数据分布、数据复制、负载平衡、查询算法、查询调度、一致性控制、并发控制和恢复方法等。

（2）多样

数据的多样性通常是指异构的数据类型、不同的数据表示和语义解释。现在，越来越多的应用所产生的数据类型不再是纯粹的关系数据，更多的是非结构化、半结构化的数据，如文本、图形、图像、音频、视频、网页、推特和博客（blogs）等。现代互联网应用呈现出非结构化数据大幅增长的特点，截至2012年年末，非结构化数据占有比例达到整个数据量的75%以上。

对异构海量数据的组织、分析、检索、管理和建模是基础性的挑战。例如，图像和视频数据虽具有存储和播放结构，但这种结构不适合进行上下文语义分析和搜索。对非结构化数据的分析在许多应用中成为一个显著的瓶颈。传统的数据分析算法在处理同构数据方面比较成熟，是否可以将各种类型的数据内容转化为同构的格式以供日后分析？此外，考虑到当今大多数数据是直接以数字格式生成的，是否可以干预数据的产生过程以方便日后的数据分析？在数据分析之前还要对数据进行清洗和纠错，还必须对缺失和错误数据进行处理等。可见，针对半结构化、非结构化数据的高效表达、存取和分析技术，还需要大量的基础研究。

（3）快变

大数据的快变性也称为实时性，一方面是指数据到达的速度很快，另一方面是指能够进行处理的时间很短，或者要求响应的速度很快，即实时响应。

许多大数据往往以数据流的形式动态、快速地产生和演变，具有很强的时效性。流数据来得快，对流数据的采集、过滤、存储和利用需要充分考虑和掌控它们的快变性。加上要处理的数据集大，数据分析和处理的时间将很长。而在实际应用需求中常常要求立即得到分析结果。例如，在进行信用卡交易时，如果怀疑该信用卡涉嫌欺诈，应该在交易完成之前做出判断，以防止非法交易产生。这就要求系统具有极强的处理能力和得当的处理策略，比如要事先对历史交易数据进行分析和预计算，再结合新数据进行少量的增量计算便可迅速做出判断。对于大数据上的实时分析处理，大数据查询和分析中的优化技术具有极大的挑战性，需要借鉴传统数据库中非常成功的查询优化技术及索引技术等。

（4）价值

大数据的价值是潜在的、巨大的。大数据不仅具有经济价值和产业价值，还具有科学价值。这是大数据最重要的特点，也是大数据的魅力所在。

现在，人们认识到数据就是资源，数据就是财富，认识到数据为王的时代已经到来，因此对大数据的热情和重视也与日俱增。例如，2012 年 3 月，美国奥巴马政府启动“大数据研究和发展计划”，这是继 1993 年美国宣布“信息高速公路”计划后的又一次重大科技发展部署。美国政府认为大数据是“未来的新石油”，将“大数据研究”上升为国家意志，对未来的科技与经济发展必将带来深远影响。2012 年 5 月，英国政府注资建立了世界上第一个大数据研究所。同年，日本也出台计划重点关注大数据领域的研究。2012 年 10 月，中国计算机学会成立了 CCF 大数据专家委员会，科技部也于 2013 年启动了“973”“863”大数据研究项目。

一个国家拥有数据的规模和运用数据的能力将成为综合国力的重要组成部分，对数据的占有和控制也将成为国家与国家、企业与企业间新的争夺焦点。

大数据价值的潜在性，是指数据蕴含的巨大价值只有通过对大数据及数据之间蕴含的联系进行复杂的分析、反复深入的挖掘才能获得。而大数据规模巨大、异构多样、快变复杂，隐私保护等问题及数据孤岛、信息私有、缺乏共享的客观现实都阻碍了数据价值的创造，因此大数据价值的巨大潜力与目标实现之间还存在着巨大的鸿沟。

大数据的经济价值和产业价值已经初步显现出来。一些掌握大数据的互联网公司基于数据交易、数据分析和数据挖掘，帮助企业为客户提供更优良的个性化服务，降低营销成本，提高生产效率，增加利润；帮助企业优化管理，调整内部机构，提高服务质量。大数据是未来产业竞争的核心支撑。大数据价值的实现需要通过数据共享、交叉复用才能获得。因此，未来大数据将会如基础设施一样，有数据提供方、使用方、管理者、监管者等，从而使得大数据成为一个大产业。

大数据研究的科学价值还没有引起足够的重视，有专家提出要把数据本身作为研究目标，关注数据科学的研究，研究大数据的科学共性问题。数据科学是以大数据为研究对象，横跨信息科学、社会科学、网络科学、系统科学、心理学、经济学等诸多领域的新兴交叉学科。

对于大数据的研究方式，2007 年 1 月 11 日，著名数据库专家、图灵奖得主 James Gray 在加州提出了科学研究的第四范式。他指出人类从几千年前的实验科学（第一范式），到以模型和归纳为特征的理论科学（第二范式），到几十年来以模拟仿真为特征的计算科学（第三范式），现在要从计算科学中把数据密集型科学区分出来，即第四范式——数据密集型科学发现（Data Intensive Scientific Discovery）。James Gray 认为，对于大数据研究，科研人员只需从大量数据中查找和挖掘所需要的信息和知识，无须直接面对所研究的物理对象。例如，在天文学领域，天文学家的工作方式发生了大幅度转变。以前天文学家的主要工作是进行太空拍照，如今所有照片都已经存放在数据库中。天文学家的任务变为从数据库的海量数据中发现有趣的物体或现象。科研第四范式将不仅是研究方式的转变，也是人们思维方式的大变化。这也许是解决大数据挑战的系统性的方法。

此外，IBM 还提出了大数据特性的另一个 V，即真实性（Veracity），旨在针对大数据噪声、数据缺失、数据不确定等问题强调数据质量的重要性，以及保证数据质量所面临的巨大挑战。

3. 大数据管理系统

从前面阐述的大数据特点可以看到，大数据管理、分析、处理和应用等诸多领域都面临着巨大挑战。数据管理技术和数据管理系统是大数据应用系统的基础。为了应对大数据应用的迫切需求，人们研究和发展了以 Key/Value 非关系数据模型和 MapReduce 并行编程模型为代表的众多新技术和新系统。

（1）NoSQL 数据管理系统

NoSQL 是以互联网大数据应用为背景发展起来的分布式数据管理系统。NoSQL 有两种解释：一种是 Non-Relational，即非关系数据库；另一种是 Not Only SQL，即数据管理技术不仅仅是 SQL。目前第二种解释更为流行。

NoSQL 系统支持的数据模型通常分为 Key-Value 模型、BigTable 模型、文档（Document）模型和图（Graph）模型四种类型。

1）Key-Value 模型，记为 KV（Key Value），是非常简单而容易使用的数据模型。每个 Key 值对应一个 Value，Value 可以是任意类型的数据值。它支持按照 Key 值来存储和提取 Value 值。Value 值是无结构的二进制码或纯字符串，通常需要在应用层去解析相应的结构。

2）BigTable 模型，又称 Columns Oriented 模型，能够支持结构化的数据，包括列、列簇、时间戳及版本控制等元数据的存储。该数据模型的特点是列簇式，即按列存储，每一行数据的各项被存储在不同的列中，这些列的集合称作列簇。每一列的每一个数据项都包含一个时间戳属性，以便保存同一个数据项的多个版本。

3）文档模型，该模型在存储方面有以下改进：Value 值支持复杂的结构定义，通常是被转换成 JSON 或者类似于 JSON 格式的结构化文档；支持数据库索引的定义，其索引主要是按照字段名来组织的。

4）图模型，记为 G（V，E），V 为节点（Node）集合，每个节点具有若干属性，E 为边（Edge）集合，也可以具有若干属性。该模型支持图结构的各种基本算法。可以直观地表达和展示数据之间的联系。

NoSQL 系统为了提高存储能力和并发读写能力采用了极其简单的数据模型，支持简单的查询操作，而将复杂操作留给应用层实现。该系统对数据进行划分，对各个数据分区进行备份，以应对节点可能的失败，提高系统的可用性；通过大量节点的并行处理获得高性能，采用的是横向扩展的方式（Scale Out）。

（2）NewSQL 数据库系统

NewSQL 系统是融合了 NoSQL 系统和传统数据库事务管理功能的新型数据库系统。

SQL 关系数据库系统长期以来一直是企业业务系统的核心和基础，但是它扩展性差、成本高，难以应对海量数据的挑战。NoSQL 数据管理系统以其灵活性和良好的扩展性在大数据时代迅速崛起。但是，NoSQL 不支持 SQL，导致应用程序开发困难，特别是不支持关键应用所需要的事务特性。NewSQL 将 SQL 和 NoSQL 的优势结合起来，充分利用计算机硬件的新技术、新结构，研究与开发了若干创新的实现技术。例如，关系数据库在分布式环境下为实现事务一致性使用了两阶段提交协议，这种技术在保证事务强一致性的同时造成系统性能和可靠性的降低。为此人们提出了串行执行事务，避免加锁开销和全内存日志处理等技术；改进体系架构，结合计算机多核、多 CPU、大内存的特点，融合关系数据库和内存数据库的优势，充分利用固态硬盘技术，从而显著提高了对海量数据的事务处理性能和事务处理吞吐量。表 3-2 给出了 SQL 系统、NoSQL 系统与 NewSQL 系统的比较。

表 3-2　SQL 系统、NoSQL 系统与 NewSQL 系统的比较

系统名称	易用性	对事物特性的支持	扩展性	数据量	成本	代表系统
	操作方式	一致性，并发控制等				
经典关系数据库系统 SQL 系统	易用 SQL	ACID 强一致性	<1000 节点	TB	高	Oracle，DB2，Greenplum 等
NoSQL 系统	Get/Put 等存取原语	弱一致性，最终一致性	>10000 节点	PB	低	BigTable，PNUTS，Cloudera 等
NewSQL 系统	SQL	ACID 强一致性	>10000 节点	PB	低	VoltDB，Spanner

（3） MapReduce 技术

MapReduce 技术是 Google 公司于 2004 年提出的大规模并行计算解决方案，主要应用于大规模廉价集群上的大数据并行处理。MapReduce 以 key/value 的分布式存储系统为基础，通过元数据集中存储、数据以 chunk 为单位分布存储和数据 chunk 冗余复制来保证其高可用性。

MapReduce 是一种并行编程模型。它把计算过程分解为两个阶段，即 Map 阶段和 Reduce 阶段，具体执行过程如图 3-12 所示。首先对输入的数据源进行分块，交给多个 Map 任务去执行，Map 任务执行 Map 函数，根据某种规则对数据分类，写入本地硬盘。然后进入 Reduce 阶段，在该阶段由 Reduce 函数将 Map 阶段具有相同 key 值的中间结果收集到相同的 Reduce 节点进行合并处理，并将结果写入本地磁盘。程序的最终结果可以通过合并所有 Reduce 任务的输出得到。其中，Map 函数和 Reduce 函数是用户根据应用的具体需求编写的。

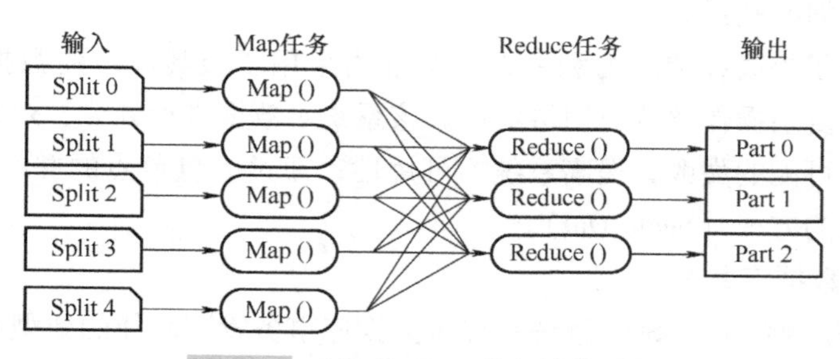

图 3-12　MapReduce 并行计算过程

MapReduce 是一种简单易用的软件框架。基于它可以开发出运行在成千上万个节点上，并以容错的方式并行处理海量数据的算法和软件。通常，计算节点和存储节点是同一个节点，即 MapReduce 框架和 Hadoop 分布式文件系统（Hadoop Distributed File System，HDFS）运行于相同的节点集。

MapReduce 设计的初衷是解决大数据在大规模并行计算集群上的高可扩展性和高可用性分析处理，其处理模式以离线式批量处理为主。MapReduce 最早应用于非结构化数据处理领域，如 Google 中的文档抓取、创建倒排索引、计算 page rank 等操作。由于其简单而强大的数据处理接口和对大规模并行执行、容错及负载均衡等实现细节的隐藏，该技术一经推出便迅速在机器学习、数据挖掘、数据分析等领域得到应用。

随着应用的深入，人们发现 MapReduce 存在如下不足：

1）基于 MapReduce 的应用软件较少，许多数据分析功能需要用户自行开发，从而导致使用成本增加。

2）原来由数据库管理系统完成的工作，如文件存储格式的设计、模式信息的记录、数据处理算法的实现等都转移给了程序员，导致程序员负担过重，程序与数据缺乏独立性。

3）在同等硬件条件下，MapReduce 的性能远低于并行数据库。分析发现 MapReduce 采取基于扫描的处理模式和对中间结果步步物化的执行策略，从而导致较高的 I/O 代价。

4）在数据分析领域，连接是关键操作（如传统的星形查询和雪片查询均是依赖于连接来处理查询），但 MapReduce 处理连接的性能尤其不尽如人意。

（4）大数据管理系统的新格局

传统的关系数据库系统是一个通用的数据管理平台，可以支持对结构化数据几乎所有的 OLTP 和 OLAP 应用，即 One size fit all（一统天下）。由于大数据应用的多样性和差异性，作为应用支撑的数据管理系统，单一通用平台不能包打天下了（One size does not fit all）。以 NoSQL 系统和 MapReduce 为代表的非关系数据管理和分析技术异军突起，以其良好的扩展性、容错性和大规模并行处理的优势，从互联网信息搜索领域开始，进而在数据存储和数据分析的诸多领域和关系数据管理技术展开了竞争。

关系数据管理技术针对自身的局限性，不断借鉴 MapReduce 的优秀思想加以改造和创新，提高管理海量数据的能力。而以 MapReduce 为代表的非关系数据管理技术阵营，从关系数据管理技术所积累的宝贵财富中挖掘可以借鉴的技术和方法，不断解决其性能问题、易用性问题，并提高事务管理能力。

1）面向操作型应用的关系数据库技术。基于行存储的关系数据库系统、并行数据库系统、面向实时计算的内存数据库系统等，它们具有高度的数据一致性、高精确度、系统的可恢复性等关键特性，同时扩展性和性能也在不断提高，仍然是众多事务处理系统的核心引擎。此外，以 VoltDB 为代表的 NewSQL 系统继承了传统数据库的 ACID 特性，同时具有 NoSQL 的扩展性，是新型的面向 OLTP 应用的数据管理系统。

2）面向分析型应用的关系数据库技术。在数据仓库领域，面向 OLAP 分析的关系数据库系统采用了 Shared Nothing 的并行体系架构，支持较高的扩展性，如 TeraData。同时，数据库工作者研究了面向分析型应用的列存储数据库和内存数据库。列存储数据库以其高效的压缩、更高的 I/O 效率等特点，在分析型应用领域获得了比行存储数据库高得多的性能。内存数据库则利用大内存、多核 CPU 等新硬件技术和基于内存的新的系统架构成为大数据分析应用的有效解决方案。MonetDB 是一个典型的列存储数据库系统，此外还有 InforBright、InfiniDB、LucidDB、Vertica、SybaseIQ 等。MonetDB、VectorWise 和 HANA 是基于列存储技术的内存数据库系统，主要面向分析型应用。

3）面向操作型应用的 NoSQL 技术。在大数据时代，操作型应用不仅包括传统的事务处理应用，还有比事务处理更广泛的概念。某些操作型应用主要的数据操作是读和插入，处理的数据量极大，性能要求极高，必须依赖大规模集群的并行处理能力来实现数据处理，但是并不需要 ACID 的强一致性约束，弱一致性或者最终一致性就足够了。在这些应用场合，就需要使用操作型 NoSQL。NoSQL 数据库系统相对于关系数据库系统具有两个明显的优势：

① 数据模型灵活，支持多样的数据类型（包括图数据）。

② 高度的扩展性，从来没有一个关系数据库系统部署到超过 1000 个节点的集群上，而 NoSQL 在大规模集群上获得了极高的性能，如 HBase 一天的吞吐量超过 200 亿个写操作。Facebook 从使用 MySQL 数据库系统到转向 HBase，最后持续改进 HBase，成为其操作型应用的基础架构。

4）面向分析型应用的 MapReduce 技术。系统的高扩展性是大数据分析最重要的需求。MapReduce 并行计算模型框架简单，具有高度的扩展性和容错性，适合海量数据的聚集计算，获得了学术界和工业界的青睐，成为面向分析型应用的 NoSQL 技术的代表。但是 MapReduce 支持的分析功能有限，具有一定的局限性，为了改进其对数据处理的支持能力，许多公司全面投入对 MapReduce 的研发。这些公司包括提供 Hadoop 开源版本和支持服务的 Cloudera 公司、提供高性能分布式文件系统的 MapR 公司、为 Hadoop 提供完整工具套件的 Karmashpere 公司、致力于 Postgres 和 Hadoop 集成的 Hadapt 公司等。

与此同时，传统数据库厂商和数据分析套件厂商也纷纷发布基于 Hadoop 技术的产品发展战略，这些公司包括 Microsoft、Oracle、SAS、IBM 等。例如，IBM 发布了 Big Insights 计划，基于 Hadoop、Netezza 和 SPSS（统计分析、数据挖掘软件）等技术和产品，构建大数据分析处理的技术框架。

以上对关系系统和非关系系统、操作型应用和分析型应用的划分只是观察问题的维度，实际上大数据应用的特点是既有操作型应用，又有分析型应用。因此关系系统和非关系系统两者共存，相互借鉴融合，形成大数据管理和处理的新平台，是大数据应用的需要，也是未来技术发展的趋势。

本章小结

本章首先介绍了计算机系统与计算机网络及其主要内容，计算机系统主要从计算机硬件系统和计算机软件系统两方面展开介绍：计算机硬件系统主要包括中央处理器、存储器、输入设备和输出设备；计算机软件系统包括计算机本身运行所需要的系统软件（包括操作系统、计算机语言及处理等）和用户完成任务所需要的应用软件（包括通用应用软件和专用应用软件）。计算机网络主要从同轴电缆、双绞线、光纤、无线电波等通信介质，以及调制解调器、交换机、网络互联中继设备等通信处理机两方面展开介绍。计算机网络按网络的拓扑结构划分一般可分为星形结构、树形结构、总线结构、环形结构、网状结构和混合型结构；按地理范围可以把各种网络类型划分为局域网、城域网和广域网三种。接下来介绍了云计算的八个特点、三种服务形式及项目信息门户的概念及其特点。

最后介绍了数据库的相关概念、数据管理技术从人工管理、文件系统、数据库系统经历的三个阶段及各阶段的特点。基于此，介绍了数据库系统的构成和数据仓库的基本特征、数据结构、体系结构，以及大数据的概念、大数据的四个特征和常见的大数据管理系统。

复习思考题

1. 网络的拓扑结构有哪几种？请简述各自的特点。
2. 建筑信息模型是指什么？有哪些特点？
3. 项目信息门户的信息交流有什么特点？

第Ⅱ篇

开发篇

第4章 工程管理信息系统开发方法与方式

【学习目标】

1. 了解工程管理信息系统的开发步骤。

2. 掌握工程管理信息系统结构化开发方法与原型化开发方法的思路、步骤，以及两者的区别。

3. 了解面向对象的开发方法和计算机辅助软件工程。

4. 了解工程管理信息系统开发的组织机构设立与开发计划。

4.1 工程管理信息系统的开发步骤和方式

4.1.1 工程管理信息系统的开发步骤

工程管理信息系统的开发是一项大的系统工程性质的工作，其开发步骤一般如图 4-1 所示。

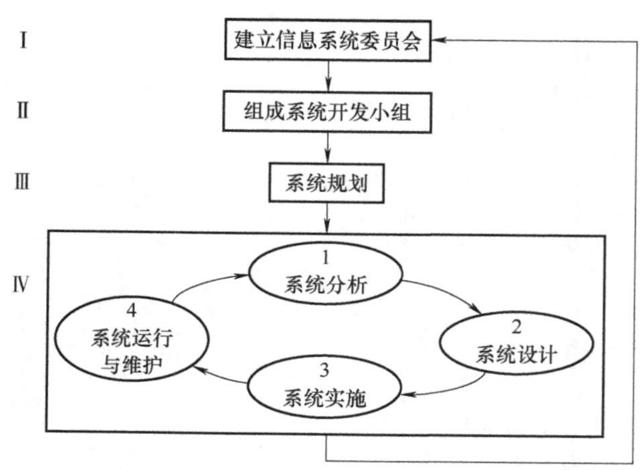

图 4-1 工程管理信息系统的开发步骤

下面对每个步骤的工作做简要说明。

（1）建立领导小组

由于管理信息系统耗资大，历时长，并且涉及管理方式的变革，因而必须由主要领导亲自抓这项工作，才能取得成功。对于工程管理信息系统而言，虽然其管理对象为工程，但是一般都是由工程的某个参与企业如业主、承包商进行系统开发。因此，一般由该用户企业的主管领导来负责此项工作，并组成一个信息系统委员会。信息系统委员会可以由工程项目组织的其他参与单位的主管领导或者参与工程的高层管理人员参加。

（2）组成系统开发小组

在信息系统委员会的领导下建立一个系统开发小组，这个小组的组成人员应包括各方面的专家，如计划专家、系统分析员、运筹专家、计算机专家等。这个队伍可以由本单位（若具备条件）抽人组成，也可请外单位（如科研单位、咨询公司、工程中其他参与单位）派出专家与本单位专家联合组成。

（3）系统规划

系统规划是系统开发的一个关键步骤，系统规划阶段的成果是系统规划文本，它是后续系统开发工作的指南。系统规划的主要内容包括用户系统调查、系统规划方法选择、新系统开发初步计划制订及系统可行性研究等。

（4）系统开发中的循环

系统规划、系统分析、系统设计、系统实施、系统运行与维护这五个阶段组成一个系统开发的生命周期。其中，系统分析、系统设计、系统实施、系统运行与维护这四个阶段是周而复始进行的。一个系统开发完成以后就不断地积累问题，积累到一定程度就要重新进行系统分析。一般来说，不管系统运行得好坏，每隔 3~5 年也要进行新一轮的循环。其中，系统分析的内容包括系统详细调查与分析、组织结构与功能分析、业务流程图和数据流程图分析及功能/数据分析等。系统设计包括系统总体设计、系统数据库设计、代码设计、输入/输出及界面设计模块功能与处理过程设计等。系统实施包括程序设计、系统测试、系统试运行与切换。系统运行与维护包括系统的运行、维护、评价、安全管理等。

系统开发过程中应注意的几个问题如下：

（1）系统分析占据很大的工作量

有人对各阶段所耗人力及财力做了描述，如图 4-2 所示。从图中可以看出在系统分析阶段技术人员的人力耗费是很多的。只有分析得好、计划得好，以后的设计才能少走弯路。那种不重视分析，只想马上动手设计的做法需要慎重考虑。

（2）不应把购买设备放在第一位

因为只有在进行了系统分析与设计以后才能明确是否需要购买计算机及购买什么样的计算机。尤其对于大的系统，开发时间可能长达 3 年，现代计算机差不多 5 年一换代，微型计算机 3 年一换代，或者说 3 年以后的价格要比原来减少一半，如果一开始就购买计算机设备，没等用上就产生很高的折旧，实在不划算。因此硬件的购买应在系统分析后，而不是第一位。

（3）程序的编写应在系统分析与设计阶段以后进行

程序的编写要在弄清楚要干什么和怎么干的情况下，并且有了严格的说明时才好进行。

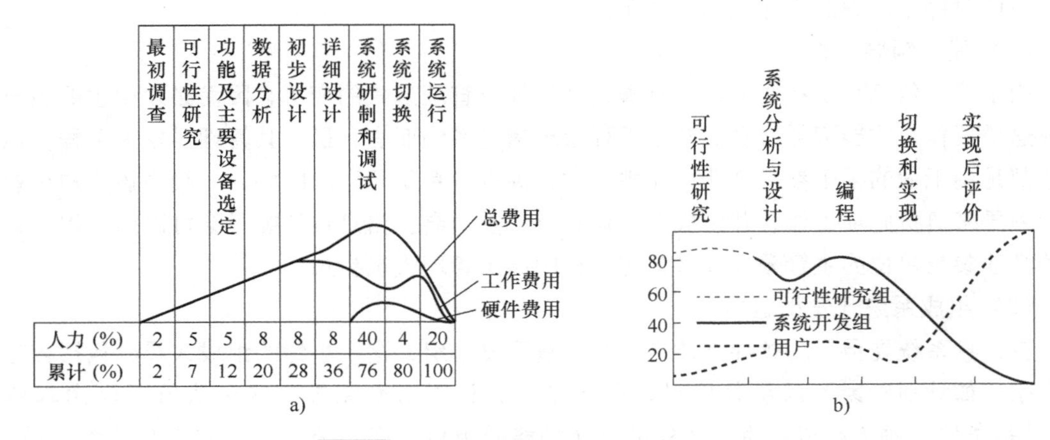

图 4-2　系统开发各阶段所耗人力及财力

a）各阶段耗用人力财力需求情况　b）各类人员在各阶段需求情况

若一开始就编程序，可能会不合要求，以后改不胜改，反而会大大浪费人力和时间。

（4）应该与工程项目的流程再造结合起来

工程管理信息系统的开发往往要和工程的流程再造同时进行。流程再造（Business Process Re-engineering，BPR）来源于企业管理，现在也可以将这种思想用于工程管理中。它是以过程的观点来看待工程项目的运作，对其运作的合理性进行根本性的再思考和彻底的再设计，以组织和信息技术为主要工具，以求工程的利润率等关键指标得到巨大的改善和提高。这就是说在进行工程管理信息系统的规划和系统分析时，首先要考虑管理思想、管理方法和管理组织及管理系统的变革，充分考虑信息技术的潜能，以达到系统的开发效果，使之合理性最大。以 BPR 为指导思想进行管理系统的变革，可以更好地进行信息系统的规划与开发。工程管理信息系统的开发可以与工程的 BPR 相结合，其流程如图 4-3 所示。

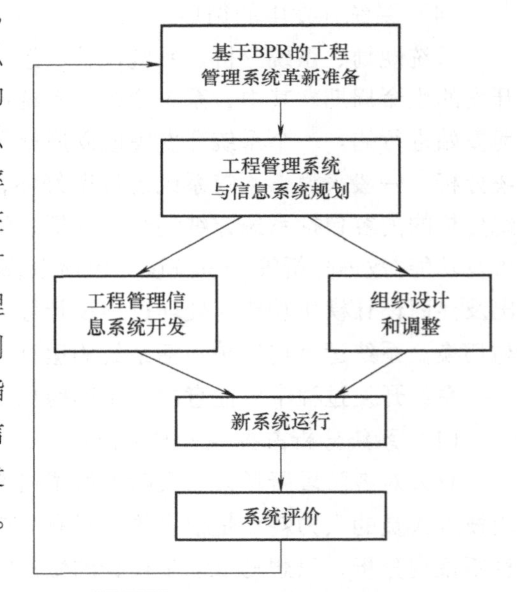

图 4-3　基于工程项目流程再造的管理信息系统变革步骤

（5）参与人员要分清各自的职责

工程管理信息系统的参与人员通常比较多，包括用户企业领导、专家、技术人员等，只有分清各自的职责，才能完成整个工作内容，否则很容易出现界面工作没有人处理的情况。

4.1.2　工程管理信息系统的开发方式

工程管理信息系统的开发方式主要包括四种：自主开发、委托开发、合作开发和购买现成软件。无论哪种开发方式，都有优点和缺点，都需要用户企业的领导和业务人员参加，并在管理信息系统的整个开发过程中，培养、锻炼、壮大用户企业的系统开发、设计和运行维护团队。这四种开发方式的选择，要根据用户企业的技术力量、资金情况、外部环境等各种因素进行综合考虑。

1. 自主开发

自主开发即用户企业完全以自己的力量进行开发。自主开发适合于拥有具备较强实力的管理信息系统分析与设计团队和程序设计人员及系统维护使用团队的组织和单位，如高等院校、研究所、设计院等单位。

自主开发的优点：易于协调，可以保证进度；开发费用少，开发后的系统能够适应本单位的需求且满意度较高；系统维护方便；可以满足特殊要求等。

自主开发的缺点：由于不是专业开发团队，容易受计算机业务工作水平的限制，系统优化不够，系统的技术水平和规范程度不高。

2. 委托开发

委托开发即用户企业将开发项目完全委托给一个开发单位，系统建成后再交付企业使用，类似交钥匙工程。这种方式适合于用户企业没有管理信息系统分析、设计及软件开发人员或开发团队力量较弱、但资金较为充足的组织。这种方式省时、省事，系统的技术水平较高，但费用高、系统维护需要开发单位的长期支持。

此种方式需要用户企业的业务骨干参与系统的论证工作，开发过程中，需要开发单位和用户企业双方及时沟通，进行协调和检查。

3. 合作开发

合作开发即用户企业与外部开发单位合作，双方共同开发。合作开发方式适合于用户企业有一定的管理信息系统分析、设计及软件开发人员，但开发团队的力量较弱，希望通过工程管理信息系统的开发来建立、完善和提高自己的技术团队以便于开展系统维护工作的单位。双方共享开发成果，实际上是一种半委托性质的开发工作。

这种开发方式的优点是：相对于委托开发方式比较节约资金，可以培养、增强用户企业的技术力量，便于系统维护工作，系统的技术水平较高。

这种方式的缺点是：双方在合作中沟通易出现问题，需要双方及时达成共识，进行协调和检查。

4. 购买现成软件

目前，软件的开发正在向专业化方向发展，一些专门从事工程管理信息系统开发的公司已经开发出一批使用方便、功能强大的专项业务管理信息系统软件。为了避免重复劳动，提高系统开发的经济效益，也可以选择购买现成的适合于本单位业务的管理信息系统软件，如施工项目成本管理系统等。

这种方式的优点是：节省时间、系统技术水平高。

这种方式的缺点是：通用软件的专用性较差，与本单位的实际工作需要可能有一定的差距，有时需要做二次开发工作。

5. 四种开发方式的比较

四种开发方式的比较见表 4-1。

表 4-1 四种开发方式的比较

比较内容	自主开发	委托开发	合作开发	购买现成软件
分析和设计能力的要求	较高	一般	逐渐培养	较低
编程能力的要求	较高	不需要	需要	较低
系统维护的难易程度	容易	较困难	较容易	较困难
开发费用	少	多	较少	较少
说明	开发时间较长，系统适合本单位，可以培养自己的开发人员	省时，开发费用高	开发出的系统便于维护	最省时，但不一定完全适合本单位

4.2 工程管理信息系统的开发方法

工程管理信息系统的开发方法很多，这些方法各自遵循一定的基本思想，适用于一定的范围，其解决问题的出发点和侧重点各不相同。无论何种开发方法，都必须实现两个基本目标，一是提高信息系统开发效率，二是提高信息系统的质量。

4.2.1 系统开发前的准备工作

1. 基础准备

1）管理工作要严格科学化，具体方法要程序化和规范化。

2）做好基础数据管理工作，严格计量程序、计量手段、检测手段和数据统计分析渠道。

3）数据、文件、报表的统一化。

2. 人员组织准备

1）领导是否参与开发是确保系统开发能否成功的关键因素。工程管理信息系统的信息系统委员会是领导整个系统开发工作的，它审核开发工作的计划与进度，协调各部门对工程管理信息系统数据流程、工作制度、数据标准等事项的要求。有关人员、计划、任务的布置工作，阶段文件的审核，都应该由信息系统委员会负责与审核。

2）建立一支由系统分析员、管理岗位业务人员和信息技术人员组成的系统开发小组。

3）明确各类人员（系统分析员、用户企业领导、业务管理人员、计算机维护人员、数据录入人员、系统操作人员等）的职责。

3. 技术准备

1）技术人才的准备，主要有系统分析员、程序员、硬件人员、操作人员等。

2）对用户企业的业务人员进行培训，介绍系统分析和设计的一般概念，学习有关计算机知识，使业务人员不仅在研制过程中能给予积极配合，而且在新旧系统转换运行时也能胜任新系统的需要，较快地掌握新系统的使用方法。

4.2.2　结构化系统开发方法

结构化系统开发方法（Structured System Development Methodologies），也称 SSA&D（Structured System Analysis & Design）或 SADT（Structured Analysis and Design Technologies）。

结构化系统开发方法是自顶向下的结构化方法、工程化的系统开发方法和生命周期的结合，结构化的核心是按 MIS 的生命周期进行开发，出发点是使开发工作标准化。概括起来就是自顶向下、逐步求精、分阶段实现的软件开发方法，是一种先整体后局部的信息系统开发方法，它也是迄今为止开发方法中应用最普遍、最成熟的一种。

1. 结构化系统开发方法的生命周期

用结构化系统开发方法开发一个系统，将整个开发过程从大的方面划分为系统规划和系统建设两个阶段，又可细分为五个首尾相连接的阶段，一般称为系统开发生命周期（Systems Development Life Cycle，SDLC），如图 4-4 所示。

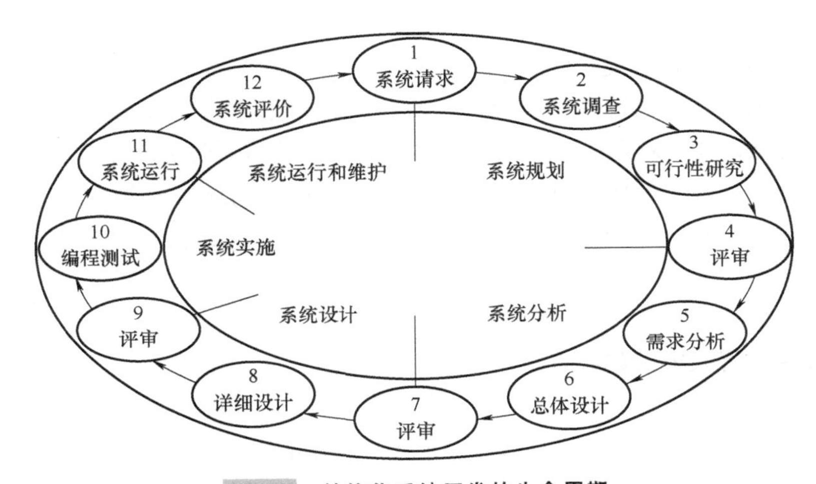

图 4-4　结构化系统开发的生命周期

生命周期法认为，信息系统与其他事物一样，也要经历产生、发展、成熟和消亡的过程。信息系统从产生到消亡的整个过程称为信息系统的生命周期。按生命周期法，系统开发的主要阶段包括：系统规划、系统分析、系统设计、系统实施、系统运行和维护。

系统开发生命周期各阶段的主要工作如下：

（1）系统规划阶段

根据用户的系统开发请求，初步调查，明确问题，确定系统目标和总体结构，确定分阶段实施进度，然后进行可行性研究。如果不可行，则取消项目；如果不满意，则要反馈修正这一过程；如果可行并满意，则进入下一阶段工作。这一阶段输入业务目标、现行系统的所有细节及约束；输出信息系统规划、列入开发计划的应用开发项目。

（2）系统分析阶段

分析业务流程，分析数据与数据流程，分析功能与数据之间的关系，最后提出新系统逻辑方案。若方案不可行，则停止项目；若方案不满意，则修改这一过程；若可行并满意，则进入下一阶段的工作。这一阶段输入列入开发计划的应用开发项目，现行系统的所有细节及约束、事实和需求；输出业务需求说明书。

（3）系统设计阶段

本阶段的目的是设计一个以计算机为基础的技术解决方案，以满足用户的业务需求。具体任务包括：总体结构设计，代码设计，数据库/文件设计，输入/输出设计，模块结构与功能设计。与此同时，根据总体设计的要求购置与安装设备，最终给出设计方案。如不满意，则修改这一过程；如可行，则进入下一阶段工作。这一阶段输入业务需求说明书，系统用户所推荐的设计观点；输出技术设计方案，包括总体设计和详细设计两方面。

（4）系统实施阶段

同时进行编程（由程序员执行）、人员培训（由系统分析设计人员培训业务人员和操作员）及数据准备（由业务人员完成），然后投入试运行。如果有问题，则修改程序；如果满意，则进入下一阶段工作。这一阶段输入技术设计方案；输出产品化的信息系统、用户培训及使用该系统所需的文档。

（5）系统运行和维护阶段

同时进行系统的日常运行管理、评价、维护三部分工作。分析运行结果，指导工程活动；如果有小问题，则要对系统进行修改、维护，或者做局部调整；如果出现了不可调和的大问题（这种情况一般是系统运行若干年之后，系统运行的环境已经发生了根本的变化时才可能出现），则用户将会进一步提出开发新系统的要求，这标志着老系统生命的结束，新系统的诞生。

上述全过程就是系统开发生命周期。

2. 结构化系统开发方法的特点

（1）运用系统的观点

自顶向下整体性的分析与设计和自底向上逐步实施的系统开发过程。就是在系统分析与设计时要从整体全局考虑，要自顶向下地工作（从全局到局部，从领导到普通管理者）；而在系统实施时，则要根据设计的要求先编制一个个具体的功能模块，再自底向上逐步实现整个系统。

（2）用户至上

用户对系统开发的成败至关重要，因此在系统开发过程中，必须与用户保持密切联系，要充分了解用户对系统的需求和愿望，也要让用户了解系统的进展，以保证开发的正确方向和质量。

（3）严格区分工作阶段

把整个系统开发过程划分为若干个工作阶段，每个阶段都有其明确的任务和目标，每一阶段又可划分为若干个工作步骤。这种有序安排不仅条理清楚，便于计划管理和控制进度，而且后一阶段的工作完全基于前一阶段的成果，前后衔接，不易返工。

（4）设立检查点

在系统开发的每一个阶段均要设立检查点，用于评估所开发系统的可行性，避免某阶段的失败造成后续系统的更大损失。具体到每一个阶段，一般要从功能、预算、进度和质量四个方面进行评估和检查。

（5）充分预料可能发生的变化

因为系统开发是一项消耗人力、财力、物力且周期很长的工作，一旦周围环境（组织的内外部环境、信息处理模式、用户需求等）发生变化，就会直接影响系统的开发工作，所以结构化开发法强调在系统调查和分析时，对将来可能发生的变化给予充分的重视，强调所设计的系统对环境的变化具有一定的适应能力。

（6）开发过程工程化

系统开发过程中，资料的积累、整理、保管是十分重要的，是系统开发所得的宝贵财富。因此，所有工作文件（文档）必须要求标准化、规范化，按照统一的标准整理、归档，便于管理、交流和使用。文档的标准化是进行良好通信的基础，是系统开发人员与用户沟通和交流的手段。

3. 结构化系统开发方法的优点

1）从系统整体出发，强调在整体优化的条件下“自上而下”地进行分析和设计，保证了系统的整体性和目标的一致性。

2）遵循用户至上的原则。

3）严格区分系统开发的阶段性，提高了系统的正确性、可靠性和可维护性。

4）每一阶段的工作成果是下一阶段的依据，便于系统开发的管理和控制。

5）文档规范化，按工程标准建立标准化的文档资料。

4. 结构化系统开发方法的缺点

1）用户素质或系统分析员和管理者之间存在沟通不畅的问题。

2）开发周期长，难以适应环境变化，且成本较高。

3）采用该方法的前提是早期就明确用户需求，是一种预先定义需求的方法，而在实际中这一点很难做到，用户很难明确陈述其需求。

4）文档的编写工作量极大，随着开发工作的进行，文档需要及时更新。

5. 结构化系统开发方法的适用范围

结构化系统开发方法主要适用于规模较大、结构化程度较高的系统开发，即一些组织相对稳定、业务处理过程规范、需求明确且在一定时间内不会发生大变化的大型复杂系统的开发。

4.2.3　原型法

原型法（Prototyping Method）是 20 世纪 80 年代随着计算机软件技术的发展，特别是在关系数据库系统（Relational Database System，RDBS）、第四代程序生成语言（Fourth-Generation Language，4GL）和各种系统开发生成环境产生的基础上，提出的一种从设计思想、工具、手段都全新的系统开发方法。它摒弃了传统做法，就是一步步周密细致的调查分析，然后逐步整理出文字档案，最后才能让用户看到结果，其核心是用交互的，快速建立起来的原型取代形式的、僵硬的（不允许更改的）大部分的规格说明，用户通过在计算机上实际运行和试用原型系统而向开发者提供真实的、具体的反馈意见。所谓信息系统原型，就是一个可以实际运行、可以反复修改、可以不断完善的信息系统。

1. 原型法产生的原因

在结构化系统开发中，采用的是严格定义、预先明确用户需求的方法。这种方法要求系统开发人员和用户在系统开发初期就要对整个系统的功能有全面、深刻的认识，并制订出每一阶段的计划和说明书，以后的工作范围便围绕这些文档进行。如果用户需求不能被预知或被错误理解，即在系统分析阶段出现错误，则后续各阶段的工作就失去了意义，而且会造成巨大的浪费。组织自身的变革、新的管理思想和方法的提出及信息技术的飞速发展，给传统的开发方法带来严峻的挑战。为了适应竞争，许多组织的结构和其经营项目在不断变化，这对信息系统提出了更高的要求。

（1）信息系统的开发要快

以往的开发方法涉及面太广，人员太多，手续太繁杂，如果开发信息系统的周期过长，系统的建成之日可能就是它的生命周期终结之时。

（2）信息系统要有灵活性

信息系统的使用环境在经常发生变化，有足够的灵活性才能保证系统的正常运转。传统的设计方法从一开始就给系统定下了一个框架，系统的一切活动都围绕着这个框架进行，如果出现不能预料的变化，再进行修改就很困难了。

2. 原型法的基本思想

用户和开发人员之间总是存在这样或那样的隔阂，如用户或者开发人员也不清楚系统的最终需求，或者存在交流上的障碍，用户无法把自己的意图向开发人员完全表达出来。用户只有看到一个具体的系统或者经过启发，才能清楚地了解到自己的需要和系统的缺点。这说明，并非所有的需求都能预先定义。由于存在这样的隔阂，系统不能满足用户的要求是常有的事。因此信息系统的开发过程中大量反复的工作是必然的、不可避免的，也是使系统具有更强适应性所要求的。因此，原型法的基本思想就是在系统开发初期，凭借系统开发人员对用户需求的了解和系统主要功能的要求，在强有力的软件环境支持下，迅速构造出系统的初始原型，然后与用户一起不断对原型进行修改、完善，直到达到满足用户需求为止。

基于上述观点，原型法就产生了与传统开发方法截然不同的两个特点：一是在未完全弄清楚需求之前，通过一个原型化设计环境，迅速地建立原始系统；二是在原型化环境上，能方便地对原型不断地进行修改、扩充和完善。其中，原型就是模型，是待构筑的实际系统的缩小比例模型，但是保留了实际系统的大部分性能。这个模型可在运行中被检查、测试、修改，直到它的性能达到用户需求为止。因而这个工作模型很快就能转换成原样的目标系统。

3. 原型法的开发过程

利用原型法开发信息系统一般要经过图 4-5 所示的七个阶段。

（1）用户提出要求

用户根据自己的需要提出开发系统的要求。

（2）识别归纳问题

系统开发人员向用户了解其对信息系统的基本需求，即应该具有的一些基本功能、人机界面的基本形式等。这种了解可以是不完全的，也可能会有缺陷，在后面几个阶段的工作中可以发现和予以改正，这是原型法的最大特点。

（3）创建系统原型

在对系统有了基本了解的基础上，系统开发人员应争取尽快建造一个具有这些基本功能的系统，即系统原型。在建造系统原型时，要考虑到以后修改的容易性。由于要求速度快，这一阶段应该尽量使用一些软件工具，特别是专门的原型建造工具，辅助进行系统实施。原型法的开发过程非常重视开发工具的使用，只有有效地利用工具，才能很快地建成一个系统，并能多次对其进行修改、完善。

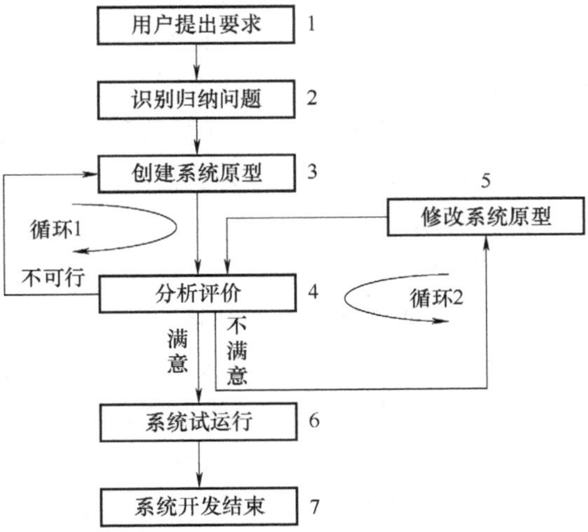

用户提出要求 1
识别归纳问题 2
创建系统原型 3
循环1
不可行
分析评价 4
5 修改系统原型
循环2
满意
不满意
系统试运行 6
系统开发结束 7

图 4-5　原型法的开发过程

（4）分析评价

分析评价是整个开发过程的关键。用户和开发人员一起对刚完成的或经过若干次修改后的系统进行分析评价，提出完善意见。在这个阶段，用户是主角。用户通过亲自使用这个系统，能更明确自己的需求到底是什么，发现系统存在的问题。这时开发人员一方面要记录用户对该系统提出的缺点和不足之处，同时也要引导、启发用户表达对系统的最终要求，从而清楚地了解用户的意图。分析评价的结果有两种情况：一是系统原型不可行，这时就转到上一阶段重新创建系统原型；二是对系统原型不满意，这时就转到下一阶段修改系统原型。开发人员在重新创建原型或对系统原型进行修改后，再与用户一起就新的系统进行分析评价，如果再次不可行则返回重新创建系统原型，如果还不满意则返回修改系统原型。如此反复地进行修改、分析评价，直到用户满意，才能进入系统试运行阶段。

（5）修改系统原型

开发人员要根据用户的意见对原始系统进行修改、扩充和完善。

（6）系统试运行

通过试运行，测试系统是否能够满足用户需求，运行是否稳定等。

（7）系统开发结束

4. 原型法的特点

原型法从其基本思想到开发过程都十分简单，原型法之所以在实际开发过程中备受推崇，在实践中获得巨大成功，是因为原型法具有如下三方面的特点：

1）原型法更多地遵循了人们认识事物的规律，因而更容易为人们所普遍接受。因为人们认识任何事物都不可能一次就完全了解，并把工作做得尽善尽美。人们的认识和学习过程都是循序渐进的，对于事物的描述，往往受环境的启发而不断完善，现实生活中经常出现的现象是批评一个已有的事物，要比空洞地描述自己的设想容易得多，改进一些事物要比创造一些事物容易得多。

2）原型法将模拟的手段引入系统分析的初始阶段，沟通了人们的思想，缩短了用户和系统分析人员之间的距离，解决了系统开发生命周期法最难解决的一环。在应用原型法开发系统的过程中，所有问题的讨论都是围绕某一个确定原型而进行的，彼此之间不存在误解和答非所问的可能性，为准确认识问题创造了条件；通过运行原型，能启发人们对原来想不起来、很难描述或不易准确描述的问题有一个比较确切的描述，而且能够及早地暴露出系统实施后存在的一些问题，促使人们在系统实施之前就加以解决。

3）充分利用了最新的软件工具，使系统开发的时间、费用大大减少，工作效率、技术水平等大大地提高。

5. 原型法所需软件支撑环境

原型法优点很多，具有很大的推广价值，但它的推广必须有一个强有力的软件支持环境作为背景，否则不可能快速地构造原型，也就没有实际意义了。一般认为主要有以下几方面：

1）一个方便灵活的关系数据库系统（Relation Database System，RDBS）。

2）一个与 RDBS 相对应的、方便灵活的数据字典，它具有存储所有实体的功能。

3）一套与 RDBS 相对应的快速查询系统，能支持任意非过程化的（即交叉定义方式）组合条件的查询。

4）一套高级的软件工具（如 4GL 或信息系统开发生成环境等），用以支持结构化程序，并且允许采用交互的方式迅速地进行书写和维护，产生任意程序语言的模块（即原型），一个非过程化的报告或屏幕生成器，允许设计人员详细定义报告或屏幕输出样本。

5）现在一些可视化程序设计语言所提供的“向导”（Wizard）能够比较好地解决原型的快速建立问题。市场上还有一些信息系统生成器的软件，可帮助快速方便地构造原型的。

6. 原型法的适用范围

作为一种具体的开发方法，原型法不是万能的，它有一定的适用范围和局限性。对于一个大型的系统，如果不经过系统分析来进行整体性划分，想要直接模拟是很困难的；对于大量运算的、逻辑性较强的程序模块，原型法很难构造出模型来供人评价，因为这类问题没有那么多的交互方式（如果有现成的数据或逻辑计算软件包，则情况例外），也不是三言两语就可以把问题说得清楚的；对于基础管理不善、信息处理过程混乱的问题，使用原型法也有一定的困难。因此，原型法的适用范围是比较有限的，对于小型、简单的，处理过程比较明确，没有大量运算和逻辑处理过程的系统，应用原型法会取得较好的效果，特别是将原型法与生命周期法结合起来使用效果会更好。

4.2.4 面向对象法

面向对象（Object Oriented，OO）法可以认为是面向过程技术和面向数据技术相结合的产物。在此以前的一些开发方法，要么只能是单纯地反映管理功能的结构状况，要么只是侧重反映事物的信息特征和信息流程，而 OO 法把数据和过程包装成为对象，以对象为基础对信息系统进行处理，因此它是一种综合性的开发方法。面向对象法迄今为止还没有一个明确的定义，一般认为，在软件开发中使用对象，类和继承等概念就是面向对象技术。实际上面向对象技术涉及领域非常广泛，包括软件开发时使用的方法学，软件开发阶段所使用的语言、数据库等。面向对象技术还渗入人工智能、操作系统、并行处理等各个领域的研究成果。

1. 基本概念

（1） 对象

面向对象法的“对象”这一概念是指客观世界中的任何事物在计算机程序世界里的抽象表示，或者说，是现实世界中个体的数据抽象模型。事物是行为的主体，任何事物都由状态和行为两个方面构成，状态反映了事物的内部结构，行为反映了事物的运动规律，两者分别反映了事物的表态和动态特性，因此对象（Object）是事物状态和行为的数据抽象，既是事物状态的集合，也是为改变状态而施加的操作方法或算法程序的集合。在 OO 法中的对象就是一个一个的可重用部件，是面向对象程序设计的基本元素。

（2） 对象类

对象类（Class）是指将具有相同或相似结构、操作和约束规则的对象组成的集合。故对象类是一个共享属性和操作方法的集合。任何一个对象都是某一对象类的实例，每一个对象类都是由具有某些共同特征的对象组成的。对象类把大量的细节隐藏起来，只露出一个简单的接口，符合人们喜欢抽象的心理，提供了封装和复用的基础。

对象类由类说明和类实现两部分组成。类说明描述了对象的状态结构、约束规则和可执行的操作，定义了对象类的作用和功能。类实现是由开发人员研制实现对象类功能的详细过程及方法、算法和程序等。

（3） 消息和方法

客观世界的各种事物都不是孤立的，而是相互联系、相互作用的。实际问题中的每一个个体也是相互联系、相互作用的，个体之间的相互联系反映了问题的静态结构，相互作用则反映了问题的动态变化，当抽象为对象和对象类以后如何反映出它们之间的相互联系和作用呢？为解决这类问题，OO 法又引入消息和方法（Message and Method）这两个概念。通过消息和方法实现对象之间的通信。

（4） 继承机制

继承性（Inheritance）是一种表达相似性的机制，是自动地共享类、子类和对象中的数据和方法的机制。

继承性是面向对象方法实现可重用性的前提和最有效的途径，它不仅支持系统的可重用性，还促进了系统的可扩充性。因此，继承机制又称可重用机制或代码共享机制，它是软件部件化的基础。

继承机制很好地避免了属性描述信息和操作程序信息的冗余，简明自然地把客观事物的行为和状态及个体之间的层次关系和所属关系抽象为计算机的数据模型或算法程序。例如，图类（封闭图、开图、五边形、多边形、线形、矩形、三角形、椭圆、圆）可用如图 4-6 所示表示图的继承关系。

（5） 封装机制

封装（Encapsulation）又称信息隐蔽。它是软件组成部件（模块、子程序、方法等）应当分离或隐藏为单一的设计。

用户只能看见对象封闭界面上的信息，对象内部对用户而言是隐蔽的。它是指在确定系

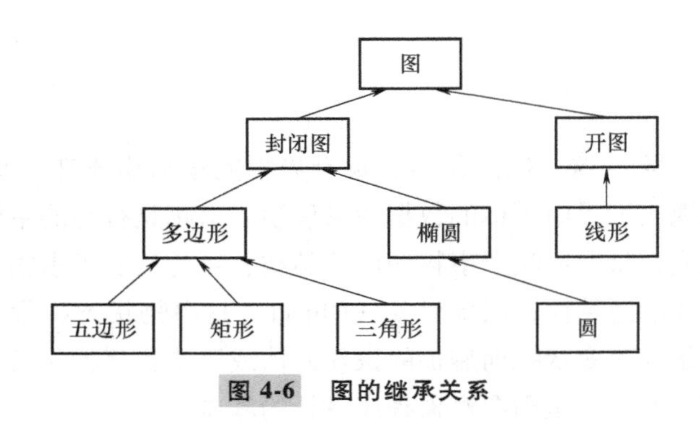

图 4-6　图的继承关系

统的某一部分内容时，应考虑其他部分的信息联系都在这一部分内部进行，外部各部分之间的信息联系应尽可能得少。

封装的原则很像结构化系统开发方法中划分子系统或模块时的内部信息聚合度（Cohesion）原则。如果分析人员能在面向对象的分析方法（Object-oriented Analysis，OOA）中封装需求分析的各个部分，则当需求改变时，各部分相对独立，系统的维护将对整个系统的影响程度减至最小。

（6）对象抽象机制

对象抽象机制就是把对象的动态特性和静态特性抽象为数据结构，以及在数据结构上所施加的一组操作，并把它们封装在一起，使对象状态变成对象属性值的集合，对象行为变成能改变对象状态的操作方法（算法和程序等）的集合，变成对象功能或作用的集合。

（7）类型定义机制

面向对象系统本质上就是一种类型定义机制。

数据类型的概念在绝大多数计算机程序设计语言中早已引入了。例如，整数、浮点数、字符串等是单一的数据类型，数组、记录和联合是复合数据类型。引入类型定义的目的无非是计算机系统中以最基本的数据单元构成更大、更复杂、更实用的数据结构。

大多数非面向对象的语言都支持新数据结构的构造，但仅仅是支持新类型的表示定义，即由现有的数据类型表示新的数据类型。面向对象的语言不仅支持新数据类型的表示定义，还支持新类型的操作定义，这大大方便了新类型的使用。

2. OO 法的开发过程

OO 法的开发过程分为以下四个阶段：

（1）系统调查和需求分析

对系统面临的问题和用户的开发需求进行调查研究。

（2）分析问题的性质和求解问题

在复杂的问题域中抽象识别出对象及其行为、结构、属性和方法。这一阶段一般称为面向对象分析，即 OOA（Object Oriented Analysis）。

（3）整理问题

对分析的结果进一步抽象、归类整理，最终以范式的形式确定下来，即面向对象设计（Object Oriented Design，OOD）。

(4) 程序实现

使用面向对象的程序设计语言将其范式直接映射为应用程序软件，即面向对象编程（Object Oriented Programming，OOP）。面向对象的程序设计完全不同于传统的面向过程程序设计，它是一种计算机编程架构，其基本原则是计算机程序是由单个能够起到子程序作用的单元或对象组合而成。OOP 达到了软件工程的三个主要目标：重用性、灵活性和扩展性。为了实现整体运算，每个对象都能够接收信息、处理数据和向其他对象发送信息。它大大地降低了软件开发的难度，使编程就像搭积木一样简单，是当今计算机编程的一股势不可挡的潮流。

3. OOA 方法

面向对象的分析方法，即 OOA 方法，它是 OO 法的组成部分。在一个系统的开发过程进行了系统业务调查以后，就可以按照面向对象的思想来分析问题了。应该注意的是，OOA 所说的分析与结构化分析有较大的区别。OOA 所强调的是在系统调查资料的基础上，针对 OO 法所需要的素材进行的归类分析和整理，而不是对管理业务现状的方法的分析。

OOA 方法是建立在对处理对象客观运行状态的信息模拟和面向对象程序设计语言的概念基础之上。它从信息模拟中吸取了属性、关系、结构及对象作为问题域中某些事物的、实例的表示方法等概念；从面向对象的程序设计语言中吸取了属性和方法的封装，属性和方法作为一个不可分割的整体，以及分类结构和继承性等概念。

面向对象分析就是抽取和整理用户需求并建立问题模型的过程，也称面向对象建模。一般需要建立三种形式的模型：

1）描述系统数据结构的对象模型。

2）描述系统控制结构的动态模型。

3）描述系统功能的功能模型。

4. OOD 方法

面向对象的设计方法，即 OOD 方法，是 OO 法中一个中间环节。它的主要作用是对 OOA 分析的结果做进一步的规范化整理，以便能够被 OOP 直接接受。就是将分析阶段的结果转换成系统实施方案的过程，也叫问题域的求解过程。

面向对象设计是一种软件设计方法，就是“根据需求决定所需的类、类的操作及类之间关联的过程”。OOD 的目标是管理程序内部各部分的相互依赖。为了达到这个目标，OOD 要求将程序分成块，每个块的规模应该小到可以管理的程度，然后分别将各个块隐藏在接口的后面，让它们只通过接口相互交流。例如，如果用 OOD 方法设计一个服务器客户端应用，那么服务器和客户端之间不应该有直接的依赖，而是应该让服务器的接口和客户端的接口相互依赖。这种依赖关系的转换使得系统的各部分具有了可复用性。还是以上面例子来说，客户端就不必依赖于特定的服务器，所以就可以复用到其他的环境下。如果要复用某一个程序块，只要实现必需的接口就行了。

由 Coad 和 Yourdon 提出的面向对象设计模型如图 4-7 所示，该模型由四个部件和五个层次组成。

四个组成部件是问题空间部件（Problem Domain Component，PDC）、人机交互部件

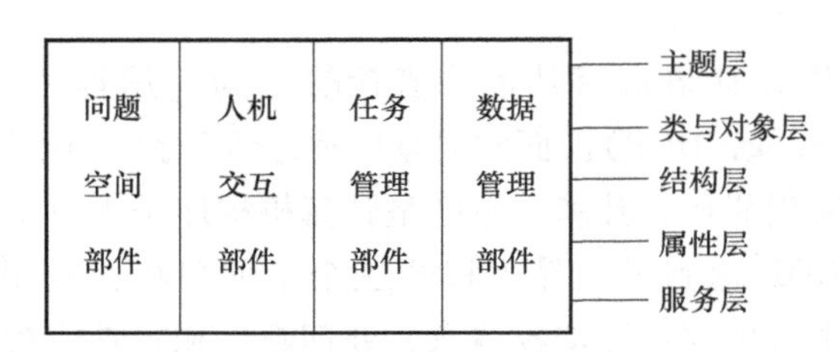

图 4-7 OOD 系统模型

(Human Interaction Component, HIC)、任务管理部件 (Task Management Component, TMC) 和数据管理部件 (Data Management Component, DMC)。五个层次是主题层、类与对象层、结构层、属性层和服务层，这五个层次分别对应 Coad 的面向对象分析方法中的确定对象、确定结构、定义主题、定义属性、确定服务等行动。四个部件对应目标系统的四个子系统，在不同的软件中，这四个部件的大小和重要程度可能差异较大，可以根据需要做出进一步的合并和分解。PDC 是针对总体进行的设计，HIC 给出实现人机交互需要的对象，TMC 提供协调和管理目标系统软件各个任务的对象，DMC 定义专用对象。

OOD 系统模型的基本思路是简单的，但很重要。它以 OOA 模型为设计模型的雏形，使用 OOA 模型中的类和对象，围绕着这些类和对象又加入了一些其他的类和对象，用来处理与现实有关的活动，如 TMC、DMC 和 HIC。DMC 将对象转换成数据库记录或表格；HIC 将大量的精力放在窗口和屏幕设计上，以向用户提供友好的图形用户界面 (CUI)；TMC 则结合每个任务单，给出了每个任务单实现的连接方式。而在传统的方法中，基本上废弃了分析模型，并以一个新的设计模型重新开始，这正是 OOD 方法的核心所在。OOD 模型类似于构件蓝图，它以完整的形式全面定义了如何用特定的实现技术建立一个目标系统。

5. OO 法的特点

OO 法使软件开发周期变短，开发的软件使用周期变长，最终导致开发费用降低。OO 法成功的关键在于它的设计方法、分析问题的起点及整个设计的过程。OO 法具有以下五个特点：

1) 从应用设计到解决问题的方案更加抽象化，并且具有极强的对应性。

2) 在设计中容易和客户沟通。

3) 把信息和操作封装到对象里去。

4) 设计中产生各式各样的部件，然后由部件组成架构，以至整个程序。

5) 由 OO 法设计出来的应用程序具有易重复使用、易改进、易维护和易扩充的特性。

需要说明的是，尽管 OO 法研究是当前的热点，但是还局限于面向对象的程序方面，对于面向对象的分析和面向对象的设计在实际系统开发应用中还有相当多的问题，如如何构造对象等。

4.2.5 计算机辅助方法

计算机辅助软件工程 (Computer Aided Software Engineering, CASE) 的目的是加快系统开发的过程，并提高所开发系统的质量。因此，CASE 实质上属于软件开发环境/工具的范畴。

1. CASE 的概述

（1）CASE 的概念

CASE 是 20 世纪 80 年代末期，随着计算机图形处理技术和程序生成技术的出现，运用人们在系统开发过程中积累的大量宝贵经验，再让计算机来辅助信息系统开发和实现，这就是集图形处理技术、程序生成技术、关系数据库技术和各类开发工具于一身的 CASE。

CASE 是计算机技术在系统开发活动、技术和方法中的应用，是软件工具与开发方法的结合体。CASE 工具则是指能够支持或使系统开发生命周期法中一个或多个阶段自动化的计算机程序（软件）。

CASE 实际上是一种软件自动化技术，不能作为一种独立的方法使用。

（2）CASE 的目的

使开发支持工具与开发方法统一和结合起来，实现分析、设计与程序开发、维护的自动化，提高信息系统开发的效率和信息系统的质量，最终实现系统开发的自动化。

（3）CASE 方法的基本思路

由于 CASE 是从计算机辅助编程工具、第四代程序生成语言发展而来的大型综合计算机辅助软件工程开发环境，因此，CASE 可以进行各种需求分析、功能分析，生成各种结构化图表（如数据流程图、结构图、实体/关系图，层次化功能图、矩阵图）等，并能支持系统开发全生命周期。CASE 的概念也从具体的工具发展成为一门方法。它是一种从开发者的角度支持信息系统各种开发技术和方法（如结构化方法、快速原型法、面向对象方法）的计算机技术。

2. CASE 的体系结构

CASE 的体系结构指出了 CASE 工具之间的相互关系，根据它们在系统开发生命周期中所支持的阶段来划分，一般分为如下四类：集成化 CASE，上游 CASE（Upper CASE）或称为前端 CASE（Front-end CASE），下游 CASE（Lower CASE）或称后端 CASE（Back-end CASE）。支持项目管理并贯穿于整个信息系统开发生命周期的 CASE，其体系结构如图 4-8 所示，其中，中央资源库是 CASE 的一个关键部分。

（1）上游 CASE

上游 CASE 描述了 SDLC 前期几个阶段，包括用于系统规划的 CASE，以及用于系统分析和设计的 CASE。

1）用于系统规划的 CASE。它主要是帮助系统分析员采集、存储、组织并分析业务模型，具体来说，就是描述工程的目标、问题、组织结构、地理环境、信息需求等，这些信息可以以模型、文字描述及矩阵等方式输入。

系统规划阶段的主要项目如下：

① 正在或将要实施的业务策略。

② 充实将要实施的信息系统和信息技术的策略。

③ 所要开发的数据库。

④ 所要开发的网络。

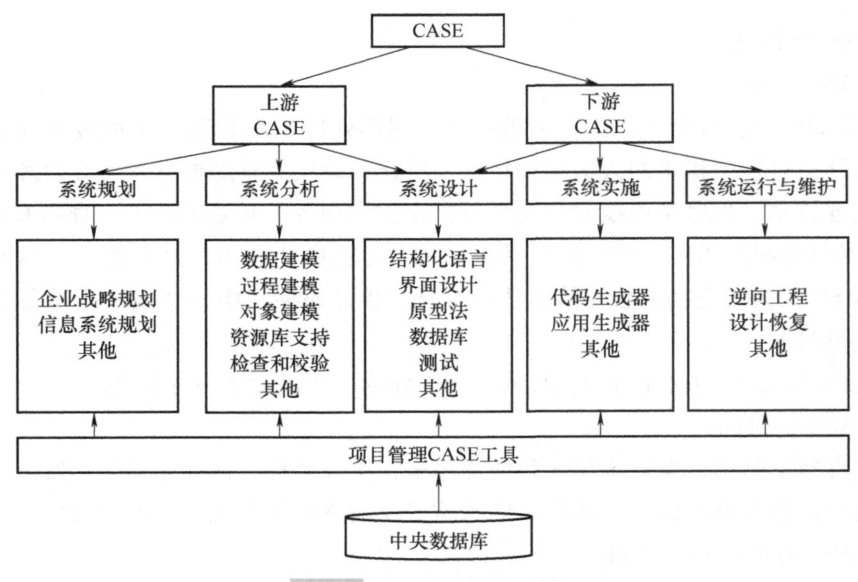

图 4-8 CASE 的体系结构

⑤ 围绕数据库和网络所需开发的应用程序。

2）用于系统分析和设计的 CASE。它用来帮助系统分析员更好地表达用户的需求，提出设计方案，以及分析信息的一致性、完整性和整体性。具体如下：

① 定义系统范围和系统边界。

② 建立模型，描述现行信息系统。

③ 建立需求模型。

④ 设计信息系统，以满足用户的业务需求。

⑤ 建立特殊部件（如屏幕设计、报表设计等）的原型。

（2）下游 CASE

下游 CASE 描述了 SDLC 后期几个阶段，包括用于系统详细设计和实施的 CASE，以及用于系统维护的 CASE。

1）用于系统详细设计和实施的 CASE。它主要是帮助设计人员和程序员更快地产生应用软件，其中包括：

① 测试程序代码并改正其中错误。

② 设计并自动生成像屏幕、数据库等特殊的或详细的系统设计部件。

③ 根据系统分析和设计说明书，自动生成完整的应用程序代码。

2）用于系统维护的 CASE。它帮助系统分析员、设计员和程序员重新考虑不可避免的、永远变化的项目和技术环境。可用于对现运行系统进行再构造，而不是再开发。它包括：

① 重新构造现行系统的程序代码。

② 重新考虑用户需求的变化。

③ 在程序设计中充分利用新的技术。

④ 确定何时系统维护的费用已超过了系统的效益。

⑤ 发现新的信息，以便重新开发新的信息系统。

(3) 支持项目管理的、支持整个系统开发生命周期的 CASE

项目管理是任何一个项目中贯穿于整个信息系统开发生命周期的一个非常重要的活动，它可以帮助系统管理人员对项目进行合理的计划和进程安排，并对项目和资源进行有效的管理。它主要包括过程管理、项目评估和文档管理。

(4) 中央资源库和局部资源库

CASE 的中心结构是一个数据库，即中央资源库。它存储了各种图表、描述、规格说明、应用程序及其他的一些开发副产品。因此，也有人称之为设计数据库、字典、百科全书等。

3. CASE 工具

(1) 典型的 CASE 工具

一个完整的 CASE 系统应该支持不同的开发管理和控制方法（结构化系统开发方法、快速原型法），也要支持系统开发中各个阶段的活动。典型的 CASE 通常包括下列工具的一部分：

1) 图形工具，用图形和模型的方式表示信息系统所使用的各种技术。绘制结构图，生成图形符号，并能对其进行修改等操作。

2) 原型化工具，用于输入、输出、屏幕或报表的分析和设计，快速实现各种原型，包括界面原型、功能原型、性能原型等。

3) 代码生成器，从原型系统的工具中自动产生可执行的程序源代码。

4) 测试工具，用于测试各类错误，包括对程序的结构、生成的源代码、系统集成等各方面的测试，保证系统的质量。

5) 文件生成器，用于将图形、资源库描述、原型及测试报告组装成正式的文档，产生用户系统文件。

(2) CASE 工具之间的数据交换

CASE 工具之间的数据交换存在两个主要问题：一是问题协议的建立；二是交换数据的含义的一致性。比如，两个异国的学者讨论一个学术问题，那么通信手段（如电话）和通信语言（如英语）的问题就是协议问题，而所使用的术语的确切含义则是数据含义或语义的问题。

(3) CASE 工具的特点

CASE 工具首先支持不同的软件开发方法（结构化系统开发方法、快速原型法、面向对象方法等）；其次支持软件开发生命周期的各个阶段（上游、下游、项目管理）；最后通过一系列集成化的软件工具、技术和方法，使整个计算机信息系统的开发自动化。

CASE 方法与其他方法相比，一般来说，具有以下十个方面的特点：

1) 提高信息系统的开发效率。

2) 提高信息系统的开发质量。

3) 加快信息系统的开发进程。

4) 降低信息系统的开发费用。

5）实现系统设计的恢复和逆向软件工程的自动化。

6）自动产生程序代码。

7）自动进行各类检查和校验。

8）项目管理和控制实现自动化。

9）软件工具高度集成化。

10）提高软件复用性和可移植性。

4.3 系统开发的项目管理

工程管理信息系统的开发建设是一类项目，应该用项目管理的思想来管理。项目管理的目的是进度快、质量好、成本低的有机统一。当一个项目的范围被确定下来，其管理就演变为质量、进度与成本三者关系的问题。

工程管理信息系统的建设就属于一种项目建设，因为信息系统的建设符合项目的几个特点：工程管理信息系统的建设是一次性任务，有一定的任务范围和质量要求，有时间或进度的要求，有经费或资源的限制；工程管理信息系统具有生命周期，与项目周期一致。因此，工程管理信息系统的建设也是一类项目的建设过程。

4.3.1 组织机构与分工

1. 建立组织机构的必要性

要想保证工程管理信息系统开发工作能够顺利启动，首先要建立项目的组织机构——项目组。项目组可以由负责项目管理和开发的不同方面的人员组成，由项目组长或项目经理领导。一般来说，可以根据项目经费的多少和系统的大小来确定相应的项目组，在建立项目组时要充分利用每个成员的特长，坚持将正确的开发方法贯穿始终。

2. 组织机构的构成及分工

（1）项目经理（组长）

项目经理（组长）是整个项目的领导者，其任务是保证整个开发项目的顺利进行，负责协调开发人员之间、各级最终用户之间、开发人员和广大用户之间的关系。同时拥有资金的支配权，可以把资金作为强有力的工具来进行项目管理。对项目经理的资金运用情况可采用定期向上级汇报等方法进行合理监督。

项目经理在实施项目领导工作时，要时刻注意所开发的系统是否符合最初制订的目标，在开发工作中是否运用了预先选择的正确开发方法，哪些人适合做哪些工作等。只有目的明确、技术手段合适、用人得当，才能保证系统开发的顺利进行。

对于小型项目，项目经理可以独立进行工作，直接管理各类技术开发人员，必要时可以求得外部机构的支持；对于中型项目，应划分出各个任务的界限由不同的人管理，项目经理通过这些人实施各项管理工作；对于大型项目，应有专门的管理机构进行辅助管理，保证项目经理的思想被正确实施并通过管理机构对开发技术人员的工作实施管理，同时注意对其产品的审核。

（2）管理小组

过程管理小组负责整个项目的成本及进度控制、配置管理、安装调试，技术报告的出版、培训支持等几项任务。这是一个综合性机构，用以保证整个开发项目的顺利进行。

（3）项目支持小组

项目支持小组的任务是保障后勤支持，及时提供系统开发所需要的设备、材料，负责进行项目开发的成本核算，以及合同管理、安全保证等。大型项目由于其涉及的资金巨大，开发人员众多，材料消耗大，尤其要进行科学的管理。

（4）质量保证小组

质量保证小组的任务是及时发现影响系统开发的质量问题并给予解决。问题发现越早，对整个项目的影响越小，项目成功的把握就越大。

（5）系统工程小组

由于信息系统开发是一项系统工程，因此可以按照工程的一般特性，用系统的观点制定出各个阶段的任务。这是系统工程小组的工作职责，即将整个开发过程按阶段划分出若干个任务，规定好每个任务的负责人、任务的目标、检验标准、完成任务的时间等。只有明确好每一项任务的责、权、利，才能使得开发工作顺利进行。

（6）系统开发测试小组

系统开发测试小组的任务是充分利用系统开发的一些关键技术开发模型，以及一些成熟的商品软件从事各子系统的开发与集成，并对各子系统进行测试。这是整个开发项目的关键，因此要组织好测试小组的成员，并采用统一的方法和标准进行工作。

（7）系统集成与安装测试小组

系统集成是对整个信息系统进行综合的过程，该小组成员在充分注意软件和硬件产品与所开发的信息系统之间的结合，注意最大限度地保证系统可靠性及发挥系统的最高效率的前提下，完成信息系统的软件和硬件等各方面的集成，并做好整个系统的测试与安装调试工作。

4.3.2　项目管理

1. 信息系统项目管理的必要性

（1）从系统的观点进行全局安排

从系统的观点进行切合实际的全局安排，使得预期的多目标能达到最优的结果。管理信息系统是个投资较大、建设周期较长的系统工程，要重点考虑各分项目之间的关系与协调，众多资源的调配与利用。在此基础上制订出切实可行的计划，避免不必要的返工或重复劳动，也避免对能力估计不足而导致计划不能执行。

（2）为估计人力需求提供依据

在项目的计划安排中，对软件的工作量做了估计，需要什么级别的软件开发人员，系统的设计与编程的工作量是多少，对硬件的安装调试及使用人员的配置都有详细的要求，以便对系统建设的人力需要提出一个比较准确的数字。同时，可以通过计划的执行来考查各级人员的素质及效率。

（3）能通过计划安排来进行项目的控制

制订了项目执行的日程表后，就可以定期检查计划的进展情况，分析拖延或超前的原因，决定如何采取行动或措施，使其回归正常的计划日程上来。同时系统追踪记录各项目的运行时间及费用，并与预计的数字进行比较，以便项目管理人员为下一步行动做出决策。

（4）提供准确一致的文档数据

项目管理要求事先整理好有关基础数据，使每个项目的参与者都能使用同一文件及数据。同时，在项目进行过程中生成的各类数据又可为大家所共享，保证项目各参与方的工作协调有序。

2. 信息系统项目管理的主要内容

（1）任务管理

将整个开发工作划分成一个个较细的任务，并将这些任务落实到人或各个开发小组，明确工作责任，使开发工作有序、高效地进行。划分任务时，应该按统一的标准进行，包括任务内容、文档资料、计划进度、验收标准等，还要根据任务的大小、复杂程度及所需软件和硬件等方面进行资金划分。在开发过程中，各开发小组、参与者之间如何协调，需要哪些服务支持和技术支持等，都应在划分任务时予以明确。

（2）计划安排

任务划分后，还要制订详尽的开发计划表，包括配置计划、软件开发计划、测试评估计划、质量保证计划、安全保证计划、安装计划、培训计划、验收计划等。这些计划表的建立应该尽可能地考虑周全，不要盲目制订不切实际的结束时间，也不要在开发过程中随意增加项目内容。

（3）经费管理

经费管理是项目管理中的一个重要因素。经费管理得好，可以促进开发工作的进展。在经费管理中，重要的是制订好经费开支计划，包括：各任务所需的资金分配，系统开发时间表及相应的经费开支，各任务可能出现的超支情况及应付办法等。在执行过程中，如果经费有变动，还要及时通知相关人员。

（4）审计与控制

审计与控制可保证开发工作在预算的范围内，按照任务时间表来完成相应的开发任务。首先要制定开发的工作制度，明确开发任务，确定质量标准；其次要制订详细的审计计划，针对每个开发阶段进行审计，并分析审计结果，处理开发过程中出现的问题，修正开发过程中出现的偏差。

（5）风险管理

任何一个系统开发项目都具有风险性。在风险管理中，应注意的是，技术方面必须满足需求，尽量采用商品化技术；经费开销控制在预算范围之内；保证开发进度；在开发过程中尽量与用户沟通；充分估计可能出现的风险，注意倾听开发人员的意见。

3. 工程管理信息系统项目的特点

工程管理信息系统的建设是一类项目，它具有项目的一般特点，同时还具有自己的特点，可以用项目管理的思想和方法来指导管理信息系统的建设。

1）工程管理信息系统的目标是不精确的，任务的边界是模糊的，质量要求更多是由项目团队来定义的。对于管理信息系统的开发，许多客户一开始只有一些初步的功能要求，给不出明确的想法，提不出确切的要求。管理信息系统项目的任务范围很大程度上取决于项目组所做的系统规划和需求分析。

2）工程管理信息系统项目进行过程中，客户的需求会不断被激发，被不断地进一步明确，导致项目的进度、费用等计划不断更改。客户需求进一步明确，系统项目相关内容就需要随之修改，而在修改的过程中又可能产生新的问题，并且这些问题很可能在经过了相当长的时间以后才会发现。这样，就要求项目经理要不断监控和调整项目计划的执行情况。

3）工程管理信息系统是智力密集、劳动密集型的项目，受人力资源影响较大，项目成员的结构、责任心、能力和稳定性对管理信息系统项目的质量及是否成功有决定性的影响。因而在工程管理信息系统项目的管理过程中，也应充分重视人力资源的利用。

4. 项目管理的方法

编制管理信息系统开发项目工作计划的常用方法有甘特图和网络计划法。

（1）甘特图

甘特图，也称线条图或横道图。它是以横线来表示每项活动的起止时间，其优点是简单、明了、直观和易于编制，不足是各项工作之间的管理不清。它既是小型项目中常用的工具，也是大型复杂的工程项目中高层管理者了解全局、安排子项目工作进度时使用的工具。

（2）网络计划法

网络计划法是用网状图表安排与控制项目各项活动的方法，一般适用于工作步骤密切相关、错综复杂的工程项目的计划管理。

4.3.3　案例：项目管理在三门核电站施工管理信息化中的应用

三门核电站的建设分三期进行，一期工程投资约 400 亿元，已于 2009 年 4 月 19 日正式开工，三门核电站项目的投资也是浙江省的单项工程上有史以来最大的。这种超大规模的建设项目，如果仅依靠传统的人力管理是绝不可能顺利完成建设任务的，因此相关单位和企业决定采取信息化管理，即建立施工管理信息系统。

项目的整体目标：针对客户的需求，开发核电施工管理信息系统，为各单位、部门的相关人员提供一个良好的交流平台，提高施工管理效率和项目效益。

项目的总体原则：该项目是新型核电项目施工信息化的代表，要求高效率、高质量、高管控、实用性强、经济性好、可扩展等原则。

1. 项目规划

为确保系统开发项目能够顺利、高效地实施，管理人员对项目进行了总体规划：

1）成立了专门的项目实施小组。该小组由一名总负责人、两位主要管理人员和若干专业技术人员组成。将项目组成员划分为设计组、软件开发组、数据处理组、测试联调组、质量组，如图 4-9 所示。

2）系统设计公司在与核电站施工企业沟通后，给出了施工管理信息系统的整体架构。

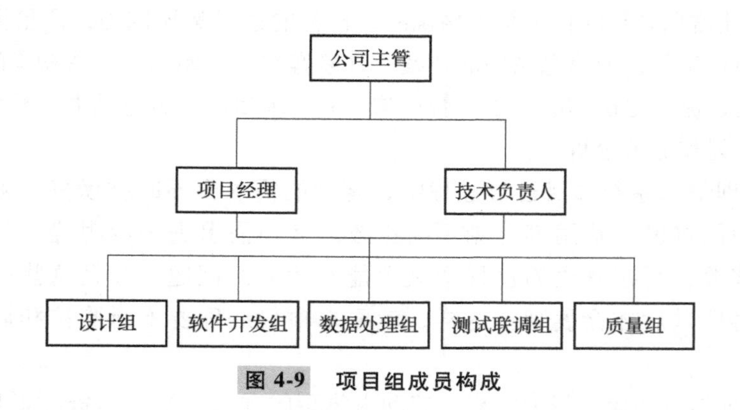

图 4-9 项目组成员构成

2. 项目实施

三门核电站施工信息化项目在实施过程中运用了风险管理、成本管理、进度管理、质量控制等方法、工具，并对项目的实施结果进行分析总结。具体如下：

（1）风险管理

对识别到的风险进行评估，将风险按照影响程度排序，对影响大的优先处理。

（2）成本管理

给出合理的人力资源安排，在保证人员充足的前提下，节约劳动力成本。另外，制定一套有效的成本控制制度，避免项目计划执行的控制缺乏规范、需求缺乏控制的情况。

（3）进度管理

首先利用 WBS 估算工作时间，以网络计划技术手段对项目全过程进行分解，制订出项目的进度计划，并且画出对应的甘特图，然后采用一系列具体控制措施。

（4）质量控制

1）对项目进行阶段性评估。

2）对项目组成员进行质量保证体系的指导和培训。

3）让用户参与到各阶段成果的测试和演示中，并提出意见。

本章小结

本章首先对工程管理信息系统的开发步骤和方式进行了概述，然后详细介绍了五种开发方法。

工程管理信息系统的开发步骤，即建立领导小组、组成系统开发小组、系统规划、系统分析、系统设计、系统实施、系统运行与维护，后五个步骤组成系统开发生命周期。

工程管理信息系统的开发方式包括自主开发、委托开发、合作开发和购买现成软件四种方式。

工程管理信息系统的开发方法包括：结构化系统开发方法、原型法、面向对象法和计算机辅助方法，其中，结构化系统开发方法是后续章节所介绍的系统开发所采用的方法。

工程管理信息系统的开发建设是一类项目，应该用项目管理的思想来管理。

复习思考题

1. 简述工程管理信息系统的开发步骤。
2. 工程管理信息系统的开发方式有哪几种？请简述各种方式。
3. 什么是结构化系统开发方法？其生命周期可分为哪几个阶段？
4. 请简述结构化系统开发方法的特点。
5. 请简述原型法的开发过程。
6. 请简述原型法的特点。

第5章 工程管理信息系统规划

【学习目标】

1. 了解工程管理信息系统规划的内容及基本步骤。

2. 了解诺兰模型及其指导作用。

3. 掌握方案的可行性分析，包括可行性分析的任务和可行性分析报告的内容。

4. 熟悉工程管理信息系统规划的常用方法，包括企业系统规划法、关键成功因素法、战略目标集转化法。

5. 了解工程管理业务流程重组。

5.1 工程管理信息系统总体规划

5.1.1 工程管理信息系统规划的内容

工程管理信息系统规划是提供资源分配及进行控制的基础，可分为一年期的短期规划及多年期的长期规划。工程管理信息系统规划的内容一般包括：

1）用户系统调查，即用户环境调查分析和问题确定。

2）新系统的规划，即确定新系统规划的方法。

3）新系统的初步开发计划。

4）系统开发的可行性分析。

本章的后续内容就是按照工程管理信息系统规划内容的先后顺序进行介绍的。

5.1.2 工程管理信息系统规划的基本步骤

工程管理信息系统规划的一般步骤如图5-1所示。

各步骤的主要内容如下：

1）确定规划的基本问题。具体工作包括：确定规划的年限、规划方法，确定集中式还

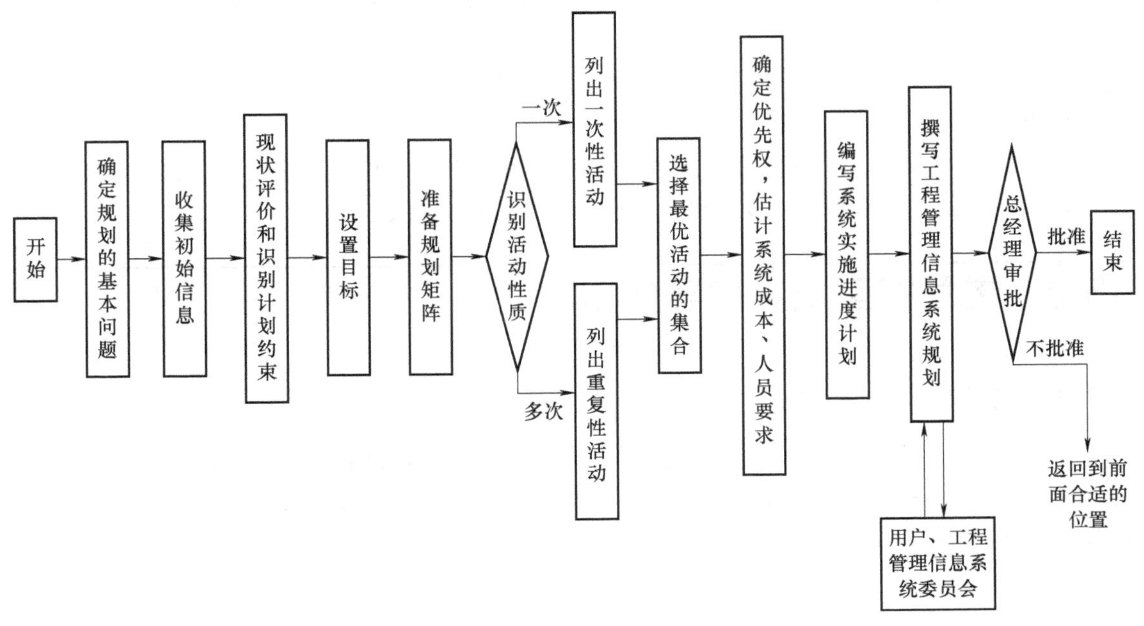

图 5-1　工程管理信息系统规划的一般步骤

是分散式的规划，以及是进取的还是保守的规划。

2）收集初始信息。收集初始信息包括从已完成的相似工程、与用户企业相似的企业、用户企业内部文件、工程项目各类文件及书籍和杂志中收集信息。

3）现状评价和识别计划约束。现状评价和识别计划约束包括：目标、系统开发方法、计划活动、现存硬件及其质量、信息部门人员、运行和控制、资金、安全措施、人员经验、手续和标准、中期和长期优先顺序、外部和内部关系、现存软件及其质量，以及用户企业/工程项目组织的思想和道德状况。

4）设置目标。目标应由用户企业的主管副总（甚至总经理）和工程管理信息系统委员会来设置，它应包括服务的质量和范围、政策、组织及人员等，它不仅包括管理信息系统的目标，而且应有整个系统的目标。

5）准备规划矩阵。这一步就是列出工程管理信息系统规划内容之间相互关系组成的矩阵，这些矩阵列出后，实际上就确定了各项内容及它们实现的优先顺序。

6）~8）识别活动，列出工程项目活动，列出重复性活动。

识别以上列出的各种活动，分别列出一次性活动和重复性活动。由于资源有限，不可能所有活动同时进行，只有选择一些好处较大的活动先进行。要合理选择一次性活动和日常重复性活动的比例，合理选择风险大的活动和风险小的活动的比例。

9）选择最优活动的集合。从所有活动中选出最优活动的集合。

10）确定系统的优先权，估计系统的成本、人员要求。

对于大型系统，要确定各子系统的优先级别，分阶段进行开发。也可以是分成若干个小型系统，确定优先权后分阶段进行开发。要估计各系统开发的成本和对人员的需求。

11）编写系统实施进度计划。进度计划根据系统大小，可以按年编制，也可按旬、月、周编制。

12）撰写管理信息系统规划。在此过程中，要不断与用户及工程管理信息系统委员会交换意见。

13）总经理审批。这一步由承担系统开发的用户企业的总经理进行审批。若批准，则宣告规划任务结束；否则，要返回到前面适当的步骤重新规划。

5.2 诺兰模型及其指导作用

5.2.1 诺兰模型

把计算机应用于一个单位的管理中，一般要经历从初级到不断成熟的成长过程。诺兰模型把信息系统的成长过程划分为初始、蔓延、控制、集成、数据管理、成熟六个阶段，如图 5-2 所示。

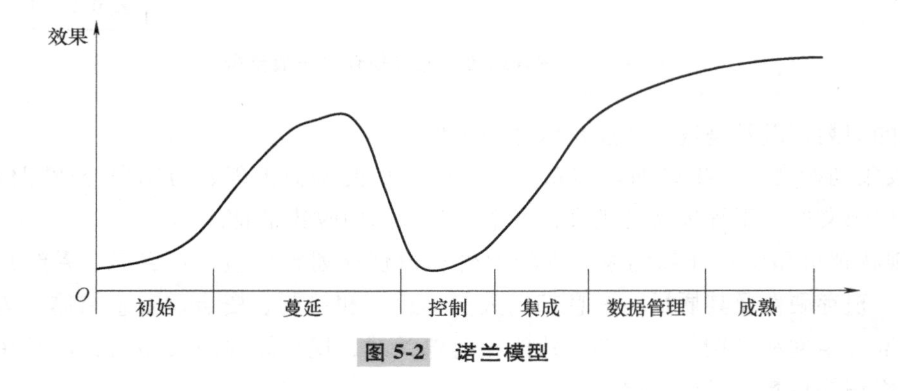

图 5-2　诺兰模型

1. 初始阶段

初始阶段是指单位（企业、部门）购置第一台计算机并初步开发和管理应用程序的阶段。在该阶段，计算机的作用被初步认识，个别人具有了初步使用计算机的能力。初始阶段大多发生在单位的财务部门。

2. 蔓延阶段

随着计算机应用初见成效，信息系统（管理应用程序）从少数部门扩散到多数部门，并开发了大量的应用程序，使单位的事务处理效率有了提高，这便是所谓的蔓延阶段。显然，在该阶段中，数据处理能力发展得最为迅速，但同时出现了许多有待解决的问题，如数据冗余性、不一致性、难以共享等。此阶段只有一部分计算机的应用获得了实际的效益。

3. 控制阶段

管理部门了解到计算机购置数量的预算每年以 30%～40%或更高的比例增长，计算机数量超出控制，而投资的收益却不理想。同时随着应用经验逐渐丰富，应用项目不断积累，客观上也要求加强组织协调，于是就出现了由企业领导和职能部门负责人参加的领导小组，对整个企业的系统建设进行统筹规划，特别是利用数据库技术解决数据共享问题。这时，严格的控制阶段便代替了蔓延阶段。诺兰认为，第三阶段将是实现从以计算机管理为主到以数据管理为主转换的关键，一般发展较慢。

4. 集成阶段

集成就是在控制的基础上，对子系统中的硬件进行重新连接，建立集中式的数据库，以及能够充分利用和管理各种信息的系统。由于重新装备大量设备，此阶段预算费用又一次迅速增长。

5. 数据管理阶段

诺兰认为，集成之后，会进入数据管理阶段。但 20 世纪 80 年代时，美国尚处在第四阶段，因此诺兰没能对该阶段进行详细的描述。

6. 成熟阶段

一般认为，成熟的信息系统可以满足单位中各管理层次（高层、中层、基层）的要求，从而真正实现信息资源的管理。

诺兰模型反映了信息系统一定的发展规律，跳跃某个或某几个阶段是不大可能的。一般认为总体规划的时机可以选择在控制或者集成阶段。

5.2.2 诺兰模型的指导作用

诺兰的阶段模型总结了发达国家信息系统发展的经验和规律。一般认为，模型中的各阶段都是不能跳跃的。因此，无论在确定开发管理信息系统的策略，或者在制定管理信息系统规划时，都应首先明确本企业当前处于哪个发展阶段，进而根据该阶段的特征指导信息系统的建设。诺兰的发展阶段理论是说明企业信息化发展程度的有力工具。在 20 世纪 80 年代，美国有相当多的人接受了诺兰的观点。它在概念层次上对组织中信息化过程的计划制定是很有帮助的。另外，诺兰模型是第一个描述信息系统发展阶段的抽象化模型，在这一点上该理论具有重要的意义。

5.3 方案的可行性分析

《系统与软件工程　软件生存周期过程》（GB/T 8566—2022）中指出：可行性研究的主要任务是“了解用户的要求及现实环境，从技术、经济和社会因素等三方面研究并论证本项目的可行性，编写可行性研究报告，制定初步项目开发计划”。

5.3.1 可行性分析的任务

1. 技术可行性

管理信息系统的建设是利用信息技术开展的创造性工作。进行技术可行性分析，考虑所用技术的先进性、可靠性、可行性是非常必要的。一般新系统的建设会把新技术带入企业；一些项目虽利用了现有技术，但将它同新的、未试验的配置相结合，也是新的尝试；如果组织/企业的开发人员、管理人员或者用户缺乏经验，即使是现有的成熟技术对组织和企业而言也还是新技术。

技术可行性分析的主要内容是分析，即现有技术条件能否达到系统的要求，所需物质资源是否具备、能否得到。

可以从硬件和软件两方面考虑技术可行性，要考虑资源有效性和相关技术的发展，并由以上分析，可得到设备和软件需求清单。

2. 经济可行性

经济可行性分析是可行性分析的重要内容，虽然系统项目启动已经获得立项，但在正式全面启动之前还需要进行全面的开发费用与预期经济效益的分析。

（1）分析内容

1）系统的预期收益值是否比系统的开发费用大。

进行工程管理信息系统建设的目的是提升用户企业/工程的管理水平，提高用户企业/工程的工作效率，增强用户企业/工程的竞争力。例如，承包商开发的施工现场材料管理信息系统，可以提升企业的材料管理水平，在投标时可以降低报价，增强其竞争力，最终获得更多的工程机会和利润。承包商在进行规划时，会将系统的预期收益和开发费用进行对比分析，看是否值得进行系统开发。

2）企业是否有足够的流动资金来进行系统开发。

如果系统的开发费用超过了用户企业的承受能力，将会导致系统建设的停滞，甚至半途而废，使企业遭受巨大的损失。

（2）分析方法与步骤

采用成本/收益分析，通过比较成本和收益，分析在新系统开发过程中收益是否高于成本。具体可以分为以下三个步骤：

1）评估预期的开发和运行成本。

2）评估预期的财务收益，分析费用降低和收入增加的可行性。

3）进行成本/收益分析。分析比较成本与收益，并了解在新系统开发上的风险，确定系统是否值得开发。

3. 组织和管理上的可行性

工程管理信息系统是一个人机系统，是一个社会技术系统。实践经验告诉我们，工程管理信息系统的建设必须充分考虑系统所在的环境，即企业或工程项目组织的环境和文化，否则容易出现新建系统偏离现有的组织标准的情况，导致新系统无法成功地配置和应用。

需要考虑的问题如下：

1）领导的合作态度。

2）人员心理（抵制/支持）。

3）基础工作的规范化（数据、过程）。

4）管理制度和机构。

4. 进度安排可行性

进度控制是影响系统成功建设的主要因素之一。为了保证系统的顺利进行，必须对进度安排进行可行性分析。系统进度安排产生风险的因素在于，系统进度安排是基于关于系统一系列假设和预测的基础上的，例如，系统范围是未确知的，时间和资金要求是预测的，团队成员的可得性和能力是有疑问的；高层领导要求系统必须在一个确定的时间内完成；外界环境要求在一个规定的时间之前完成。因此，系统进度安排的制订总是一个高风险的任务。

进度安排可行性分析的目的是分析系统能否在计划的时间内完成，可以采取的措施或对策是在系统进度安排中设置里程碑，及时进行检查，当在分析中发现系统存在不能按期完成的风险时，就必须采取缩小系统范围或通过调整人员、改变技术等措施来规避风险。

5. 资源可行性

可行性论证的最后一项内容是系统建设的资源可行性分析。资源包括人员、原材料和设备、计算机软件和硬件等。导致资源风险的因素可能有：要求的人员在需要时不可得；可得的人员没有需要的技能；开发人员在项目进行中离开；需要的资源交付时间延误或可利用时间不够等。这些也都可能导致系统建设的延误或失败，需要未雨绸缪，认真对待，制订必要的预案。

5.3.2　可行性分析报告的内容

可行性分析的结果要以可行性分析报告的形式编写出来，内容包括：系统简述，项目的目标，所需资源、预算和期望效益，对项目可行性的结论。

可行性分析结论应明确指出以下内容之一：可以立即开发；改进原系统；目前不可行，或者需推迟到某些条件具备以后再进行。可行性分析报告要尽量取得有关管理人员的一致认同，并在主管领导批准之后方可实施，进入对系统进行详细调查的阶段。

5.4　工程管理信息系统规划的常用方法

企业层面的系统总体规划的主要方法有企业系统规划（Business System Planning，BSP）法、关键成功因素（Critical Success Factors，CSF）法和战略目标集转化（Strategy Set Transformation，SST）法。CSF 法主要用于整体确定信息需要，SST 法主要用于确定管理信息系统的功能需要。

5.4.1　企业系统规划法

企业系统规划法（BSP 法）是从企业的目标出发，利用企业过程间的数据联系进行企业信息系统的规划，与企业现行的组织机构无关，当企业的组织机构变化时，企业管理信息系统的结构有很大的适应性，同时管理信息系统的功能结构对企业的组织机构调整有指导意义。

企业信息系统支持企业目标，信息系统战略表达出企业各个管理层次的需求，向整个企业提供一致性的信息，并且在组织机构和管理体制改变时保持工作能力。BSP 法所支持的目标是企业层次的目标，进行 BSP 法的工作步骤如图 5-3 所示。

5.4.2　关键成功因素法

1. 关键成功因素法概述

关键因素是指关系到企业生存与组织成功的重要因素，它是企业需要得到的决策信息，值得管理者重点关注的活动区域。关键成功因素法（CSF法）认为，组织信息需求取决于少数管理者的关键成功因素。

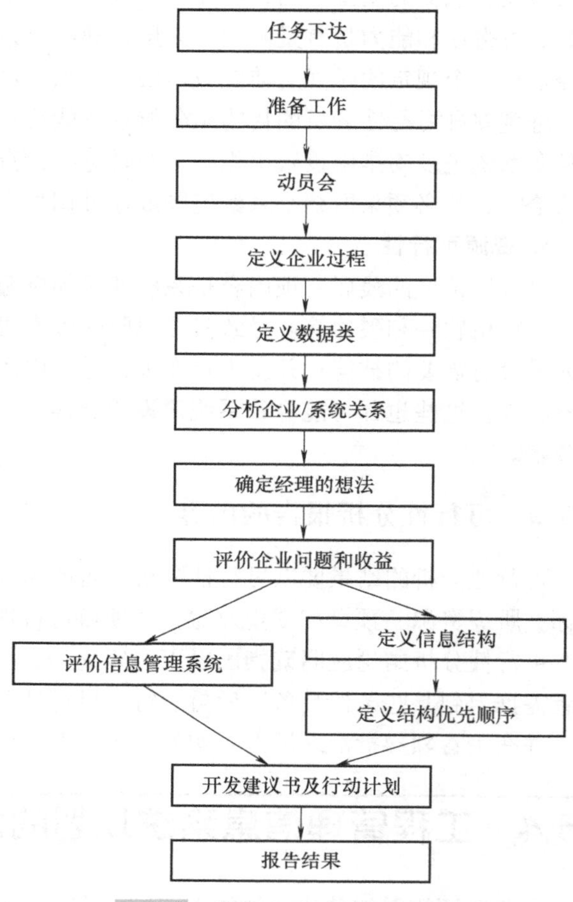

图5-3 进行BSP法的工作步骤

关键成功因素法源自企业目标，通过目标分解和识别、关键成功因素识别、性能指标识别，一直到产生数据字典。关键成功因素法就是识别联系于系统目标的主要数据类及其关系，识别关键成功因素常用的工具是因果分析图。因果分析图，又称树枝图或鱼刺图，用此方法可以对一些较重要的影响因素加以分析和分类，弄清因果关系。例如，某企业以提高产品市场竞争力为目标，可以用树枝图画出影响其目标的各种因素及子因素，如图5-4所示。对于习惯于高层人员个人决策的企业，主要由高层人员个人在某些关键成功因素中做出选择；习惯于群体决策的企业，可以用Delphi法把不同人设想的关键因素综合起来考虑。

2. CSF法的步骤

1）分析信息系统的战略目标。

2）识别影响战略目标的所有关键性成功因素。

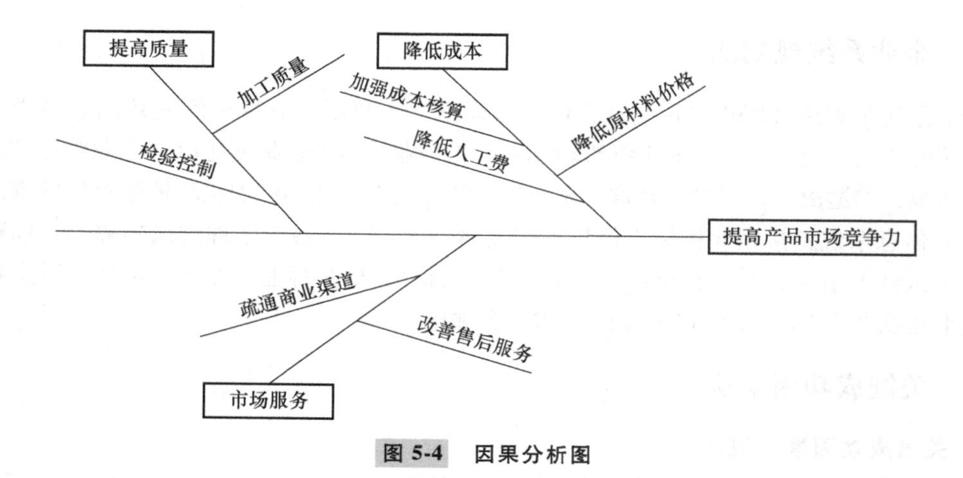

图5-4 因果分析图

3）识别性能的指标和标准。

4）识别测量性能的数据，并形成数据字典。

CSF 法的步骤如图 5-5 所示。

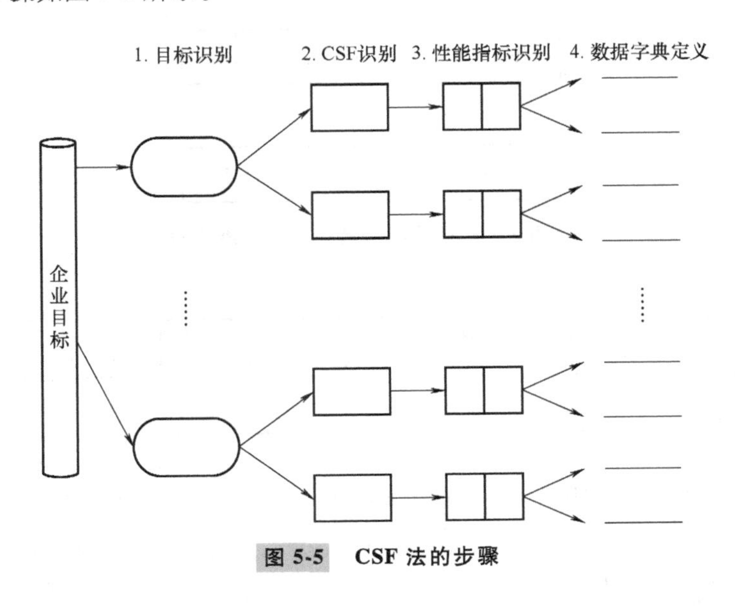

图 5-5　CSF 法的步骤

5.4.3　战略目标集转化法

1. 战略目标集转化法概述

管理信息系统的战略规划过程是把组织战略目标转变为管理信息系统战略目标的过程，认为组织的总战略是信息的集合，由使命、目标、战略和其他战略变量（如管理水平、环境约束）等组成。管理合理的战略规划更多地取决于规划人员的远见卓识，取决于他们对环境及其发展趋势的理解，并把企业的总战略目标、信息系统战略目标分别看成“信息集合”。管理信息系统战略规划的过程是由组织战略目标集转化成管理信息系统战略目标集的过程，如图 5-6 所示。战略目标集转化法的实施步骤如图 5-7 所示。管理信息系统战略目标集转化法的一个应用示例如图 5-8 所示。

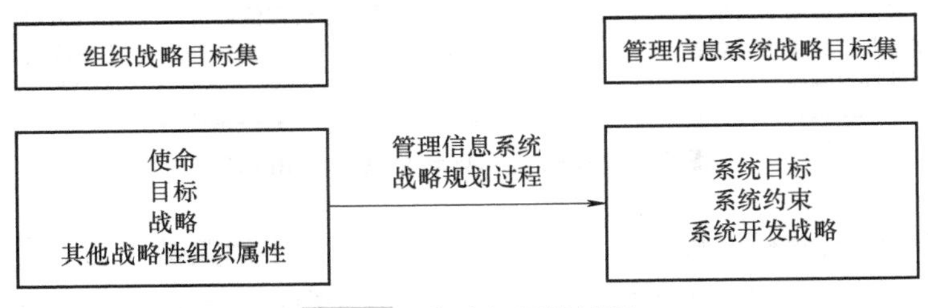

图 5-6　战略规划的过程

2. 三种方法在企业应用中的评析

关键成功因素（CSF）法能抓住主要矛盾，使目标的识别突出重点，其数据量和因素利用比较少，可以节约很多资源，同时它比较注意根据变化的环境做出比较合理的判断。但

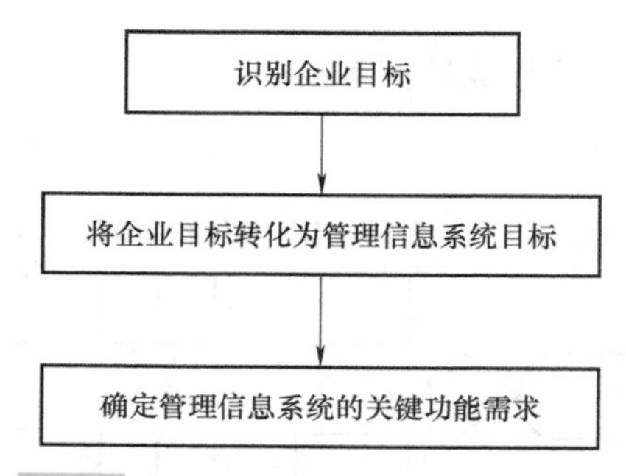

图 5-7　战略目标集转化法的实施步骤

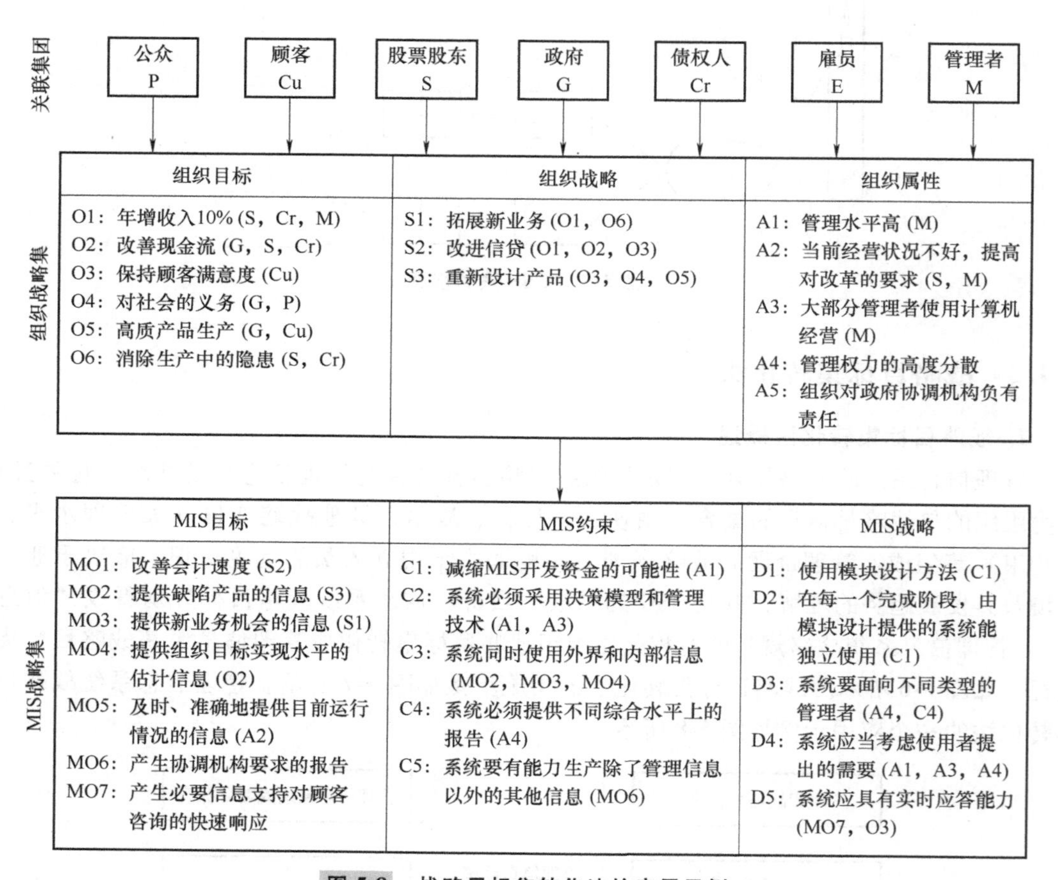

图 5-8　战略目标集转化法的应用示例

CSF 法对数据和系统的分析比较随意，如何评价这些因素中的关键成功因素，不同的企业有不同的标准。此外，该方法所确定的目标和传统的方法衔接得比较好，但是仅对确定管理目标有利。该方法一般在高层领导应用效果好，对中层领导就不太适合，因为其自由度较小。关键成功因素受行业、企业、管理者及周围环境影响，因此，该方法被采用的前提条件是存在易于被管理者识别和易于被信息系统作用的目标。

战略目标集转化（SST）法能保证目标比较全面，疏漏较少，从另一个角度识别管理目标，反映各种人的要求，而且给出按这种要求的分层，然后转化为信息系统目标的结构化方法，但它在突出重点方面不如关键成功因素法。

企业系统规划（BSP）法能够全面展示组织状况、系统或数据应用情况及差距，能够全面地定义管理目标，以及它的管理功能组、各种数据类、功能/数据类矩阵、信息结构等。它尤其适用于刚刚启动或产生重大变化的情况，比较适用于大型企业的信息化整体规划，能够帮助管理者和用户形成对组织有建设性的意见，帮助组织找出信息处理方面的重要方法，而面对数据处理成本高、难度大、时间长等问题，高层管理者必须富有远见。BSP 法虽然强调企业目标，但是没有明显地从目标中引出流程及过程。通常由管理人员识别“过程”引出系统目标，企业目标到系统目标的转换是通过组织/系统、组织/过程及系统/过程矩阵分析得到的。

综上所述，关键成功因素（CSF）法在高层领导应用效果较好，因为高层领导经常考虑关键因素；对于中层领导不太适合，因为中层领导所面临的决策大多数是结构化，其自由度较小。战略目标集转化（SST）法的优点是保证目标全面，反映了与系统相关的各种人员的要求，给出了分层结构，然后转化为信息系统目标的结构化方法，而在突出重点方面不如关键成功因素法。企业系统规划（BSP）法是一项系统工程性工作，能够全面展示组织状况、系统或数据应用情况及差距，能够全面地定义管理目标，但没有明显地从目标中引出流程及过程。

可见，以上三种方法各有优缺点，将三者结合起来，可在很大程度上弥补使用单个方法的不足，但是这样会使整个方法过程过于复杂，从而削弱了单个方法的灵活性和作用性。企业应当根据企业的具体情况，选择合适的方法，做出适合自身需求的管理信息系统规划。

5.5 工程管理业务流程重组

5.5.1 业务流程重组的概念

业务流程重组（Business Process Reengineering，BPR）这一概念是 20 世纪 90 年代初由美国麻省理工教授迈克尔·哈默（Michael Hammer）和詹姆斯·钱皮（James Champy）所提出的一种观念。BPR 的思想一经提出，即引起美国舆论的广泛注意，成为管理学界的一个重大成就。

业务流程是指为了完成企业的目标或任务而进行的一系列逻辑相关的业务活动，例如，从原材料的采购到向用户交付产品的一系列活动是企业的产品制造业务流程。哈默教授对业务流程重组的定义：对企业的业务流程进行根本性的思考和彻底的重新设计，以求获取企业关键性能指标的巨大提高，如速度、质量、服务和成本（TQSC）。目前，对于业务流程重组有许多不同的说法和译法，如核心过程再设计（Core Process Redesign）、企业经营过程重组、企业过程再造等。

业务流程重组的定义包含四个方面的关键信息。

1. 业务流程

重组的内容是企业的业务流程，而不是企业的组织等其他方面。然而，一方面，现在的企业组织是建立在亚当·斯密的分工理论基础上的，企业的完整业务活动被组织机构所分割和掩盖，人们熟悉的是部门、科室等机构，而对业务流程不够熟悉。另一方面，组织机构分工明确、界限清楚，可以非常清晰地画出来，而流程却不同，流程不仅看不到、没有名称，通常也没有被有效地管理。

但是，业务流程重组的实施将导致企业组织的变化。业务流程重组后，企业为完成工作所需要的真正组织机构将变得明确、清晰，企业原有部门、科室的分工将会改变，一些组织结构会被合并或撤销。

2. 根本性的思考实施业务

流程重组关心的是事物本来的样子，而不关心现在的样子。所以，提出的问题是“我们为什么要做现在的事？为什么要以现在的方式做事？现在的工作方式有什么不足？有没有别的工作方式”，而不是“如何把现在的事情做得更好”。提出诸如此类的根本性的问题，促使人们对管理企业方法所基于的习惯和假设进行观察、分析和思考。通过仔细地观察、深入地分析和思考，往往会发现这些习惯和假设中有一部分已经过时，甚至是错误的、不适用的。

在企业实施流程重组的最初阶段，不需要任何条条框框的限制，同时还必须抛弃一般已经认可的习惯和假设。例如，提出“如何才能更加有效地完成客户信用的审查工作”。这个问题本身就需要分析和思考，因为提出这个问题的前提是已经假设了必须审查客户信用，然而在许多的情况下，信用审查的费用实际上可能已超过了审查工作可避免的损失。

3. 彻底的重新设计

彻底的重新设计意味着追根溯源，从根本上重新设计企业的经营过程或业务流程，而不仅仅是做表面的改变或修补，是完全抛弃旧有的结构和过程，创造出新的工作方法。

业务流程与企业的运行方式、组织的协调合作、人的组织管理、新技术的应用与融合等密切相关，所以业务流程重组是彻底的、全方位的重组。它涉及企业的人、经营过程、技术、组织结构和企业文化等各个方面，包括观念的重组、流程的重组和组织的重组，以新型企业文化代替旧的企业文化，以新的业务流程代替原有的业务流程，以扁平化的企业组织代替金字塔形的企业组织等。但是，其中的信息技术的应用是流程重组的核心，它既是流程重组的出发点，同时也是流程重组最终目标的体现。

4. 巨大业绩

进行业务流程重组的目标不是为获得小的改善，而是要取得业绩的巨大进步。如果企业只是需要对现有业绩实现小幅度提高，那么即使它不实施 BPR 也可以达到目标，因为有许多传统的方法可以采用，例如，激励员工的积极性或者扩大产品的宣传力度，开展产品促销活动等。只有当企业需要彻底改变时，才可以实施业务流程重组。因为实现业务流程重组是有风险、有阻力的重大改革。

一般来说，有三种类型的企业需要实施 BPR：第一类是企业发现自身已经陷入了困境之中，不进行彻底的改变，就有倒闭的可能；第二类是企业目前经营状况良好，但已感到了来自竞争对手的压力，产生了危机感，并预测将来企业的经营状况可能会变坏；第三类是企业当前的经营状况非常好，处于鼎盛的时期，并且企业在现在或可预见的将来都不存在明显的困难和危机。

从实施业务流程重组的需要来看，第一类企业最适合，也是最急需的；而第二类企业只是为了摆脱潜在的困境而提前实施 BPR；对于第三类企业而言，企业的管理者是为了保持其领先的地位而实施 BPR，并且他们把实施 BPR 看作提高企业竞争力的一种机会、一种手段，通过实施 BPR 来提高自己的业绩，加大企业的竞争优势，从而使竞争对手的经营更加困难，给其以极大的压力。

5.5.2　业务流程重组的实施

1. BPR 实施中有关人员的选择

BPR 的实施关系到企业的每一个人，企业的各级管理者、每个工作人员都有可能直接参与到 BPR 工作中。正确的选择和合理地组织这些人，是企业顺利开展 BPR 的关键，有时决定着 BPR 实施的成功与否。一般而言，有五种角色直接从事 BPR 的工作，即领导者、工程总监、项目主任、团队成员和指导委员会成员。

（1）领导者

作为业务流程重组的领导者，其主要职责是规划业务重组的总目标，进行全局管理和协调工作，并明确企业中每个人员的工作目标和工作责任。领导者应是一名资深主管，具有足够的权威和影响力。领导者一般从企业的高级管理者中选择。若进行小规模的重组，则也可以由部门的管理者担任。

（2）工程总监

工程总监主要负责企业 BPR 中所有相应的技术工作，作为 BPR 领导者的总参谋，工程总监同样也是从企业的高级管理者中选择。

（3）项目主任

项目主任主要负责企业 BPR 中某一项目，提供此项目所需的资源，并与此项目相关的企业各组织机构交涉、协调，以获得必要的支持。项目主任由 BPR 的领导者任命。

（4）团队成员

团队成员是指参与企业 BPR 某一具体项目的人员。他们的主要工作是提出重组的建议和想法，并制订具体计划和方案，以及实施批准后的计划和方案。一个团队一般由 5~10 个内外部成员组成，内部成员是指正在被重组的业务中工作过的人员，外部成员是指没有在此重组业务中工作过的人员。内部成员熟悉业务，外部成员不受习惯所束缚和影响，具有创新精神。因此，团队成员最好由这两类人共同组成。

（5）指导委员会成员

指导委员会可根据具体情况设立或不设立，设立时其成员可由非项目主任的企业高级管理人员组成，主要负责各 BPR 项目之间的问题协调事务。

2. BPR 实施的工作阶段业务

流程重组实际上是站在信息的高度对业务流程的再思考和重新设计，这是一个非常复杂的系统工程。为了有效地实施业务流程重组，Michael Hammer，Thomas H. Davenport 等学者把 BPR 实施的过程分成若干阶段，被称为“BPR 生命周期”。

（1）启动

企业实施 BPR 是一场深刻的变革，通常情况下都会遇到来自企业的各种阻力，如企业员工的抵制、经理等高级管理者的不配合等。为保证 BPR 的顺利进行，必须做好沟通工作，使企业的全体员工能充分理解重组的必要性，并达成共识。此阶段的主要相关活动包括：任命领导者并成立专门的重组委员会；获得高层经理人员对业务重组的支持；准备计划书：定义重组的范围，确定重组的目标、实施的方法和进度的安排；组建并培训重组团队的成员等。

（2）选择再设计的流程

一般而言，一个企业不会同时对其全部的主要业务流程进行再设计。因此，首先应识别出准备改变的主要业务并评估如果不进行改变将产生的后果，然后选择需要重组的业务流程。选择需要再设计的流程时，一般从以下三方面考虑：迫切性，即哪些流程遇到了最大的困难；重要性，即哪些流程对客户的影响最大；可行性，即哪些流程可成功地进行再设计。

（3）流程分析

流程分析就是对需要重新设计的流程进行分析，建立该流程的理想目标。一般而言，目标有如下几种：降低成本，提高质量，缩短处理的时间，增进客户的满意度和增强企业的竞争力。

（4）重新设计

重新设计业务流程是对现行制度及其背后的假设提出挑战。重新设计时先进行简化工作，减少不必要的工作环节，并将散乱无章的工作步骤整合成有条理、有效率的过程，最后是应用信息技术。此阶段的主要相关活动：利用创造性思维建立设计的方案；定义新的流程模型并用流程图描述这些流程；设计与新流程适应的组织机构模型；定义技术需求，选择能够支持新流程的平台等。

（5）评估

应用功能经济分析工具建立有关成本、效益等方面的评估标准，评估各可行方案，选择出最合适的方案。

（6）执行

在实施流程重组时，最好先有选择性地建立一个原型系统进行小范围的试验，通过试运行取得满意成果后，再进行大规模的推广。

BPR 的具体实施将涉及许多方面的内容。例如，与员工就新的方案进行有效沟通，制订并实施变更管理计划，制订阶段性实施计划并实施，制订新业务流程和系统的培训计划并对员工进行培训等。

5.5.3 业务流程重组与 MIS 的关系

1. 信息技术与业务流程重组

业务流程重组是一种管理思想、一种经营变革的理念。而信息技术是一种技术，BPR

可以独立于信息技术而存在，这种独立是相对的，在 BPR 由思想到现实的转变中，信息技术起到了良好的催化剂作用。从管理信息系统的角度来认识，BPR 主要是指利用信息技术，对组织内或组织之间的工作流和业务过程进行分析和再设计，并主要用于减少业务的成本、缩短完成时间和提高质量的一系列技术。

在管理信息系统的建设中，仅仅用计算机系统去模拟原手工管理的过程，并不能从根本上提高企业的竞争能力，重要的是重组业务流程。按现代化信息处理的特点，对现有的业务流程进行重新设计，已成为提高企业运行效率的重要途径。业务流程重组的本质就在于根据新技术条件下信息处理的特点，以事物发生的自然过程寻找解决问题的途径。

企业在实现信息化的过程中，首先要实施 BPR，然后利用信息技术促进 BPR 的实现。这样的企业信息化过程，实际上也是管理创新的过程。要处理好企业信息化和业务流程重组的关系，不能把两者等同起来。企业信息化需要先做好业务流程重组，而信息技术对新业务流程的重组是有极大促进作用的。

2. 基于流程重组的信息系统规划

BSP 法为 MIS 的规划提供了规范的步骤和方法，然而，BSP 法是在企业现有流程的基础上进行的，在定义业务流程的过程中没有面向流程的创新、重组和规范化设计。因此，这样规划的信息系统难以适应企业经营环境的变化及 MIS 的发展，是最终导致信息技术成为组织僵化的原因。而在系统规划阶段引进业务流程重组可以有效地解决这一问题。如图 5-9 所示，这种面向流程的信息系统规划模型结合了业务流程重组的思想，将系统规划分为五个阶段。

（1）系统战略规划

首先要定义企业的战略目标，认清企业的发展方向，然后进行业务流程调查，确定实施企业战略的成功因素，在此基础上定义业务流程远景和 MIS 战略规划，以保证业务流程重组、MIS 目标与企业的目标保持一致。这里的流程远景是指对未来流程应该如何运行及运行程度的具体描述。

（2）系统流程规划

此阶段是面向流程的信息系统规划的重点，其主要任务是选择核心业务流程并进行分析，对依然可行的直接画出业务流程图，对需要改进的进行业务流程重构后再画出它的业务流程图，最终形成流程规划方案。

（3）系统数据规划

在这一阶段的任务是对上一步得到的主要业务流程所产生和使用的数据进行识别和分类。首先是定义数据类，然后进行数据的规划，按时间长短、数据是否可共享及数据的用途进行分类。

（4）系统功能规划

通过使用 U/C 矩阵建立数据类过程的关系矩阵，并通过此矩阵识别 MIS 的子系统及系统的功能模块。

（5）系统资源分配

根据应用项目的优先顺序及资源分配评价的标准将企业的有限资源进行合理的分配。

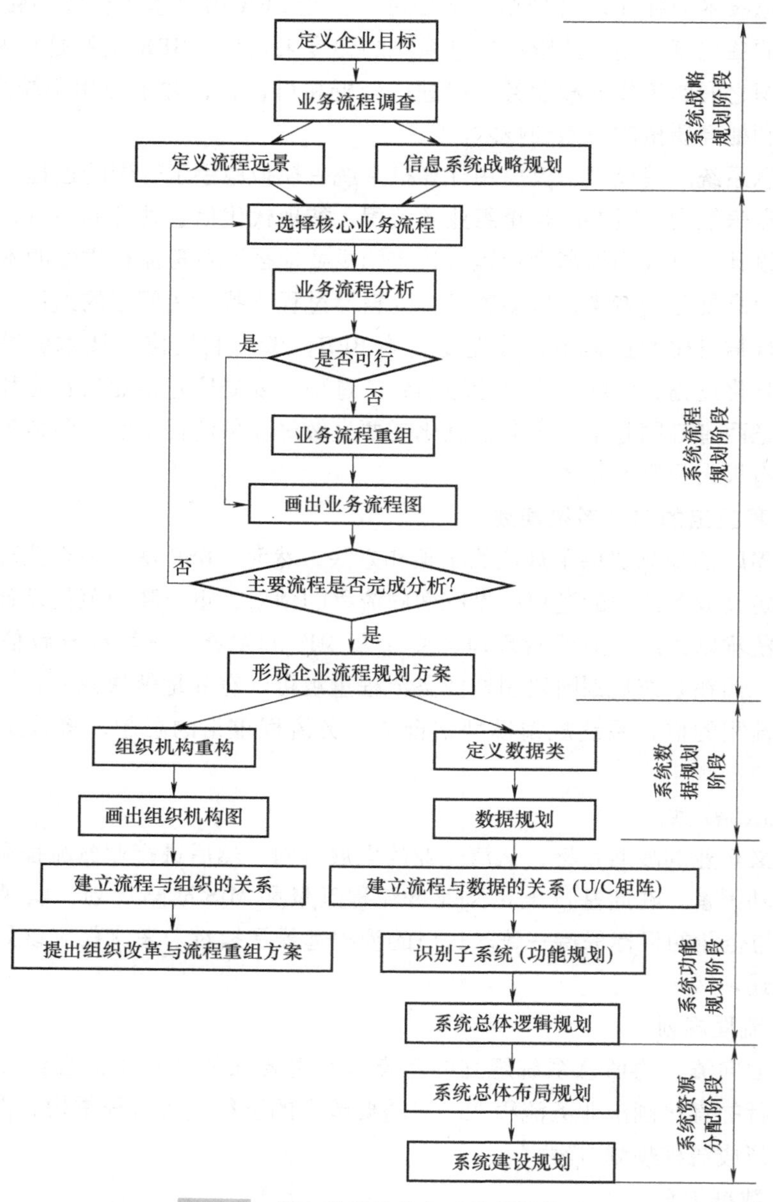

图 5-9　面向流程的信息系统规划模型

3. 流程重组的原则

流程重组的主要目的在于简化和优化企业的业务，企业在利用 IT 技术进行业务流程重组的过程中应遵循如下原则：

1）横向集成。按照流程并跨部门地压缩企业业务。

2）纵向集成。减少企业的管理层次。

3）减少检查、校对和控制。将事后检查、校对变为事前管理。

4）单点对待顾客。简化业务，用入口信息代替中间信息。

5）单库提供信息。为实现企业的信息共享，应建立统一的中心数据库。

6）一条路径到达输出。多路径不利于业务流程的简化和优化。

7）并行工程。当串行不能再压缩时，可考虑将其变为并行。

8）灵活选择过程连接。

5.5.4 应用示例——工程管理信息系统可行性研究报告的一般内容

以下介绍工程管理信息系统可行性研究报告的一般内容。

1. 引言

（1）编写目的

说明编写本可行性研究报告的目的。

（2）背景

主要说明：

1）所建议开发的工程管理信息系统的名称。

2）本系统的任务提出者、开发者、用户及实现该系统的计算中心或计算机网络。

3）该系统同其他系统或其他机构的基本相互来往关系。

（3）定义

列出本报告中用到的专门术语的定义和外文首字母组词的原词组。

（4）参考资料

列出有用的参考资料，如：

1）本工程的经核准的计划任务书或合同、上级机关的批文。

2）属于本系统的其他已公布的文件和报告。

3）本报告中各处引用的文件、资料，包括所需用到的系统开发标准。

列出这些文件资料的标题、文件编号、发表日期和出版单位，说明能够得到这些文件资料的来源。

2. 可行性研究的前提

说明对所建议的系统开发进行可行性研究的前提，如要求、目标、条件、假定和限制等。

（1）要求

说明对所建议开发的工程管理信息系统的基本要求，如：

1）功能。

2）性能。

3）输出。如报告、文件或数据，对每项输出要说明其特征，如用途、产生频度、接口及分发对象。

4）输入。说明系统的输入，包括数据的来源、类型、数量、数据的组织，以及提供的频度。

5）处理流程和数据流程。用图表的方式表示出最基本的数据流程和处理流程，并加以叙述。

6）在安全与保密方面的要求。

7）同本系统相连接的其他系统。

8）完成期限。

（2）目标

说明所建议系统的主要开发目标，如：

1）人力与设备费用的减少。

2）处理速度的提高。

3）控制精度或生产能力的提高。

4）管理信息服务的改进。

5）自动决策系统的改进。

6）人员利用率的改进。

（3）条件、假定和限制

说明对这项开发中给出的条件、假定和所受到的限制，如：

1）所建议系统的运行寿命的最小值。

2）进行系统方案选择比较的时间。

3）经费、投资方面的来源和限制。

4）法律和政策方面的限制。

5）硬件、软件、运行环境和开发环境方面的条件和限制。

6）可利用的信息和资源。

7）系统投入使用的最晚时间。

（4）进行可行性研究的方法

说明这项可行性研究将是如何进行的，所建议的系统将是如何评价的。摘要说明所使用的基本方法和策略，如调查、加权、确定模型、建立基准点或仿真等。

（5）评价尺度

说明对系统进行评价时所使用的主要尺度，如费用的多少、各项功能的优先次序、开发时间的长短及使用中的难易程度。

3. 对现有系统的分析

这里的现有系统是指当前实际使用的系统，这个系统可能是计算机系统，也可能是一个机械系统，甚至是一个人工系统。分析现有系统的目的是进一步阐明建议中的开发新系统或修改现有系统的必要性。

（1）处理流程和数据流程

说明现有系统的基本处理流程和数据流程。此流程可用图表即流程图的形式表示，并加以叙述。

（2）工作负荷

列出现有系统所承担的工作及工作量。

（3）费用开支

列出由于运行现有系统所引起的费用开支，如人力、设备、空间、支持性服务、材料等项开支及开支总额。

(4) 人员

列出为了现有系统的运行和维护所需要的人员的专业技术类别和数量。

(5) 设备

列出现有系统所使用的各种设备。

(6) 局限性

列出本系统主要的局限性，例如，处理时间赶不上需要，响应不及时，数据存储能力不足，处理功能不够等。并且要说明为何对现有系统的改进性维护已经不能解决问题。

4. 所建议的系统

用于说明所建议系统的目标和要求将如何被满足。

(1) 对所建议系统的说明

概括地说明所建议系统，并说明在标题“2. 可行性研究的前提”中列出的要求将如何得到满足，说明所使用的基本方法及理论根据。

(2) 处理流程和数据流程

给出所建议系统的处理流程和数据流程。

(3) 改进之处

按标题“2. 可行性研究的前提”中列出的目标，逐项说明所建议系统相对于现存系统具有的改进。

(4) 影响

说明在建立所建议系统时，预期将带来的影响，包括：

1) 对设备的影响。说明新提出的设备要求及对现存系统中尚可使用的设备须做出的修改。

2) 对软件的影响。说明为了使现存的应用软件和支持软件能够同所建议系统相适应，而需要对这些软件所进行的修改和补充。

3) 对用户企业机构的影响。说明为了建立和运行所建议系统，对用户企业机构、人员的数量和技术水平等方面的全部要求。

4) 对系统运行过程的影响。说明所建议系统对运行过程的影响，如：

① 用户的操作规程。

② 运行中心的操作规程。

③ 运行中心与用户之间的关系。

④ 源数据的处理。

⑤ 数据进入系统的过程。

⑥ 对数据保存的要求，对数据存储、恢复的处理。

⑦ 输出报告的处理过程、存储媒体和调度方法。

⑧ 系统失效的后果及恢复的处理办法。

5) 对开发的影响。说明对开发的影响，如：

① 为了支持所建议系统的开发，用户需进行的工作。

② 为了建立一个数据库所要求的数据资源。

③ 为了开发和测验所建议系统而需要的计算机资源。

④ 所涉及的保密与安全问题。

⑤ 对地点和设施的影响。说明对建筑物改造的要求及对环境设施的要求。

⑥ 对经费开支的影响。扼要说明为了所建议系统的开发、设计和维持运行而需要的各项经费开支。

(5) 局限性

说明所建议系统尚存在的局限性，以及这些问题未能消除的原因。

(6) 技术条件方面的可行性

说明技术条件方面的可行性，如：

1) 在当前的限制条件下，该系统的功能目标能否达到。

2) 利用现有的技术，该系统的功能能否实现。

3) 对开发人员的数量和质量的要求并说明这些要求能否被满足。

4) 在规定的期限内，本系统的开发能否完成。

5. 可选择的其他系统方案

扼要说明曾考虑过的每一种可选择的系统方案，包括需开发的和可从国内国外直接购买的，如果没有供选择的系统方案可考虑，则说明以下第（1）点即可。

(1) 可选择的系统方案 1

参照标题“4. 所建议的系统”中的提纲，说明可选择的系统方案 1，并说明它未被选中的理由。

(2) 可选择的系统方案 2

按类似标题“5. 可选择的其他系统方案”中第（1）条的方式说明第 2 个乃至第 n 个可选择的系统方案。

6. 投资及效益分析

(1) 支出

对于所选择的方案，说明所需的费用。如果已有一个现存系统，则包括该系统继续运行期间的基本建设投资、其他一次性支出和非一次性支出。

1) 基本建设投资。包括采购、开发和安装下列各项所需的费用：房屋和设施，数据通信设备，环境保护设备，安全与保密设备，操作系统的和应用的软件，数据库管理软件。

2) 其他一次性支出。包括下列各项所需的费用：

① 研究（需求的研究和设计的研究）。

② 开发计划与测量基准的研究。

③ 数据库的建立。

④ 软件的转换。

⑤ 检查费用和技术管理性费用。

⑥ 培训费、差旅费及开发安装人员所需要的一次性支出等。

3）非一次性支出。列出在该系统生命期内按月或按季或按年支出的用于运行和维护的费用，包括：

① 设备的租金和维护费用。

② 软件的租金和维护费用。

③ 数据通信方面的租金和维护费用。

④ 人员的工资、奖金。

⑤ 房屋、空间的使用开支。

⑥ 公用设施方面的开支。

⑦ 保密安全方面的开支。

⑧ 其他经常性的支出等。

（2）收益

对于所选择的方案，说明能够带来的收益，这里所说的收益，表现为开支费用的减少或避免，差错的减少，灵活性的增加，动作速度的提高和管理计划方面的改进等，包括：

1）一次性收益。说明能够用人民币数目表示的一次性收益，可按数据处理、用户、管理和支持等项分类叙述，如：

① 开支的缩减，包括改进的系统的运行所引起的开支缩减，如资源要求的减少，运行效率的改进，数据进入、存储和恢复技术的改进，系统性能的可监控，软件的转换和优化，数据压缩技术的采用，处理的集中化/分布化等。

② 价值的增升，包括由于一个应用系统的使用价值的增升所引起的收益，如资源利用的改进，管理和运行效率的改进，以及出错率的减少等。

③ 其他，如从多余设备出售回收的收入等。

2）非一次性收益。说明在整个系统生命期内由于运行所建议系统而导致的按月的、按年的能用人民币数目表示的收益，包括开支的减少和避免。

3）不可定量的收益。逐项列出无法直接用人民币表示的收益，如服务的改进，由操作失误引起的风险的减少，信息掌握情况的改进，组织机构给外界形象的改善等。有些不可定量的收益只能大概估计或进行极值估计（分别按最好和最差情况估计）。

（3）收益/投资比

求出整个系统生命期的收益/投资比值。

（4）投资回收周期

求出收益的累计数开始超过支出的累计数的时间。

（5）敏感性分析

所谓敏感性分析，是指一些关键性因素，如系统生命期长度、系统的工作负荷量、工作负荷的类型以及与不同类型之间的合理搭配、处理速度要求、设备和软件的配置等变化时，对开支和收益的影响最灵敏的范围的估计。在敏感性分析的基础上做出的选择当然会比单一选择的结果要好一些。

7. 社会因素方面的可行性

用于说明对社会因素方面的可行性分析的结果，包括以下两方面：

（1）法律方面的可行性

法律方面的可行性问题很多，如合同责任、侵犯专利权、侵犯版权等方面的陷阱，这些问题通常是软件人员不熟悉的，有可能陷入法律纠纷，务必要注意研究。

（2）使用方面的可行性

例如，从用户企业的行政管理、工作制度等方面来看，是否能够使用该工程管理信息信息系统；从用户的素质来看，是否能满足使用该工程管理信息信息系统的要求等。

8. 结论

在进行可行性研究报告的编制时，必须有一个研究的结论。结论可以是以下不同情况：

1）可以立即开始进行。

2）需要推迟到某些条件（如资金、人力、设备等）落实之后才能开始进行。

3）需要对开发目标进行某些修改之后才能开始进行。

4）不能进行或不必进行（如因技术不成熟、经济上不合算等）。

结论应明确指出是否可以立即开发及是否改进原系统等条件具备后再进行开发。系统的可行性研究报告必须经过评审，主管领导同意后，才可以进入详细调查、需求分析阶段。

本章小结

系统规划是企业信息系统的长远发展规划，是决策者、管理者和开发者共同制订和共同遵守的建立信息系统的纲领，是企业战略规划的重要组成部分。没有进行系统规划，整个信息系统的开发将会目标不清楚、任务不明确，并造成开发资源的极大浪费，从而将导致管理信息系统开发的失败。

本章首先介绍了系统规划的内容和制定系统规划的步骤，然后介绍了信息系统发展的诺兰模型，指出诺兰模型的指导作用。系统可行性分析是系统规划阶段中的一个非常重要的内容，本章介绍了可行性分析的具体内容和可行性分析报告的编写。

目前有多种方法可用于工程管理信息的系统规划。本章介绍了企业系统规划（BSP）法、关键成功因素（CSF）法和战略目标集转化（SST）法三种常用方法，其中，CSF 法是一种帮助企业的最高领导确定其信息需求的高度有效的方法，此方法是通过分析找出使企业成功的关键因素，然后根据这些关键因素来确定系统的需求并进行规划。SST 法是把企业的总战略、信息系统战略分别看成“信息集合”，系统规划的过程则是由组织战略目标集转换成管理信息系统战略目标集的过程。美国 IBM 公司的 BSP 法是为规划内部信息系统而提出的一种总体规划的模式，它通过全面调查，分析企业信息需求，制定信息系统的总体方案，并划分子系统和确定各子系统实施的先后顺序。

业务流程重组（BPR）是 20 世纪 90 年代管理学界的一个重大成就，是指对企业的业务流程进行根本性的思考和彻底的重新设计。本章阐述了业务流程重组的有关概念，并讨论了它与 MIS 之间的关系，以及流程重组的原则。

复习思考题

1. 请简述工程管理信息系统规划的主要内容。
2. 工程管理信息系统规划的步骤包括哪些？请绘图并简要说明。
3. 请简述诺兰模型。
4. 系统可行性分析的内容主要有哪五大方面？
5. 什么是关键成功因素法？
6. 简述 CSF 法的实施步骤。
7. 请简述战略目标集转化法的步骤。
8. 请用逻辑框图和文字简述 BSP 法的工作步骤。

第6章 工程管理信息系统分析

【学习目标】

1. 了解工程管理信息系统分析的流程。掌握工程管理信息系统从研究调查到业务流程、数据流程再到模型构建，从而生成信息系统分析报告的全过程。

2. 掌握工程管理信息系统分析中应用的各类符号，实现独立构建新的系统逻辑模型。

3. 结合工程管理信息系统分析实例，整合学习工程管理信息系统分析相关知识。

6.1 系统分析概述

系统分析的结果是系统设计和系统实施的基础，系统分析阶段的工作质量决定其后的系统设计和系统实施能否顺利进行，关系到管理信息系统开发工作的成败。因此，系统分析是整个管理信息系统开发工作的一个重要阶段。

6.1.1 系统分析的任务

系统分析阶段的任务是设计出系统的逻辑模型，即根据工程管理的具体情况，规定出所设想的工程管理信息系统应该做些什么，系统应该具有怎样的功能。系统分析阶段，只要求用户提出要求，在用户提出要求时，系统分析者假想所有的要求都能实现，即从抽象处理的角度设计工程管理信息系统，而不必考虑系统中的具体功能将采用什么技术手段来完成，也不考虑这些任务是用什么具体的处理方式来完成。但系统分析需要了解现行系统的现状和存在的问题，并提出系统的设计建议。

因此，系统分析阶段的主要工作是对现行系统进行全面详细的调查，分析系统的现状和存在的问题，真正弄清楚所开发的新系统必须要“做什么”，提出新的管理信息系统的逻辑模型，为下一阶段的系统设计工作提供依据。

1. 系统分析的具体内容

（1）确定系统目标

充分了解、调查、分析管理信息系统建立的目的，所要解决问题的范围、性质及相关因素。

（2）了解信息的需求

在已确定信息系统目标的前提下，分析项目各管理部门、各阶段信息的需求，以便提供决策和工作的需要。

（3）了解各项工作的功能需求

了解各管理部门、各阶段、各项工作对管理信息系统的要求，系统应具备的功能，就是为达到系统总体目标要求各子系统能实现的功能。

（4）了解系统的各项限制条件

在系统开发之前必须对内部、外部的限制条件，如人力、设备及技术条件等调查清楚并加以分析研究，以求最妥善地解决。

（5）系统方案分析

在调查现状、系统环境和限制条件的基础上，对提出建立的系统可行法案进行评价，选取最优方案。

2. 系统分析所应用的技术手段

在进行系统分析时可以采取画数据流图、编写数据字典、划分子系统及系统规格说明等技术手段来完成。

（1）数据流图

数据流图是形象地显示系统内数据的流向及使用情况的图形，是系统分析的主要工具，它不仅表达了数据在系统内部的逻辑流向，还表达了系统的逻辑功能和数据的逻辑变换关系。

（2）数据字典

数据字典是对系统数据流图上所有数据流、数据存储和处理过程加以说明，并将它们按特定格式记录下来，以便随时查阅修改。数据字典是数据流图的补充说明。

（3）子系统划分

一个工程管理信息系统包括很多工作内容，在系统设计时要将其划分为子系统，以便进行开发。子系统划分的原则如下：

1）子系统对其他子系统的数据依赖应尽可能小。

2）子系统包含的各个过程的内在联系应尽可能强。

3）子系统的划分在总体设计时可以实现。

（4）系统规格说明

系统分析师在系统分析阶段的成果是系统规格说明。在系统规格说明中，除了包括拟建系统的逻辑模型及有关图表，还要进一步用文字加以说明，系统规格说明主要包括：现行管理概况，拟建管理信息系统的原则，拟建系统的目标，信息量调查及分析，数据流图的进一步说明，输入、输出的要求，数据存储的要求，子系统与其他子系统的关系，系统的总体结构方案，计算机硬件配置，系统实施步骤。

6.1.2　系统分析的原则

1. 实用性和先进性原则

本系统分析要注意思维的合理性、技术的可行性、方法的正确性，以适应当前及今后相当长一段时间工程项目管理工作的需要。

2. 开放化和标准化原则

全面信息化建设标准或国际上通常采用的事实标准，使系统具有良好的兼容性，为以后系统的升级和与其他信息系统的数据兼容留下较大的余地。

3. 模块化原则

工程管理信息系统采用模块化设计，按照不同的业务功能划分各个功能模块。在设计中尽量减少模块之间数据的传递，以减少相关性，每个功能模块完成各自要求的任务，单个模块的改动不会影响到其他模块，方便程序的设计开发并且为以后的系统维护提供便利。

4. 易管理性、安全性原则

系统设计时要充分考虑易管理性原则，强调技术与业务紧密结合，注重可管理性，最大限度地满足实际工作中的需要。系统应该具有对前端用户进行身份验证与授权管理的功能，防止非法用户进入系统及非法使用数据库，造成数据的泄露、更改和破坏，并且具有良好的稳定性，保证运行安全可靠，易操作、易维护。

6.1.3 系统分析的工作步骤

1. 宏观步骤

（1）调查建立管理信息系统的可行性

对工程项目管理的现状进行调查，弄清有哪些部门，哪一阶段的文件、材料可以建立管理信息系统，以及建立的目的和要求；调查研究建立管理信息系统所需要的各种资源、资金、技术文件和时间等。论证建立管理信息系统在经济上的合理性、在技术上的可能性及今后长远发展的要求。确定开发方案，要考虑究竟是分期、分批、分阶段开发，还是一次开发，或者只开发系统的某一部分。

（2）对现行系统进行分析

在已确定建立管理信息系统方案的前提下，调查和建立系统的信息量和信息流。信息量是信息的名称、种类、数量等，信息流是信息源、流动方向、传递渠道等。调查项目管理各部门在施工各个阶段数据处理的内容、需要保存的文件、输出和传递数据的格式，分析各用户的要求。最后确定哪些内容应纳入管理信息系统由计算机处理，哪些内容由人工处理完成。对于处理过程应详细绘制各项目管理部门、各阶段的管理信息系统的数据流程图，作为系统设计的依据。

（3）确定计算机的技术要求

初步提出对未来系统用于计算的硬件、软件的规模要求，通过技术经济效果评价，对提出的若干方案进行优选。优选条件：一是对管理信息系统投入的费用和效益的分析；二是该系统能提供给将来数据量的扩充余地。

2. 基本步骤

1）现行系统的详细调查及需求分析。

2）组织结构与业务流程分析。

3）系统数据流程分析。

4）建立新系统的逻辑模型。

5）提出系统分析报告。

6.1.4　结构化系统分析的工具

1. 数据库技术

数据库是依照某种数据模型组织起来并存放二级存储器中的数据集合。这种数据集合具有如下特点：尽可能不重复；以最优方式为某个特定组织的多种应用服务；其数据结构独立于使用它的应用程序；对数据的增、删、改和检索由统一软件进行管理和控制。从发展的历史看，数据库是数据管理的高级阶段，它是由文件管理系统发展起来的。

数据库是一个单位或者一个应用领域的通用数据处理系统，它存储的是属于企业和事业部门、团体和个人的有关数据的集合。数据库中的数据是从全局观点出发建立的，它按一定的数据模型进行组织、描述和存储。其结构基于数据间的自然联系，从而可提供一切必要的存取路径，且数据不再针对某一应用，而是面向全组织，具有整体的结构化特征。

2. 数据挖掘技术

数据挖掘是从大量数据中“提取”或“挖掘”知识。从广义上来说，数据挖掘是从存放在数据库、数据仓库或其他信息库中的大量数据中挖掘有趣知识的过程。数据挖掘功能用于指定数据挖掘任务中要找的模式类型。数据挖掘任务一般可以分为两类：描述和预测。描述性挖掘任务刻画数据库中数据的一般特性；预测性挖掘任务是在当前数据上进行推断，并加以预测。

数据、信息也是知识的表现形式，但是人们更把概念、规则、模式、规律和约束等看作知识。人们把数据看作形成知识的源泉，好像从矿石中采矿或淘金一样。原始数据可以是结构化的，如关系数据库中的数据；也可以是半结构化的，如文本、图形和图像数据；甚至是分布在网络上的异构型数据。发现知识的方法可以是数学的，也可以是非数学的；可以是演绎的，也可以是归纳的。发现的知识可以被用于信息管理、查询优化、决策支持和过程控制等，也可以用于数据自身的维护。

3. 数据库工具选择

数据库开发工具有很多种，总体来说可以分为四类，即 Oracle、SQL Server、DB2 和 Sybase ASE。本文的设计采用 SQL Server 数据库。该数据库的特点是可以有效支持几乎所有的工业设计标准，能够在很多主流的系统平台上运行。

如果操作系统不能够满足系统设计的需要，开发和使用用户可以将数据库进行移植，例如，可以移植到 UNIX 操作系统中运行，也就是说 SQL Server 数据库可以全力支持开发人员，能够使客户具有充分的空间来选择合适的设计方案和解决办法，并且 SQL Server 数据库能够有效提高系统设计的高伸缩性与可用性。

4. 描述处理逻辑的工具

数据流程图中比较复杂的处理逻辑，用文字描述就存在着不足之处，有必要运用一些描述处理逻辑的工具来进行更为详细、易懂的说明。常用的描述处理逻辑的工具有判断树、判断表和结构化语言等方法。

（1）判断树

判断树采用树型结构来表示处理逻辑。从图形上可以一目了然地看清用户的业务在什么条件下采取什么样的处理方式，一枝树枝代表一组条件的组合和相对应的一种处理方式。

（2）判断表

在条件较多、相应的决策比较多的情况下，考虑用判断表。判断表用二维表格直观地表达具体条件、决策规则和应当采取的行动策略之间的逻辑关系。

（3）结构化语言

结构化描述语言采用很简洁的词汇来表述处理逻辑，没有严格的语法，可以用英语表达，也可以用汉语表达。结构化描述语言采用三种基本逻辑结构来描述处理逻辑：顺序结构、循环结构和选择结构。

1）顺序结构是按出现的先后顺序执行的一种结构。顺序结构是由一条条的祈使句构成的，每一条祈使句至少要有一个动词，表明要执行的动作，还至少应有一个名词作为宾语，表示动作的对象。

2）循环结构是指在某种情况下，反复执行某一相同处理功能的一种结构。

3）选择结构常常用来描述要按不同的条件状况分别执行不同的处理功能。

几种表达工具的比较：结构化语言最适用于涉及具有判断或循环动作组合顺序的问题；判断表较适用于含有5~6个条件的复杂组合，条件组合过于庞大则将造成不便；判断树适用于行动在10~15之间的一般复杂程度的决策，必要时可将判断表上的规则转换成判断树表现，以便于用户使用；判断表和判断树也可用于系统开发的其他阶段，并被广泛地应用于其他学科。

6.2 信息系统的详细调查及需求分析

6.2.1 详细调查

1. 详细调查的原则

（1）真实性

详细调查的内容务必反映真实的系统情况，以配合后续工作。

（2）全面性

全面调查系统界限和运行状态、组织机构和人员分工、业务流程、各种计划、单据和报表、资源情况、约束条件、薄弱环节和用户要求。

（3）规范性

务必按照规范标准进行调查分析过程。

（4）启发性

调查内容要有一定的延伸作用。

2. 详细调查的内容

详细调查的目的是评价拟建的工程项目招标投标管理信息系统方案，它不是一个设计研究，也不是详细地对整个业务系统管理细节的收集，它主要是收集评价方案优缺点所需要的信息，以便进行可行性分析。详细调查的内容包括：①系统界限和运行状态；②组织机构和人员分工；③业务流程；④各种计划、单据和报表；⑤资源情况；⑥约束条件；⑦薄弱环节和用户要求。

3. 详细调查的方法及应注意的问题

（1）详细调查的方法

现行系统的调查分析是一项复杂而艰巨的工作，在很多情况下，企业用户只能给系统开发人员简单提供自己的工作内容，通常不能将自己的业务用局外人能够充分了解的方式表达出来，并且很难提出对管理信息系统的要求和希望实现的功能。因此，系统开发要求提出以后的大量工作是系统开发人员对用户进行询问和诱导，以便从中了解用户需求，而不能仅仅依靠用户描述来展开。为了能完整地收集到准确反映现行系统运行状况的信息，使该阶段的任务能顺利完成，系统分析人员必须借助于一定的调查方法和手段，从具体到抽象，经过综合、分析、再综合的多次反复才能达到全面掌握现行系统运转情况的目的。常用的系统调查方法有：①重点询问方式；②问卷调查方式；③深入实际的调查方式；④面谈；⑤阅读；⑥观察和参加企业业务实践。

（2）详细调查中应注意的问题

调查前做好计划和用户培训，调查中避免先入为主，调查与分析整理相结合，使用规范的、简单易懂的图表工具。系统分析人员应当具有虚心、热心、耐心和细心的态度，力求真实准确，以便在短期内对现行信息系统有全面详细的了解。

6.2.2　需求分析

1. 需求分析过程

需求分析阶段是开发管理信息系统项目不可忽视的一个环节，需求分析的结果直接影响系统的后期开发。需求分析可分为以下三个过程：

（1）可行性评估

可行性评估可以从系统开发的计划出发，论述系统开发力量的可行性。首先，根据项目所期望达到的目标，考察组织的技术基础、管理基础及管理数据的完备性，看组织是否具备开发管理信息系统所需投入的各种资源，如人才、知识储备、时间范围、资金等；其次，分析项目开发成果能否被用户方接受，能否促使工作流程的合理化，提高工作效率，降低组织管理运行成本；最后，要对管理信息系统项目开发的经济可行性及系统运行之后给组织带来的效益进行分析。

（2）需求评估

对工程管理信息系统开发的整体需求和期望做出分析和评估，详细考虑需求的实现方式，确定系统的各个功能模块及模块间的关系，对系统的信息标准进行统一确定，并据此明确管理信息系统项目成果的期望和目标。

（3）项目总体安排

对管理信息系统开发的时间、进度、人员、费用等做出总体安排，制订项目的总体计划。

2. 数据库需求分析

数据库的需求分析是用户希望系统在设计约束条件和功能等方面的要求和希望。数据库需求分析的结果与用户的实际要求是否相符，会影响到后面各阶段的设计。

工程项目管理信息系统需求分析主要内容包括输入信息业务需求和查询信息业务需求。

（1）输入信息业务需求

输入信息业务需求包括：项目立项信息输入、招标信息输入、计划信息输入、合同信息输入、资金信息输入、各类过程信息输入及文档上传。

（2）查询信息业务需求

查询信息业务需求包括：基本信息、审批信息、招标信息、年度计划管理、进度计划管理、合同管理、资金支付、投资统计、过程管理、变更管理、文档管理。

1）基本信息，包括项目名称、类型、性质、总投资、计划开工、计划完工、项目单位、项目负责人、联系方式、建设地点、主要建设内容、设计单位、主要施工单位等信息。

2）审批信息，包括项目建议书、可行性研究报告、初步设计、初步设计调整的批复时间、批复文号、批复投资及费用组成（建筑费、安装费、设备费、材料费、其他费、预备费）等信息。

3）招标信息，包括勘察设计、施工、监理等招标具体信息，如招标方式、开标时间、开标地点、投标单位、投标金额、中标时间、中标单位、中标金额等。

4）年度计划管理，主要是每个项目在开工建设开始，各个年度的投资计划完成情况。

5）进度计划管理，主要包括各个项目从项目建议书、可行性研究报告、初步设计、主要工艺设备采购、施工招标、开工、实物交接、交工验收、竣工验收等计划节点与实际节点的信息。

6）合同管理，包括合同名称、合同编号、合同报批信息、合同金额、合同单位、合同结算信息、合同执行信息等。

7）资金支付，主要包括各个合同各月的资金预算支付情况。

8）投资统计，主要包括各个项目各月的建筑安装、设备及其他投资完成情况的统计信息。

9）过程管理，主要包括各类合同执行过程奖罚情况，以及质量、进度、安全检查和评比工作的各类奖罚情况的汇总。

10）变更管理，主要是指设计变更信息，包括变更内容、涉及变更金额、审批单位、审批人、审批时间等信息。

11）文档管理，主要包括各类奖罚书面文件扫描版、会议纪要、批复文件等的汇总、查询信息。

6.3 信息系统业务流程分析

6.3.1 业务流程图

业务流程图是在业务功能的基础上，利用系统调查的资料将业务处理过程用一些图形来表示。绘制业务流程图是系统分析的重要步骤，通过绘制业务流程图可以了解该业务的具体处理过程，发现和处理系统调查工作中的错误和疏漏，修改和删除原系统的不合理部分，优化现有业务处理流程。业务流程图是业务流程的描述工具，是用规定的符号及连线来表示某个具体业务处理过程。

1. 业务流程图的符号

绘制业务流程图常用的一些符号，如图 6-1 所示。

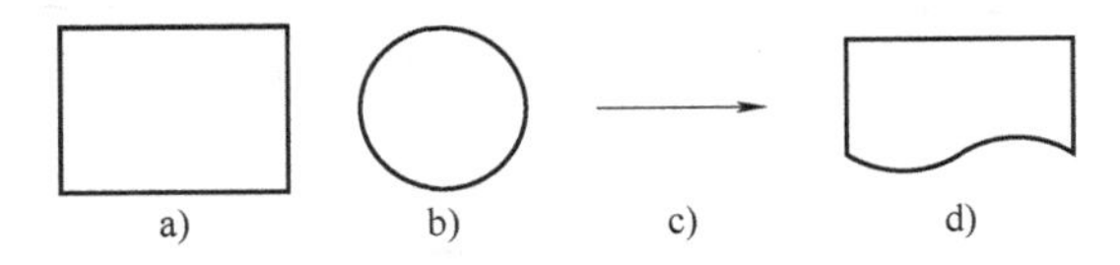

图 6-1　业务流程图的符号

a）外部单位　b）业务处理单位　c）信息传递　d）表单

2. 业务流程图的绘制步骤

首先确定画图对象；然后深入现场调查，了解业务处理过程；其次依据图例，绘制草图；之后与工作人员讨论，修改草图；最后绘制正式业务流程图。业务流程图的绘制步骤如图 6-2 所示。

6.3.2　业务流程分析的主要内容及注意事项

业务流程进行分析的目的是发现现行系统中存在的问题和不合理的流程，优化业务处理过程，以便在新系统建设中予以克服或改进。业务流程分析还要充分考虑信息系统的建设为业务流程的优化带来的可能性，产生更为合理的业务流程。

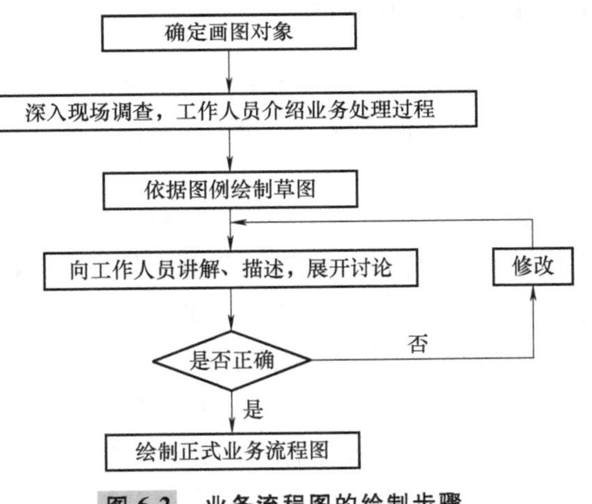

图 6-2　业务流程图的绘制步骤

1. 业务流程分析的主要内容

1）对现行流程进行分析，原有的业务流程是否存在不合理的过程。

2）对现行业务流程按计算机信息处理的要求进行优化。

3）画出新系统的业务流程图。

工程管理信息系统业务流程通过事前计划、事中控制和事后管理三个阶段完成了对工程施工状态信息的监控和调整。图 6-3 给出了某工程项目的工程管理信息系统功能流程。

2. 业务流程分析的注意事项

在绘制业务流程图的过程中，要注意收集、处理企业现有的文件和报表，主要包括：企业的规章制度、工作流程、计量标准、操作规程、记录表格和统计报表，以及非正式的临时表格等。需要注意的问题如下：

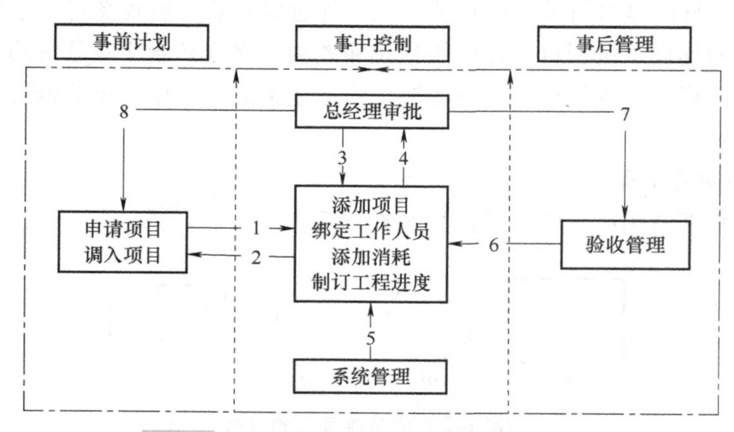

图 6-3　某项目工程管理信息系统功能流程

1）表格中的数据由谁负责填写和修改。

2）报表备份数量，应发至哪些部门的哪些人员。

3）阅读表格的人员要从中了解哪些情况。

4）报表一般需要保存多长时间等。

6.4 信息系统数据流程分析

6.4.1 数据流程图

数据流程图（Data Flow Diagram，DFD）是一种能全面地描述系统数据流程的工具，它用一组符号来描述整个系统中信息的全貌，综合地反映出信息在系统中的流动、处理和存储情况。

数据流程图有两个特征：抽象性和概括性。抽象性是指数据流程图把具体的组织机构、工作场所、物质流都删除，只剩下信息和数据的存储、流动、使用及加工情况。概括性则是指数据流程图把系统对各种业务的处理过程联系起来考虑，形成一个总体。

1. 数据流程图的基本符号

1）外部实体。本系统或子系统之外的人和单位，都被列为外部实体。

2）数据流。数据流由一组确定的数据组成。

3）处理逻辑。处理逻辑表示对数据的加工处理，它把流入的数据流转换为流出的数据流。

4）数据存储。数据存储是数据的仓库，表示系统产生的数据存放的地方。

图 6-4 给出了数据流程图的基本符号的举例。

2. 绘制数据流程图的基本步骤

1）识别系统的输入和输出，画出顶层图。

2）画系统内部的数据流、加工与文件，画出一级细化图。

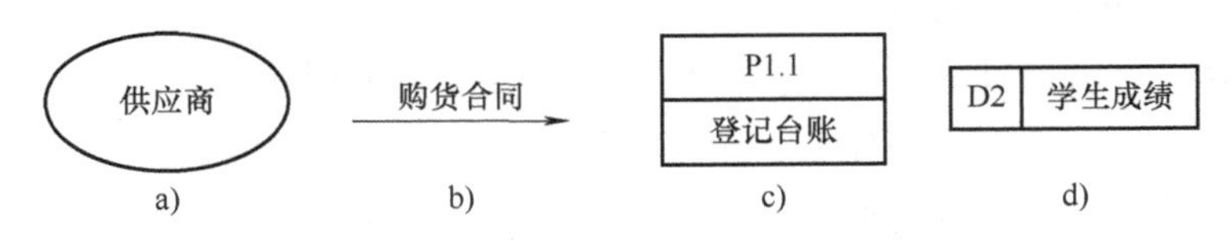

图 6-4　数据流程图的基本符号

a）外部实体　b）数据流　c）处理逻辑　d）数据存储

3）加工的进一步分解，画出二级细化图。

4）其他注意事项。

3. 画分层数据流程图时应注意的问题

（1）合理编号

数据流程图加工编号规则：子图中的编号为父图号和子图加工的编号组成；子图的父图号就是父图中相应加工的编号。

（2）注意子图与父图的平衡

子图与父图的数据流必须平衡，平衡是指子图的输入、输出数据流必须与父图中对应加工的输入、输出数据流相同。

6.4.2　数据流程分析的一般步骤及主要任务

数据是信息的载体，是系统要处理的主要对象，是建立数据库系统和设计功能模块的基础。数据流程分析即把数据在现行系统内部的流动、存储与变换的情况抽象出来，考察实际业务的信息流动模式。

1. 数据流程分析的一般步骤

（1）数据收集

数据收集工作量很大，因而要求系统研制人员应耐心细致地深入实际，协同业务人员收集与系统有关的一切数据。数据收集的主要渠道有现行的组织机构，现行系统的业务流程，现行的决策方式，各种报表、报告、图示。

（2）数据分析

1）围绕系统目标进行分析。

2）弄清信息源周围的环境。

3）围绕现行的业务流程进行分析。

4）数据特征分析。

以进度计划为例，各项目部向公司总部报送详细的施工计划，经总公司审核同意后，作为施工进度计划的依据之一。各项目部按照施工计划，每周或每旬以工程形象周报或旬报的形式向公司总部报送工程实施情况；公司总部将各项目部的工程进度情况进行汇总，总体掌握本公司所有项目的实施进度，并对工程进度进行宏观调整，提出工程进度目标，然后将调整目标下达至各项目部；各项目部根据本项目具体情况将宏观调整计划下达给执行层，现场执行层根据新的计划对施工组织设计、施工图等做相应调整后进行施工。

2. 数据流程分析的主要任务

数据流程分析可以通过分层的数据流程图来实现。它采用图示化的形式说明在一个系统或系统的局部中，输入的数据是什么，输出的数据是什么，对数据进行怎样的转化和处理，清晰地表达信息系统中的数据处理过程。

数据流程图的绘制应遵循一条原则：由外向里，自顶向下逐层分解。一套数据流程图可以由顶层、中间层和底层数据流程图组成。顶层数据流程图只有一张，它抽象地描述系统的组成情况，中间数据流程图则是对某个数据处理的分解，它的多少根据具体情况而定，底层数据流程图则由一些功能最简单、不能再分解的数据处理组成。

6.5 新系统逻辑模型的构建

6.5.1 新系统逻辑模型的建立过程

建立逻辑模型是系统分析中重要的任务之一，它是系统分析阶段的重要成果，也是下一个阶段工作的主要依据。

1. 确定系统目标

对系统目标进行再次考查，并用系统建设的环境和条件的调查结果修正系统目标，使系统目标适应组织的管理需求和战略目标。

主要内容如下：

1）确定系统功能目标。

2）确定系统技术目标。

3）确定系统经济目标。

2. 确定新系统的业务流程

1）对企业的业务流程进行分析讨论，找出业务流程中仍不合理的过程。

2）对业务流程中不合理的过程进行优化，分析优化后将带来的益处。

3）确定新系统的业务流程。

3. 确定新系统的数据和数据流程

1）与用户讨论数据指标体系是否全面合理，数据精度是否满足要求等有关内容，确认最终的数据指标体系和数据字典。

2）对数据流程进行分析讨论，找出数据流程中仍不合理的过程。

3）对数据流程中不合理的过程进行优化，分析优化后将带来的益处。

4）确定新系统的数据流程。

4. 确定新系统的功能模型

确定新系统的功能模型就是对新系统进行子系统的划分，在确定新系统逻辑模型时，必须对其再次进行分析讨论，最后确定新系统总的功能模型。

5. 确定新系统数据资源分布

在系统功能分析和子系统划分之后，应该确定数据资源在新系统中的存放位置，即哪些数据资源存储在本系统的内部设备上，哪些存储在网络主机上。

6. 确定新系统中的管理模型

根据数据流程图对每个处理过程进行认真分析，研究每个管理过程的信息处理特点，找出相适应的管理模型。

7. 系统开发的过程模型分析

信息系统开发的过程模型揭示了系统开发的阶段性特征（或过程特征），反映了人们对问题的认识及解决问题的思维过程。目前，比较成熟的开发过程模型主要可划分为生命周期法和原型法两大类，两者的主要特点比较按表 6-1 确定。

表 6-1　生命周期法和原型法的主要特点比较

特点	生命周期法	原型法
主要优点	1. 开发立足全局 2. 开发阶段、开发次序划分明确 3. 系统结构易于标准化、结构化 4. 便于开发管理	1. 有利于降低开发费用 2. 有助于缩短开发周期 3. 便于用户的参与合作 4. 较好地满足用户要求
主要缺点	1. 不利于用户参与 2. 难以适应需求变化，维护困难 3. 系统对文档依赖性强，往往导致开发周期延长	1. 系统缺乏完整的概念 2. 易导致对需求分析的忽视 3. 开发文档难以统一，易导致维护困难

8. 系统开发方法分析

信息系统的开发方法反映了人们解决问题的行为方式，不同的开发方法从不同的角度对要解决的系统问题进行抽象分析。目前信息系统的开发方法主要有面向功能的开发方法、面向数据的开发方法和面向对象的开发方法三大类，其主要特征分析按表 6-2 确定。

表 6-2　系统开发方法的主要特征分析

特点	面向功能的开发方法	面向数据的开发方法	面向对象的开发方法
主要优点	1. 功能模型具有较好的功能结构适应性 2. 运行效率高 3. 易于系统结构化、标准化和开发管理 4. 便于程序设计语言的选用	1. 数据具有较强的可靠性和独立性 2. 数据可靠性高，冗余少 3. 能发挥数据库功能 4. 适合于原型法	1. 支持建立可重用、可维护、可共享的代码 2. 系统维护简易 3. 可降低软件开发的复杂度，提高开发效率 4. 较适合于原型法
主要缺点	1. 易产生数据冗余，维护困难，数据可靠性下降 2. 系统维护困难 3. 对问题变化适应性差	1. 系统维护较困难 2. 不易创建较复杂的功能，对功能要求高的系统会出现效率低的问题 3. 系统的结构功能易于恶化	1. 开发控制、管理困难 2. 易导致降低软件运行效率 3. 要求较高水平的开发和支持工具

9. 系统开发策略分析

工程管理信息系统开发的过程模型和开发方法的选择受系统的特征（包括系统本身特征和系统运行特征）、开发环境、开发人员和系统用户等因素的影响，这些因素影响程度的不同往往决定了系统开发策略的多样性，系统开发策略的影响因素如图6-5所示。工程管理信息系统开发策略的选择原则上要适应软件的性质要求、质量要求及开发环境的变化。

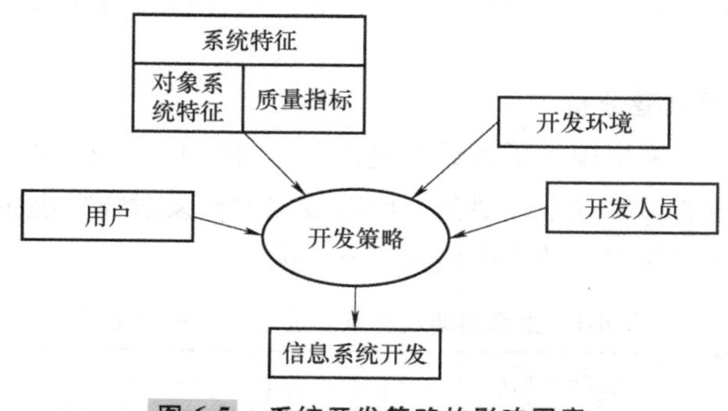

图6-5　系统开发策略的影响因素

6.5.2　面向对象的建设项目管理信息系统模型构建

要建立建设项目管理信息系统，首先要对现有的业务过程进行分析，建立有关领域模型。然后基于改进后的领域模型建立信息化系统。其中，领域模型反映领域中存在的主要实体及其相互关系，它的建立是系统开发和系统利用的基础。由于信息化系统往往覆盖领域中多个专业领域，很明显，不事先建立强壮的领域模型，就很难建立高水平的信息化系统。领域模型的一个显著特点是综合性，即它需要在对领域进行综合分析的基础上才能建立起来。例如，在建立建筑施工项目的信息化管理系统的领域模型时，不仅要包含生产信息、技术信息、质量信息，还应该包含材料信息、经营信息等。

1. 建模方法

面向对象方法是近年来备受关注的系统开发的新方法。面向对象建模是应用面向对象方法进行系统开发的基础。它以对象（对应于现实中的实体）和类（对应于现实中的抽象）作为构筑系统的基本材料，一般采取分层次建模方法。即首先建立领域的框架模型，用以表现系统中所包含的高层次实体间存在的物流和信息流；然后在该模型形成的框架中，建立表现低层次实体间关系的领域模型。其中，为表达所建立的领域模型，我们采用先进的模型图示技术EXPRESS-G。它是国际标准化组织（International Standards Organization，ISO）发布的产品模型数据交换标准（Standard for Exchange of Product Model Data，STEP）中使用的中性数据交换语言，目前在面向对象的图形表示中得到了广泛的应用。其表示方法是，用实线方框表示类，用粗实线连线表示类之间的种属关系，用一般实线连线表示类之间的其他关系，其中连线一端带有圆圈的类表示子类或被使用（包括“包含”关系）的类。例如，图6-6中用粗实线连接的“资源”和“周转资源”，表示“周转资源”是“资源”的一种；而用一般实线连接的“混凝土”和“石”，表示“混凝土”包含“石”这种“原材”（“石”与“原材”的种属关系同时体现在它们的连线中）。

2. 领域模型的建立

从本质上看，工程管理信息系统必须能够对各种信息进行采集、处理、存储和传输，并

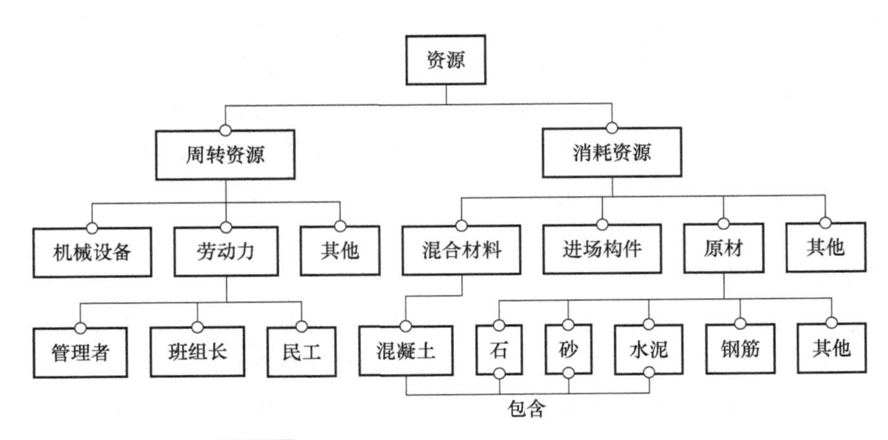

图 6-6　表现低层次实体间关系的领域模型

在必要时能向有关人员及时提供有用的信息。它可以辅助用户进行相应的决策，以便更好地规划、组织和控制有关的生产过程，从而最大限度地获得经济效益和社会效益。建筑施工管理信息化系统也不例外。

在建筑施工管理信息化系统中，从大的、管理的方面看，信息源可分为资源、施工活动、产品、项目管理组织及外部管理组织五种，可以把这些信息源称为建筑施工项目信息化管理系统的基本要素（简称“要素”）。图 6-7 给出了表现这些高层次实体及其相互之间的物质和信息流动模型，即领域的框架模型。首先，该图表明，物质流的中心是施工活动。其中由外部管理组织（主要是分供方）不断供给的资源是施工活动进行的前提条件，产品则是施工活动最直接的物质成果，合格的产品提交给外部管理组织（主要是甲方）；同时，物

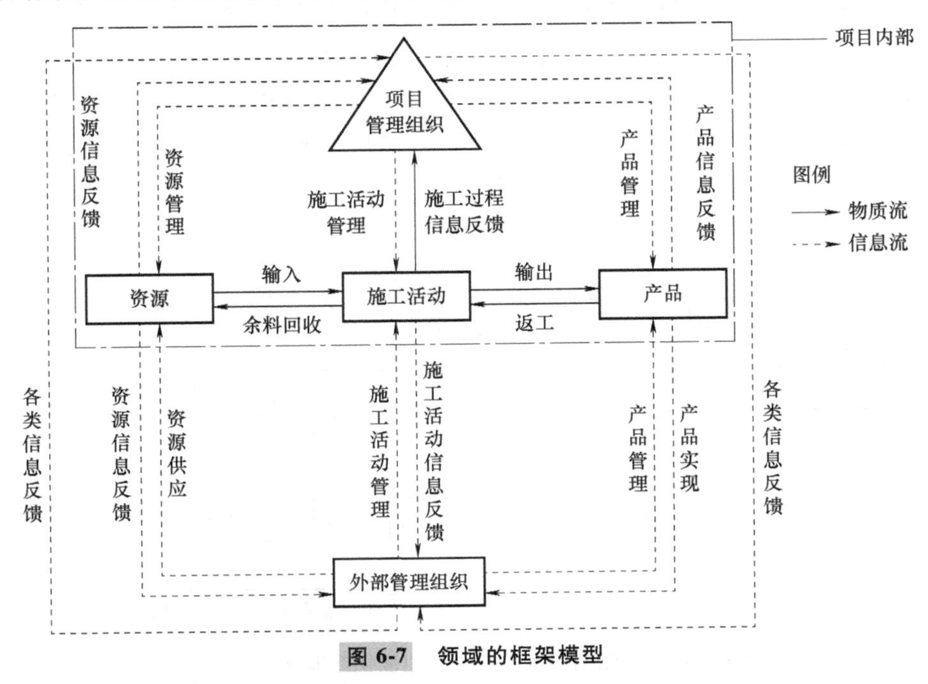

图 6-7　领域的框架模型

质的反向流动也有可能存在，即图中所示的施工活动之后的资源结余及不合格产品的返工。图中的信息流反映了要素间的信息流动，可见，来自不同要素的信息内容会有所不同。其次，在建筑施工项目进行过程中，项目管理组织或外部管理组织与其他基本要素相互作用，一般表现为信息流动。同时，两者之间也存在大量的信息流动。例如针对资源，项目管理组织进行的作用有资源控制（包括对资源的计划管理和质量管理等），而资源的反作用主要表现为资源的信息反馈。

3. 要素的构成模型

在实际的建筑施工项目中，无论是产品、资源、还是施工活动，都是复杂多样的，这些要素本身即可成为一个相对独立的子系统。对这些要素逐个分析，弄清它们的具体构成，其内部包含的类及其关系，是建立领域模型的目标。在这里，我们将反映各要素所包含的类及其之间相互关系的领域模型称为构成模型。下面按日常项目管理中最关心的主线（从资源、施工活动到产品）分别对各构成模型进行描述。

4. 资源的构成模型

上述资源构成模型反映了资源的各种层次及层次内部的构成关系。为便于衡量建筑施工项目生产成果与生产消耗之间的定量关系，依据建筑工程定额的分类，可将项目中用到的资源可分为周转资源和消耗资源两种。其中，消耗资源有进场构件、原材及某些混合材料，如混凝土等；周转资源主要有机械设备和劳动力。从建筑施工项目中担任角色的角度，可进一步将劳动力划分为管理者、班组长和农民工等，其中管理者可以是技术员、质量员、材料员等。

5. 施工活动的构成模型

一般可以将施工活动分为单位工程、分部工程及分项工程三种。其中，单位工程包含多个分部工程，而分部工程又由多个分项工程组成。毫无疑问，对应于不同的建筑结构类型（如砖混结构、钢结构和钢筋混凝土结构），它们各自的具体构成是不同的。这里以目前广泛采用的现浇钢筋混凝土结构为例，建立起施工活动的构成模型，如图 6-8 所示。

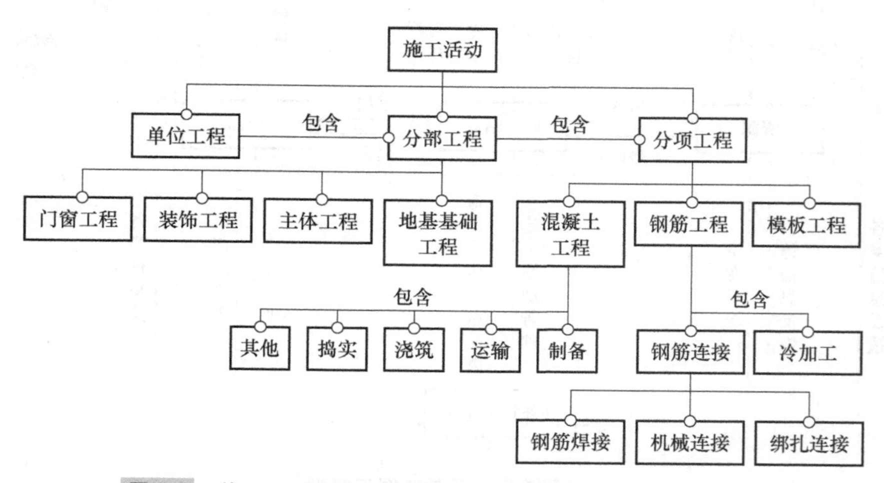

图 6-8　施工活动的构成模型（以现浇钢筋混凝土结构为例）

从图中可看到，分部工程可以是主体工程、地基基础工程、装饰工程等，而分项工程可以是模板工程、钢筋工程、混凝土工程等。由于篇幅限制，这里只表示了结构专业的分项工程，对其他专业的施工活动不再一一罗列，采用“其他”这个实体来抽象表示。对于其他的建筑结构类型，可以仿照此方法建立对应的模型。例如，对于砖混结构，包含的分项工程应该为砌砖、砌石等；而对于钢结构，其对应的分项工程为钢结构制作、钢结构焊接和钢结构安装等。

6. 产品的构成模型

建筑施工的最终目的是实现施工图的设计意图，完成具有一定功能的产品。产品通常有两种，即构件及由构件组成的部件。这里的构件也有两种形式，一种是简单构件（如梁、板、柱、墙等），另一种是由简单构件组成的复杂构件（如房间、阳台等）。值得说明的是，由于建筑工程某些分部工程（如门窗工程、装饰工程等）形成的产品仅仅是一些简单的构件，那么可以将产品意义上的部件定义为一个完整的楼层。这里的“完整”，是指它的形成是各有关分部工程的综合结果。例如，“主体楼层”不仅包括主体工程形成的结构层，还包括装饰工程形成的装饰层，以及门窗工程形成的门、窗等。图 6-9 表示的就是产品的这种构成关系。

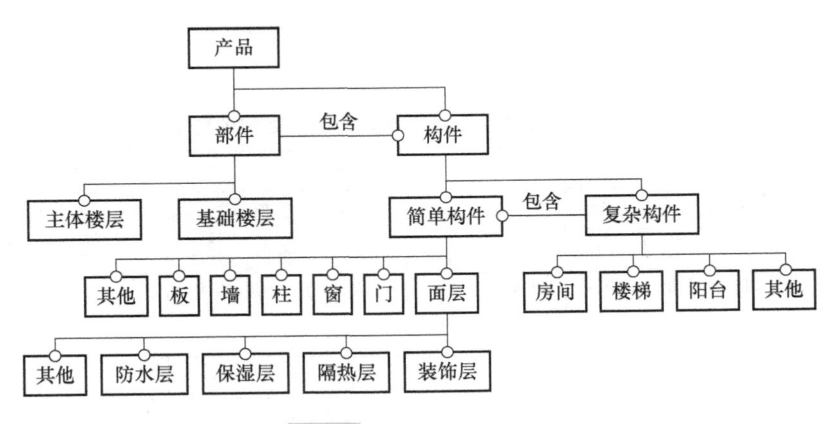

图 6-9　产品的构成模型

7. 项目管理组织和管理活动的构成模型

不同的企业，甚至不同的项目可能采取不同的管理方式，因而管理组织的构成也就有所不同。图 6-10 表达的是一个一般性的项目管理组织的构成模型。

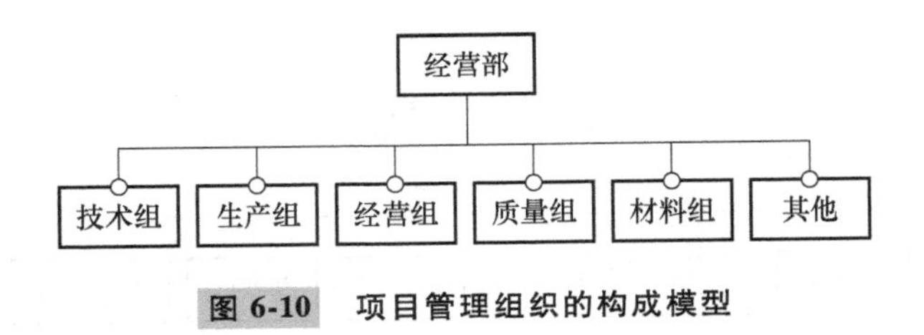

图 6-10　项目管理组织的构成模型

按面向对象的方法抽象出来的管理活动主要有三种：针对资源的管理活动、针对施工活动的管理活动和针对产品的管理活动，如图 6-11 所示。其中，针对施工活动的管理活动有两类：一是施工活动前期的管理活动，如生产准备、计划准备、技术准备和物资准备等；二是施工活动后期的管理活动，如隐检、预检、交接检和分项质检等。

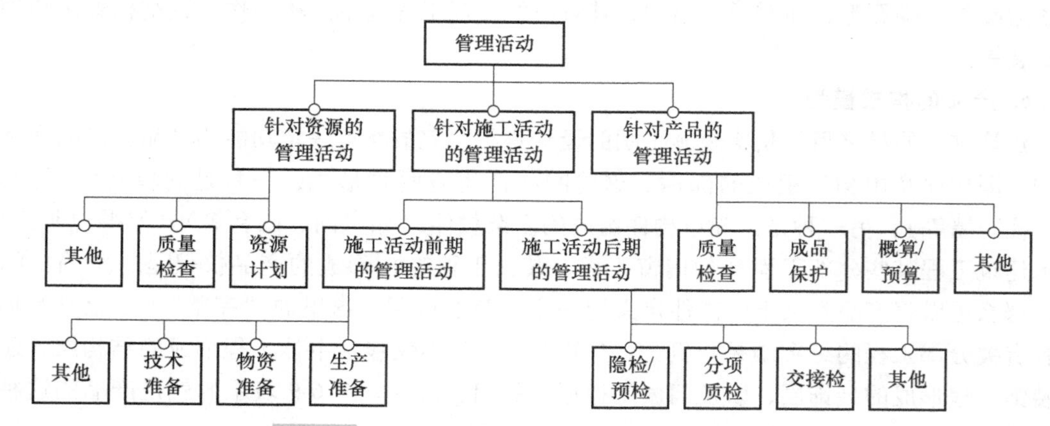

图 6-11　按面向对象的方法抽象出来的管理活动

典型的项目管理组织与管理活动之间的对应关系按表 6-3 确定，表中“Y”表示某职能组将进行该项管理活动。

表 6-3　典型的项目管理组织与管理活动之间的对应关系

项目内部组织	管理活动											
	针对资源的管理活动			针对施工活动的管理活动						针对产品的管理活动		
	资源计划	质量检查	计划准备	技术准备	物资准备	生产准备	隐（预）检	分项质检	交接检	质量检查	成品保护	概算预算
技术组	—	Y	—	Y	—	—	Y	Y	—	Y	—	—
生产组	—	—	Y	—	—	Y	—	—	Y	—	Y	—
经营组	Y	—	—	—	—	—	—	—	—	—	—	Y
质量组	—	Y	—	—	—	—	Y	Y	—	Y	—	—
材料组	Y	—	—	—	Y	—	—	—	—	—	—	—

8. 外部管理组织的构成模型

图 6-12 为与施工项目密切相关的项目外部管理组织图，这些组织包括甲方、设计方、监理方、分供方及外包方等。

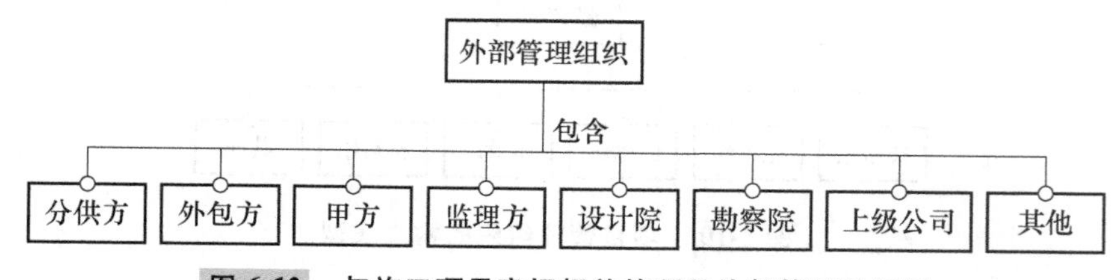

图 6-12　与施工项目密切相关的项目外部管理组织图

6.5.3　新系统逻辑模型的审查

在建立了新系统的逻辑模型后，要根据对系统逻辑的分析研究对其进行审查，主要从以下几个方面进行审查：

（1）审查新系统的各种指标要求

主要内容包括：系统功能指标，系统技术指标，系统经济指标。

（2）审查新系统的业务流程

对企业的业务流程进行分析讨论，明确业务流程是否合理。

（3）审查新系统的数据和数据流程

审查数据指标体系是否全面合理，数据精度是否满足要求等有关内容，确认最终的数据指标体系和数据字典。

（4）审查新系统的功能模型

审查新系统的功能模型就是对新系统进行子系统的划分，在确定新系统逻辑模型时，必须再次进行分析讨论，最后确定新系统总的功能模型。

（5）审查新系统的数据资源分布

在系统功能分析和子系统划分审查完毕之后，应该确定数据资源在新系统中的存放位置，即哪些数据资源存储在本系统的内部设备上，哪些存储在网络或主机上。

（6）审查新系统中的管理模型

根据数据流程图对每个处理过程进行认真分析，研究每个管理过程的信息处理特点，明确相应的管理模型是否合理。

6.6　信息系统分析报告

系统分析阶段的成果就是系统分析报告，是下一步设计与实施系统的基础，系统分析报告包括系统概述、现行系统状况、新系统的逻辑设计、系统实施的初步计划。

6.6.1　系统概述

系统概述主要对组织的基本情况进行简单介绍，包括组织的结构，组织的工作过程和性质，外部环境，与其他单位之间的物质、信息交换关系，以及新系统的目标、主要功能、背景等。

6.6.2　现行系统状况

现行系统状况主要介绍详细调查的结果，包括以下两方面：

1）现行系统现状调查说明：通过现行系统的组织/业务联系图、业务流程图、数据流图等图表，说明现行系统的目标、规模、主要功能、业务流程、数据存储和数据流，以及存在的薄弱环节。

2）系统需求说明：用户要求及现行系统主要存在的问题等。

6.6.3 新系统的逻辑设计

新系统的逻辑设计结果是系统分析报告的主体，具体包括以下几方面：

1）系统功能及分析：提出明确的功能目标，并与现行系统进行比较分析，重点要突出计算机处理的优越性。

2）系统逻辑模型：各个层次的数据流图、数据字典和加工说明，在各个业务处理环节拟采用的管理模型。

3）其他特性要求：例如，系统的输入输出格式、启动和退出等。

4）遗留问题：根据目前条件，暂时不能满足的一些用户要求或设想，并提出今后解决的措施和途径。

6.6.4 系统实施的初步计划

这部分内容因系统而异，通常包括与新系统配套的管理制度、运行体制的建立，以及系统开发资源与时间进度估计、开发费用预算等。

在系统分析说明书中，数据流程图、数据字典和加工说明这三部分是主体，是系统分析说明书中必不可少的组成部分。其他各部分内容，则应根据所开发目标系统的规模、性质等具体情况酌情选用，不可生搬硬套。总之，系统分析说明书必须简明扼要，抓住本质，反映出目标系统的全貌和开发人员的设想。

系统分析报告描述了目标系统的逻辑模型，是开发人员进行系统设计和实施的基础；是用户和开发人员之间的协议或合同，为双方的交流和监督提供基础；是目标系统验收和评价的依据。因此，系统分析报告是系统开发过程中的一份重要文档，要求该文档必须完整、一致、精确且简明易懂，易于维护。

6.7 工程信息系统分析实例

本节以A公司工程项目管理信息系统为例，介绍了该公司工程项目管理信息系统分析与设计的要点与具体流程。本例所参考的相关文献对这一流程进行了大体概括：结合A公司的整体经营绩效及项目管理的实际情况，针对其工程项目的信息化管理方面存在的问题，通过研究工程项目管理、管理信息系统等先进的管理思想和方法，对A公司的工程项目管理信息系统进行了系统分析、系统设计和用户接口设计，同时对实施信息化的效果从进度控制和财务评价两个方面进行了后评价。

6.7.1 系统简介

A公司二期扩建工程是一个复杂、艰巨的系统工程，涉及费用、进度、质量、人员、合同、图纸文档等多方面的工作及众多的参与部门，传统工程项目管理模式下工程项目管理过程中的信息采集沟通与协调的工作量十分巨大。工程管理信息系统的建立帮助A公司二期扩建工程实现工程项目管理的信息化，有效地利用有限的资源，用尽可能少的费用、尽可能快的速度，保证优良的工程质量，获取项目最大的社会经济效益。

6.7.2　系统调查

项目管理信息系统是对一个项目全生命周期进行管理的人机系统，它的成功开发和应用必须以规范的管理模式为基础。因而在系统开发之前，就必须对不规范的管理进行规范。因此，有必要对本项目系统问题进行调查研究，由于工程管理的复杂性和多变性，本项目需要重点调查和研究数据信息部分和组织管理部分。公司建设项目管理信息系统的总体组织结构如图 6-13 所示。

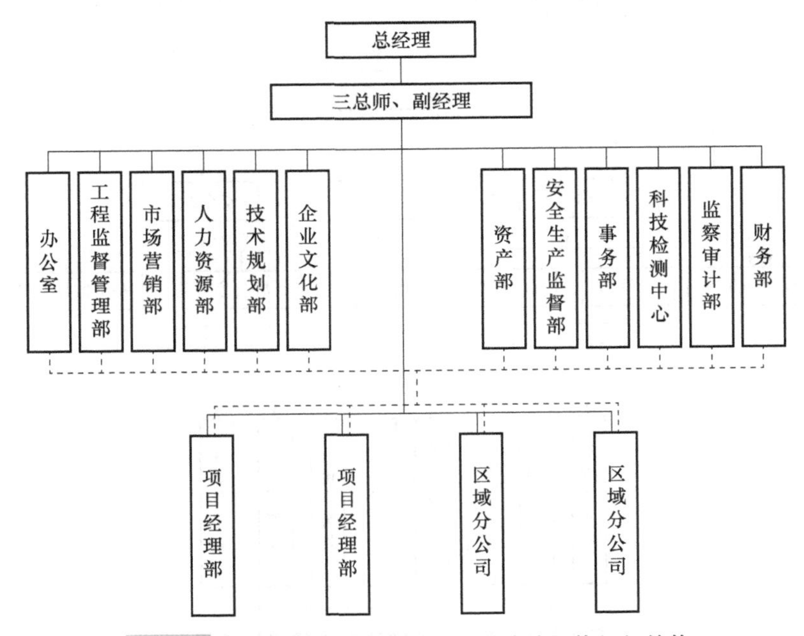

图 6-13　公司建设项目管理信息系统的总体组织结构

项目经理部施工管理组织机构如图 6-14 所示。

A 公司工程项目管理信息系统是为 A 公司工程项目管理业务服务的，其业务信息化需求具体包括：项目基本信息管理子系统、项目活动定义及计划编制管理子系统、招标投标管理子系统、合同管理子系统、项目实施监控管理子系统、系统维护管理子系统。

公司的项目管理信息化具有项目部管理层和公司总部管理层两个层次。项目部管理层是施工现场管理层，主要负责工程进度计划的具体实施和实际的进度控制、资源加载、安全、质量、工作联系等信息的提供，并且负责向公司总部定期上报具体工程施工进度、合同履约情况、变更、索赔等重大合同事件报表，材料、劳动力及机械消耗台账统计信息表，实际进度情况表及与工程进展相关的其他信息处理结果（报表、图形），并上传至项目管理系统。公司总部管理层主要查看项目进展信息，及时掌握公司所有工程的进度、资金使用、安全、质量、成本等信息的情况，进行综合分析和决策。上述系统信息交互过程如图 6-15 所示。

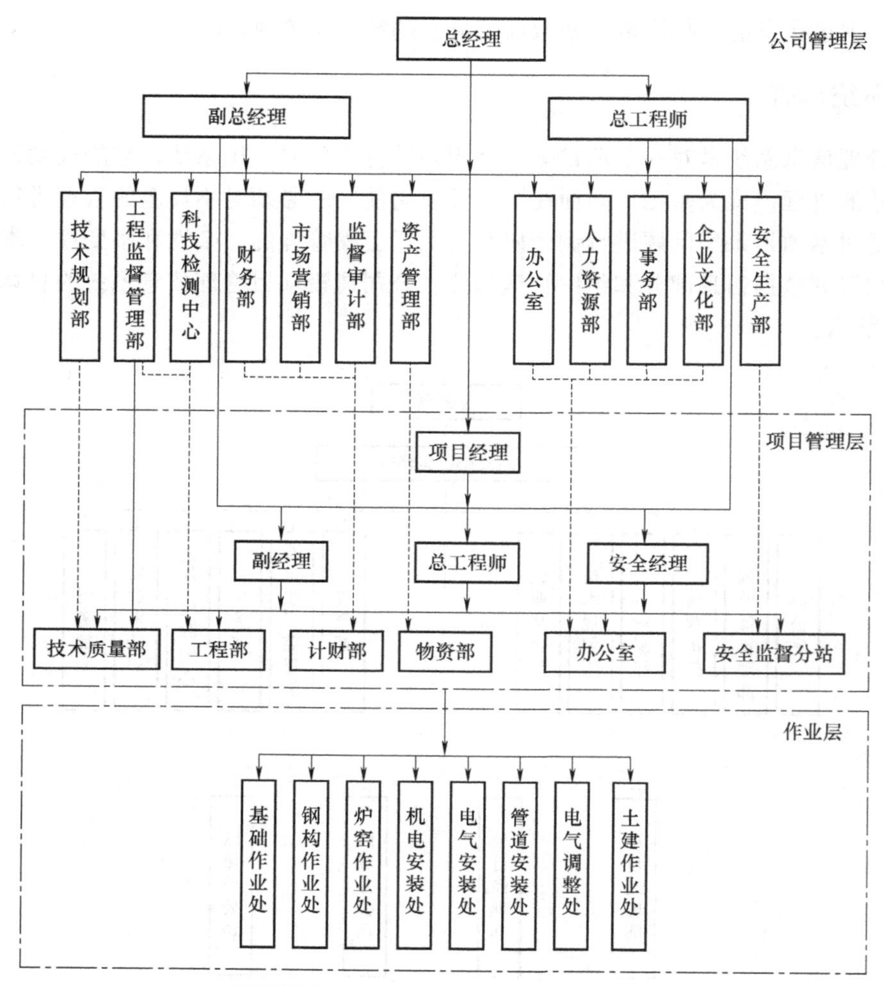

图 6-14 项目经理部施工管理组织机构

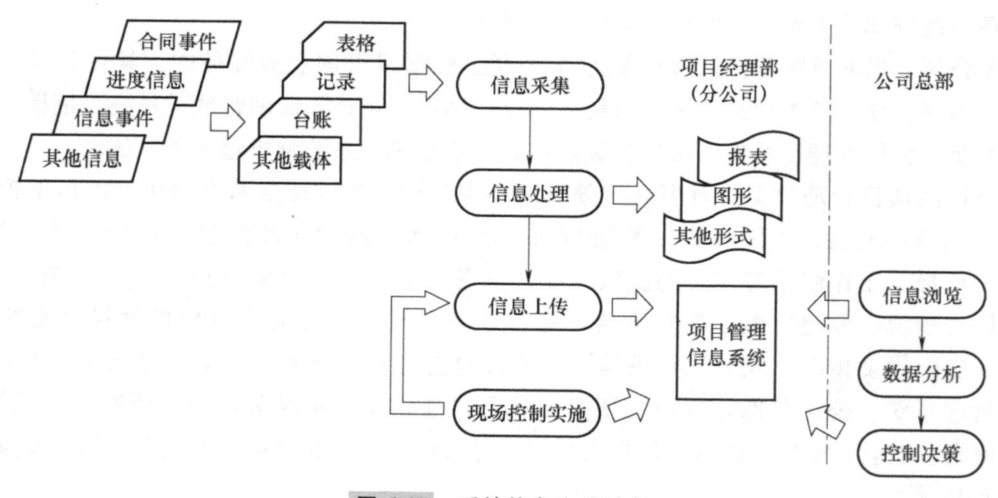

图 6-15 系统信息交互过程

6.7.3　系统业务流程分析

1. 工程项目管理信息系统的基本流程

工程项目管理信息系统的基本流程如图 6-16 所示。

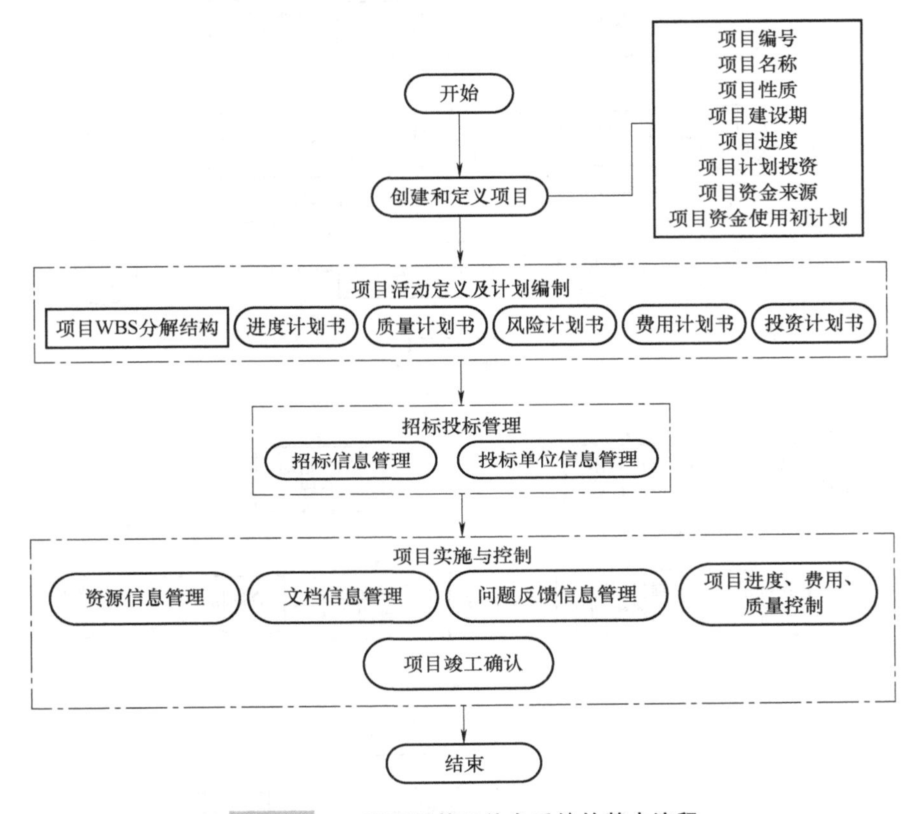

图 6-16　工程项目管理信息系统的基本流程

2. 工程项目管理信息系统的具体业务流程

工程项目管理信息系统的具体业务流程如图 6-17 所示。

3. 合同管理系统的操作流程

合同管理系统的操作流程是按照合同执行程序进行的从施工前期的合同基本信息的录入、施工阶段的合同控制，直至施工结束后的合同汇总，合同管理系统的操作流程如图 6-18 所示，模块的工作流程基本代表了在工程项目管理中信息传递的方式。

6.7.4　系统数据流程分析

工程项目管理信息系统的顶层数据流程如图 6-19 所示。所开发的工程项目管理信息系统将涵盖一般的工程项目管理有关业务，具体包括：项目基本信息管理子系统、项目活动定义及计划编制管理子系统、招标投标管理子系统、合同管理子系统、项目实施监控管理子系统、系统维护管理子系统。

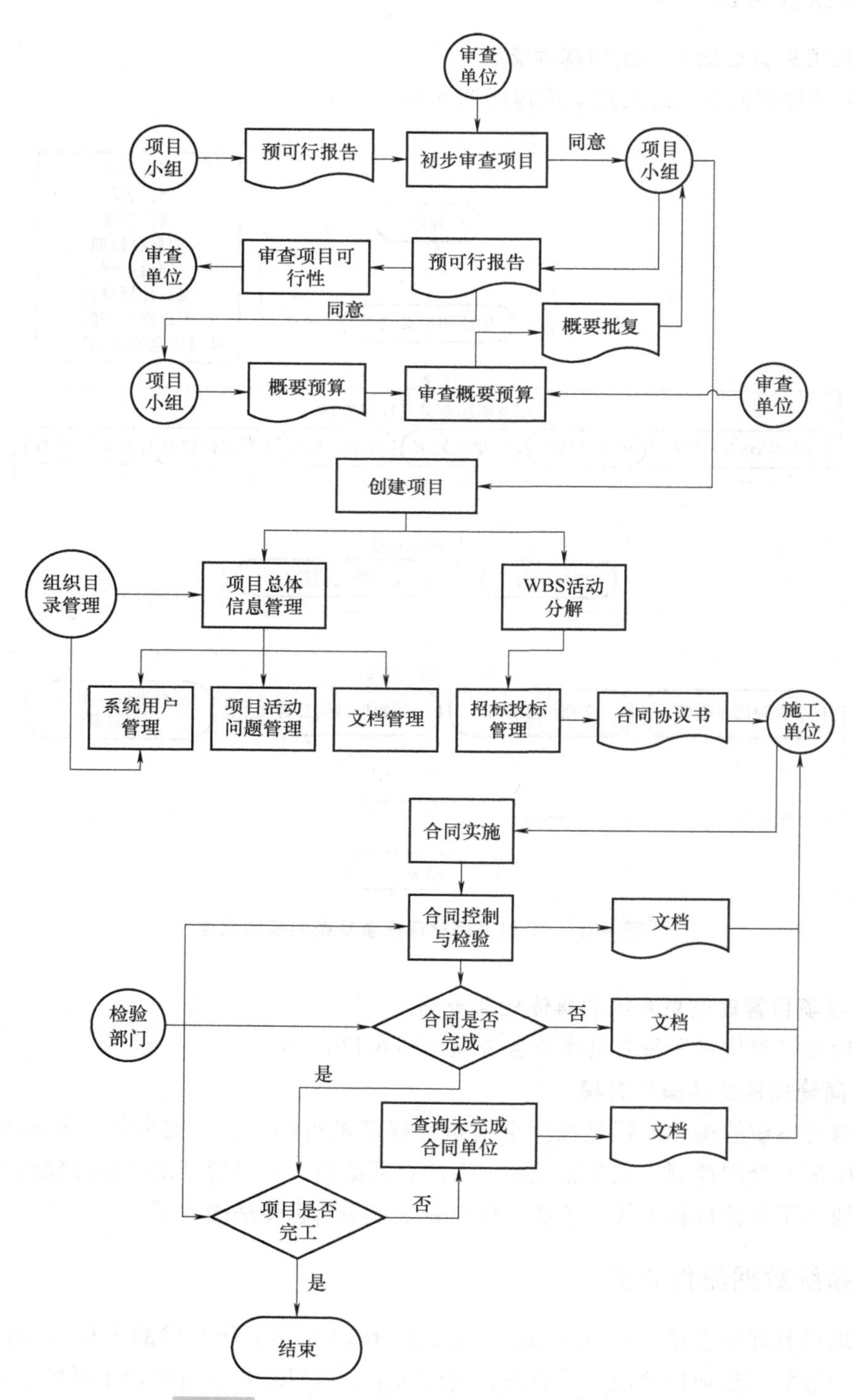

图 6-17 工程项目管理信息系统的具体业务流程

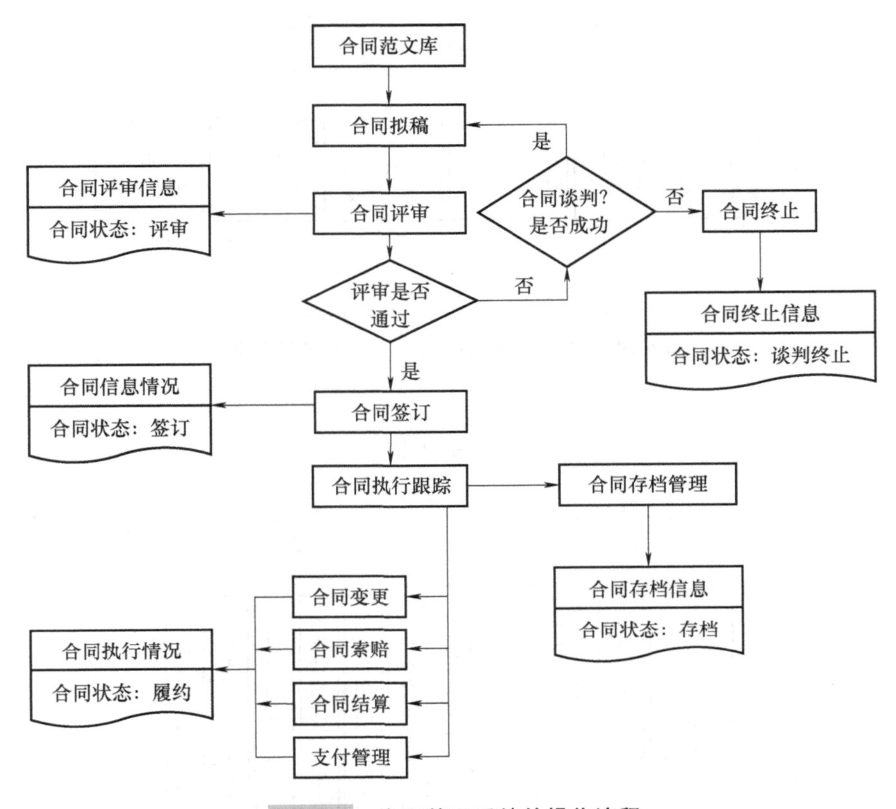

图 6-18　合同管理系统的操作流程

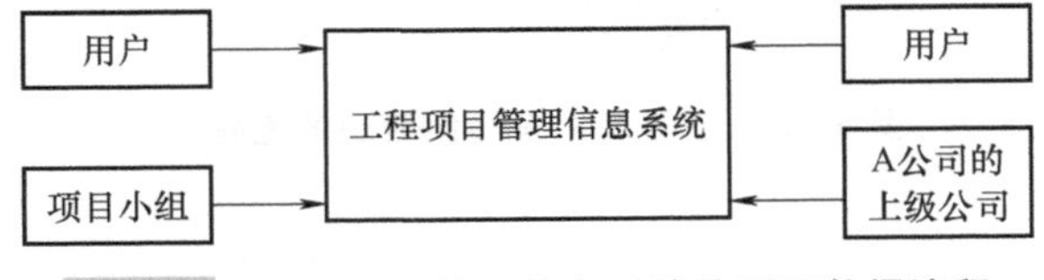

图 6-19　工程项目管理信息系统的顶层数据流程

6.7.5　新系统逻辑模型的建立

建设项目管理的主要任务就是采取有效的组织管理措施，对建设项目的工期、质量、投资三大目标实施动态控制，确保三大目标得到最合理的实现。建设项目管理信息系统的基本结构应包括如下子系统：进度控制子系统、质量控制子系统、投资控制子系统、合同管理子系统、文档管理子系统和管理决策子系统。建设项目进度控制子系统的逻辑结构如图 6-20 所示。

进度控制图形报表的输出，是指以图形和报表的形式输出建设项目进度控制过程中所产生的大量信息。根据所需输出的结果，得到图形及报表输出模块的逻辑结构如图 6-21 所示。

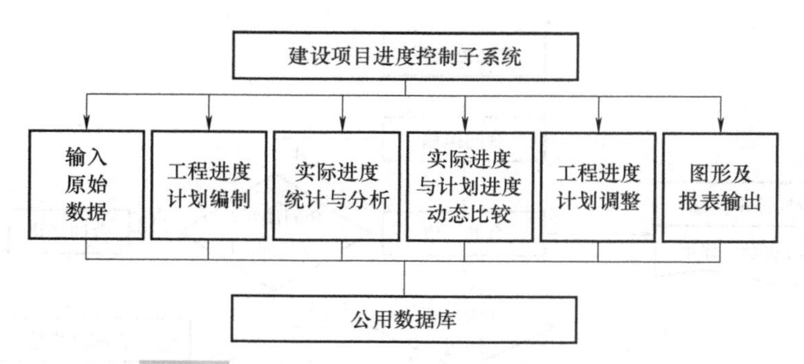

图 6-20　建设项目进度控制子系统的逻辑结构

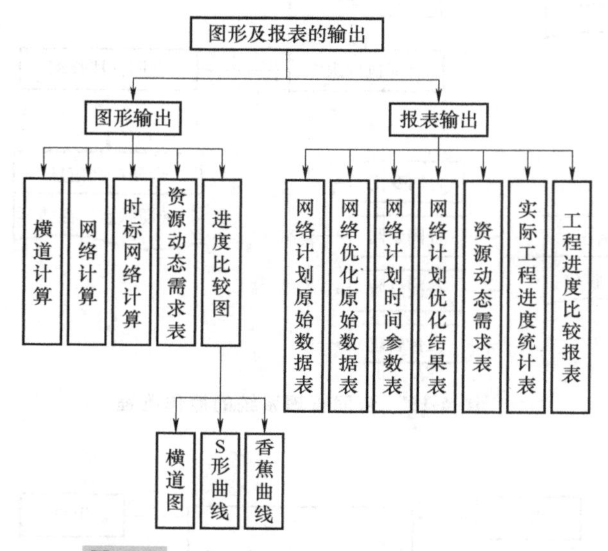

图 6-21　图形及报表输出模块的逻辑结构

6.7.6　数据分析

新逻辑模型建立后要进行有效的数据分析，以确保系统的顺利设计。结合项目的实施阶段，针对具体的工程内容进行有效的数据分析是十分必要的。数据分析主要围绕以下几点开展。

1. 五大管理

（1）合同管理

工程承包合同是承发包双方用以明确工程承包的内容和范围、工程进度、质量、造价、双方权利与义务、规范双方行为准则的契约，是双方协商一致具有法律效力的重要文件，是完成项目建设的依据，也是项目经理工作的主要依据。任何超越合同条款范围的内容，均要通过重新谈判，签订补充协议后执行。所以项目经理必须加强项目的合同管理，领导项目组人员认真履行合同条款。

合同管理包括总承包合同管理和分包合同管理。总承包合同管理贯穿于工程项目的全过程，首先，项目经理要组织学习合同文件，熟悉合同内容，以便全面掌握合同情况，认真地贯彻执行；其次，根据总承包合同的内容，研究确定项目管理的内容和方式。对争端和违约的处理，首先双方要协商解决，如果协商不成，提交合同规定的机构仲裁，要及时进行合同的补充修改和变更。分包合同管理要保证总包合同的完成，对分包合同的管理，项目经理首先要督促做好对分包合同的准备工作，然后组织研究与审定重大的分包合同，并做好争端和违约的处理，及时进行分包合同的补充、修改和变更。

（2）项目协调程序管理

项目协调程序是指在承发包合同的基础上，为完成建设任务，双方在工作上需要协商联系、审查确认的程序和内容。为了做好工程项目的建设工作，项目经理经常要与业主及分包单位协调和配合，在正确处理各方利益的基础上建立良好的合作关系。因此，抓好项目协调程序管理可以提高工作效率，减少矛盾，为创造良好的合作氛围打下基础。

（3）项目重大变更管理

在工程建设周期中，业主方的变更及内部变更是不可避免的，关键是如何处理好，既要为业主服务，让其满意，同时要使合同的执行不受大的影响，以保证公司的经济利益。首先，要在合同或协调程序中明确规定处理各种变更的程序，使其有章可循，减少或避免矛盾和争议。同时，项目经理要尽量控制和减少重大变更，对必须要变更的情况，认真计算其对项目进度、费用、质量等综合的影响，并按规定的程序进行控制，尽量避免打乱项目的正常工作秩序。另外，对于因业主方变更所需要的合理延长工期的费用补偿应及时核算，并以书面报告业主代表请求批准。要使业主知道，变更是需要时间和费用的。

（4）计划管理

项目的建设周期是项目合同的主要目标之一，对此，项目经理要努力实现，并消除误期赔偿风险。项目的进度计划一般分为五级：第一级是项目总进度计划；第二级是装置总进度计划、项目总体施工进度计划；第三级是组码进度计划；第四级是记账码进度计划；第五级是工作包计划。计划管理是重要的管理目标之一，要注意计划的层层约束，下级计划一般应绝对保证上级计划的实现并略微留有余地；要使各类计划密切配合、互相衔接、合理交叉，形成完整的计划系统。

（5）信息管理

在工程项目管理中产生的大量的信息和数据，需要收集、传输和处理。项目的基础资料、设计数据、设计输入输出、文件图纸、各种记录统计都是信息。在项目管理中如果信息不准确，必然给项目实施效果带来损失，信息的准确、及时和统一，对于控制和决策是很重要的。所以信息管理是项目经理要抓好的五大管理之一。利用计算机进行综合信息处理，建立项目信息数据库，各种信息输入处理中心，计算机系统而高速地输出处理过的信息，并做出各种报告以供项目经理及时做出准确的决策和命令，从而使工程项目实现现代化管理。

2. 四大控制

（1）进度控制

项目经理在管理好项目计划的同时，要对计划中关键线路上的关键目标进行严格控制。为了保证总计划的按时完成，要合理调整资源配置，合理安排资金、工时、材料的投入。在进度控制上除了满足完成计划的目的，还应通过进度控制获取综合效益。

（2）质量控制

项目的质量是业主非常重视的合同目标之一，它直接关系到项目的进度、费用和人民生命财产的安全，同时，不仅影响业主的效益和社会效益，而且决定着工程公司的信誉和发展。因此，项目经理必须严格执行公司的质量方针、质量手册，进行项目质量管理和质量控制，督促项目部有关人员重视质量并严格把关，尤其要对分包施工安装质量进行严格控制和管理。若工程某部分一旦返工或发生质量和生产安全事故，不仅对工期、资金产生影响和损失，而且在公司信誉、施工人员情绪等诸多方面也会造成不良影响。

（3）费用控制

工程建设是一个复杂的系统工程，各方面既相互关联又互相渗透，项目中各种管理和控制的优劣最后都会全面综合地反映到费用上，费用控制贯穿于项目的各个环节。因此，费用控制是四大控制中的重要内容，项目经理必须安排相当的精力和时间重视费用控制，尽量获得合理的、最佳的经济效益。做好费用控制，首先要审定、发表项目估算基础资料，抓好各阶段费用估算和费用分解指标，同时在施工中要不断检查计划费用执行情况，不断检查分析BCWS、BCWP和ACWP㊀三曲线间关系。在工程项目实施中，要尽量避免窝工、停工、返工，减少浪费，降低风险。

（4）材料控制

材料是工程项目建设的物质基础，占项目建设费用的50%~60%。它直接影响工程的建设周期和质量，是项目控制的主要内容之一。项目经理要严格审查、批准控制程序和控制计划，检查、督促材料控制的实施情况，以及审查确定项目剩余材料的处理方案，必须按照施工进度计划要求，适时地组织材料供应，按照实际需要准确地组织采购数量，加强对材料的综合管理和监测，提高效率、减少损耗、降低风险，保证工程项目以最少的资源最低的成本获得最好的经济效益。

上述四大控制是互相联系、互为影响的，其中某一项的变更必然影响其他各项，所以项目经理不能孤立地进行单项管理和控制，必须采用费用/进度综合控制，以追求项目的综合经济效益。项目经理在费用/进度综合控制工作中，最主要的是建立和批准执行效果测量基准，然后审查费用/进度计划的执行情况，实行费用/进度综合控制，必要时调整和制定新的执行效果测量基准，进行有效控制。

本章小结

工程管理信息系统分析是工程管理系统开发的重要环节，本章主要内容包括系统分析概述、信息系统的详细调查及需求分析、信息系统业务流程分析、信息系统数据流程分析，最后提出新系统逻辑模型的构建，形成信息系统分析报告，并通过工程信息系统

㊀ BCWS——计划工作预算费用（Budgeted Cost for Work Schedwled）；
BCWP——已完工作预算费用（Budgeted Cost for Work Performed）；
ACWP——已完工作实际费用（Actual Cost for Work Performed）。

分析实例帮助巩固完善所学习的相关知识。

信息系统详细调查的目的是全面掌握现行系统的现状，为系统分析和提出新系统的逻辑方案做好准备。因此，要本着用户参与及真实性、全面性、规范性和启发性的原则，选择合适的调查方法，从定性和定量两方面入手，详细了解系统的管理业务和数据流程。

通过系统分析提出新系统的逻辑方案。新系统方案主要包括：新系统得到目标、新系统的信息处理方案及系统计算机资源的配置，最后形成系统分析报告，为下一步系统实施及提供依据材料。

复习思考题

1. 系统分析的任务是什么？如何进行系统分析？
2. 如何理解系统调查的原则？怎样选择系统调查的方法？
3. 举例说明业务流程图的画法。
4. 为什么要进行数据流程分析？分为哪几方面内容？
5. 新系统逻辑方案包括哪些内容？
6. 怎样撰写系统分析报告？

第7章 工程管理信息系统设计

【学习目标】

1. 了解系统设计的目标、原则和任务。
2. 熟悉模块化设计的基本概念。
3. 熟悉代码设计的原则和种类。
4. 掌握代码设计的校验。
5. 熟悉输入输出设计的概念及评价标准。

7.1 系统设计概述

系统设计的主要内容包括：结构化系统设计的方法，系统的平台设计，子系统的分解、模块化设计，代码设计，人机界面设计，数据存储设计，处理流程设计等。

7.1.1 系统设计的目标与任务

系统设计又称新系统的物理设计，是根据新系统的逻辑模型建立物理模型，也就是根据新系统逻辑功能的要求，结合实际条件，进行各种具体设计，解决“系统如何去干”的问题。系统设计师将根据系统分析师制定的系统规格说明书所提出的逻辑模型，结合工程项目的具体实际情况，如项目实际施工技术条件、经济条件及操作条件，在逻辑模型基础上进行系统设计，得出物理模型。

1. 系统设计的目标

工程管理信息系统是在系统分析的基础上，将系统分析阶段反映用户需求的逻辑模型转换为可以具体实施的信息系统的物理模型，解决信息系统“怎么做”的问题。

因此，工程管理信息系统的建设需要在通用的软件系统建设目标上，更加突出工程管理的特点，要对工程的质量进行监管，并对质量检测与监管信息进行处理，工程管理信息系统的设计目标如下：

(1) 稳定性

由于工程管理信息系统具有连续、实时的特性，要求系统具有较高的整体性能，各模块之间应具有连续稳定性。因此要求设计的网络系统具有很好的稳定性和可靠性。

(2) 开放性

工程管理信息系统的数据资源应与其他系统实现共享或具有较好的逻辑接口，因此要求工程管理信息系统具有良好的开放性能。

(3) 可扩展性

随着社会的不断发展，新形势下的新问题会不断出现，工程管理信息系统所具有的功能也将随之扩展。因此在设计时应充分考虑到各种可能的发展趋向，使设计的系统具有良好的扩展性，适应一段时间内发展的需要。

2. 系统设计的任务

系统设计阶段的具体任务可分为两方面：一方面是把总任务分解成若干基本的、具体的分任务，这些分任务之间相互联系、相互配合；另一方面是对每一项具体的分任务，要根据其在系统中的地位与作用，选择适当的技术手段及处理方式。简单地说，前者是正确地把总的功能加以分解，使系统结构合理；后者是为每一具体任务选择合理的方法及技术手段。

7.1.2　系统设计指标及依据

1. 系统设计指标

系统设计指标是指系统设计过程中始终要考虑和贯彻的主要性能，也是评价一个系统性能的重要指标。对信息系统而言，主要有系统的工作效率、系统的可靠性、系统的工作质量、系统的可变性、系统的经济性五项指标。

其中，系统的经济性是指系统的收益应大于系统支出总费用。系统支出总费用包括系统开发所需投资和系统运行、维护的费用之和，系统收益除有货币指标外，还有非货币指标。在系统设计时，系统经济性是确定设计方案的一个重要因素。

从系统开发和维护的角度考虑，系统的可变性是最重要的指标，可变性能使系统容易被修改以满足对其他指标的要求，从而使系统始终具有较强的生命力。对于不同的系统，由于功能系统目标的不同，对上述指标的要求会有所侧重。

2. 系统设计依据

系统设计可以从以下几个方面考虑：①系统分析的成果；②现行技术；③现行的信息管理和信息技术的标准、规范和有关法律制度；④用户需求；⑤系统运行环境。

7.1.3　系统设计的原则

工程管理信息系统的设计开发要遵循一定的设计原则，主要的原则如下：

(1) 系统性

管理信息系统涉及多个不同的部门和阶段，系统的整体性和各阶段的连贯性十分重要，因此在系统设计开发过程中要满足系统性要求。

（2）规范性

规范性是系统设计的基础。在整个系统设计中，以工作流程作为核心，系统必须贴近实际工作程序和操作工序，遵循相关文件的规定，根据业务流程重新制定各种规范（如业务规范、安全规范）。

（3）实用性

信息化的最终目标应是改善服务质量，提高工作效率和管理水平，信息系统的建设应尽可能将各业务流程和管理要素都得到体现和落实，并以最为简洁实用的操作方式来实现。

（4）先进性

只有采用先进成熟的信息技术，在系统设计上充分考虑系统的开放性，才能确保信息系统能够适应业务不断发展的需要和信息社会技术持续进步的要求。

（5）灵活性

灵活设计，保证系统具有良好的兼容性，可以为以后系统升级和与其他信息系统的数据兼容留下较大的余地。

（6）经济性

系统开发要本着节约、节能的原则，杜绝资源的滥用，合理、经济地进行设计，尽可能降低系统开发及后期维护的成本。

（7）模块化

按照不同的业务功能划分各个功能模块。每个功能模块完成各自要求的任务，保证单个模块的改动不会影响其他模块。在设计中尽量减少模块间数据的传递，以减少相关性，方便程序的设计开发，并且为以后的系统维护提供便利。

（8）高管理性，安全可靠性

系统设计时应充分考虑高管理性原则，强调技术与业务紧密结合，注重可管理性，最大限度地满足实际工作的需要。在复杂的网络环境中，系统应该对前端用户进行身份验证与授权管理，防止非法用户进入系统及非法使用数据库，造成数据的泄露、更改和破坏，并且应使其具有良好的稳定性、安全可靠性，易操作、易维护。

7.2 总体设计

总体设计的任务是在逻辑模型的基础上决定系统的模块结构，主要考虑如何将系统划分成模块，以及确定模块间的调用和数据的传递关系。

7.2.1 系统架构设计

1. 系统功能结构设计

系统功能结构设计内容包括：①以工程管理为中心实现成本、进度和质量的控制；②体现分层负责、分层授权；③建立起为工程管理服务的部门间的矩阵关系。

系统功能结构设计的原则包括：分解-协调原则，模块化原则，自顶向下的原则，抽象的原则，明确性原则。

系统功能结构设计的方法包括：结构化设计（Structured Design，SD）方法、Jackson 方法，Parnas 方法等。常使用的设计工具主要有：系统流程图、HIPO（分层和输入—处理—输出）技术、控制结构图、模块结构图等。

2. 系统功能模块设计

工程管理信息系统通常包括系统管理员和普通用户两类使用者。如图 7-1 所示，一般而言，建筑工程管理信息系统总体框架主要包括工程文档管理、安全管理、质量检测、成本管理、进度管理、物资管理和组织管理等模块，通过数据层实现系统应用的交互。其中，组织管理功能模块主要包括个人设置管理、下级机构管理、本级机构管理，如图 7-2 所示，个人设置是每个可以登录的用户都可以操作的；下级机构管理主要完成组织机构的删除、修改等设置；本级机构设置包括部门管理和人员管理，实现本级部门和人员的增加、修改和删除等功能操作。

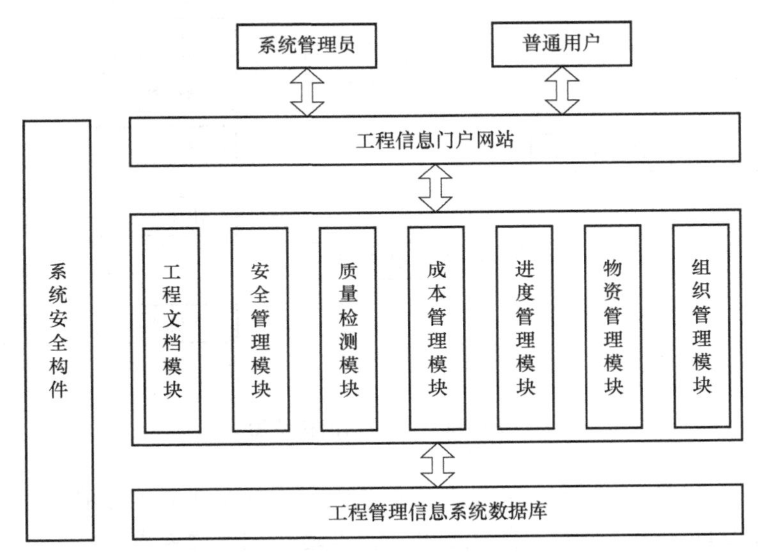

图 7-1　建筑工程管理信息系统模块图

3. 工程管理信息系统的网络技术应用

建筑工程企业由于工程施工现场在经常变化，而企业管理部门的办公地点在一个相当长的时期都不会发生变化，这增加了企业信息化管理的难度。由于办公场所固定，建筑工程企业管理部门可以通过局域网进行信息传递解决部门间的沟通问题，但管理部门和施工现场之间的信息沟通就难以通过局域网解决了。根据建筑工程企业的特点，实现企业信息化管理可考虑以下介绍的网络结构方式。

（1）W/S 结构（Workstation/Sever 工作站/服务器结构）

工作站/服务器结构是通过文件服务器、网络工作站、联网硬件等主要部件组成的总线型成星形拓扑结构。这种工作站/服务器结构通常采用基带传输，传输速度较高，误码率低，而且投资少，见效快。但这种结构对客户机和服务器的物理距离要求很严格，一般不能超过 10km，只适用于小型局域网，如机关、基地或部门（如财务管理）等，这种网络结构受物

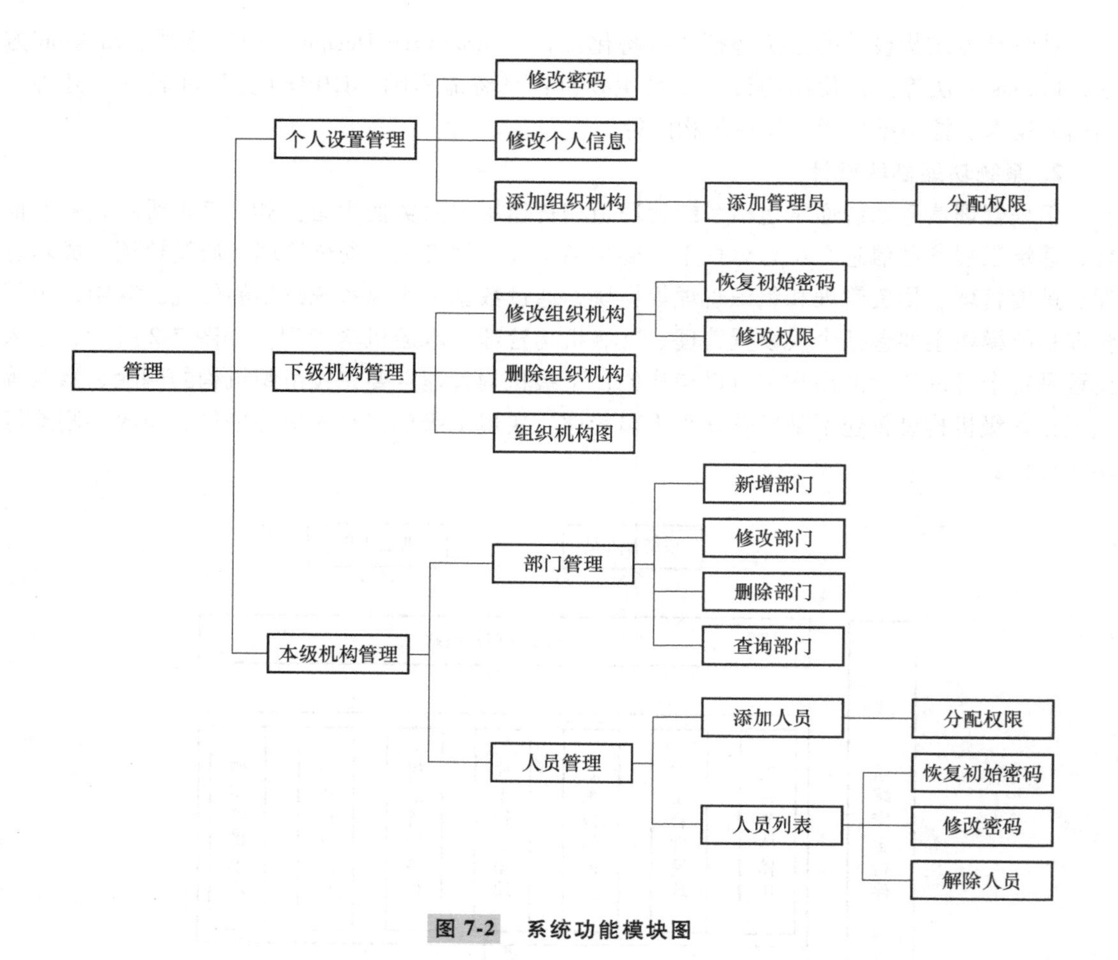

图 7-2　系统功能模块图

理距离的要求和处理能力的限制，要把它应用于大型工程企业的工程项目信息化管理中，只能满足一些基本功能要求，显然不能达到整个企业应用的全面要求。

（2） C/S 结构（Client/Sever 客户机/服务器结构）

这种网络结构支持高平台服务，支持多种关系数据库服务器和多种机型及操作系统，一般具有动态链接库、动态数据交换和支持多媒体及联机帮助等功能。它能充分利用系统资源，合理分布系统负载，明显地减少网络数据流量，并能提高整个系统的运行性能，保证系统数据的安全性、一致性、保密性。因此，对目前传统管理型建筑工程企业分散性工程现场的管理有很强的实用性，客户机/服务器结构系统的诸多优点完全可以适应多项目管理的需要。

虽然 C/S 结构能适用于建筑工程企业分散项目型的信息化管理，但是由于其计算能力过于分散，常常使系统的管理费用以几何级数增长。另外，服务器和客户机的软件系统都需要经常维护和管理，升级也较为复杂，因此维护管理的费用较高，虽然实现了管理目的，但是显然不是一种最理想的结构方式。

（3） B/S 结构（Browser/Sever 浏览器/服务器结构）

B/S 结构是一种以 Web 技术为中心的应用，客户机上只要求安装一个浏览器，如 Netscape Navigator 或 IE 即可。采用 B/S 结构，建筑工程企业各工程施工现场与职能部门之间的联系更为方便，每一个客户机及施工现场的 PC 都可以向 URL（Uniform Resource Locator）指定的 Web 服务提出服务请求，Web 服务器把所需文件资料传给客户，客户接受便显示在浏览器上；同时，客户机经过设置可以通过内部口令进入数据库管理层，定期对数据进行更新或维护。具体地说，就是定期向企业总部的职能部门或领导层汇报工程现场的工作情况。系统运行后将在很大程度上加强了企业的业务流程机制、财务审查、资金监控、往来结账和信息交流，使管理和决策支持有机结合，大幅度提高管理效率，从而为企业实现良好的经营利润奠定基础。

基于 B/S 网络结构的信息化管理，不仅可以实现企业总部、职能部门和各施工现场的信息沟通，而且企业总部可以根据需要建立内部的邮件系统，通过邮件分发系统建立自己的电子邮局，为每个员工提供一个固定的 E-mail 地址，内部邮件无须通过 Internet，对外的邮件或外部发来的邮件可以通过网络系统实施自动转发和分拣，并能对来信自动鉴别，保证信件内容的安全。系统还可以设立 BBS，为所有的员工发送公告等信息。

对于建筑工程企业项目信息化管理的应用，以上介绍的三种网络结构方式，相比较而言，第一种方法的可行性在很大程度上受到限制，已经没有很强的实用性。而第二、第三种方法都能实现功能要求，但两种方法各有优缺点，就国内目前建筑工程企业的条件和工程管理要求而言，兼顾 Web 技术的可扩充性和易维护性，采用 B/S 网络结构更能实现管理成本、质量和效率的统一。

7.2.2　软件结构设计

1. 软件结构设计的依据

软件结构设计的依据是在需求分析中确定的信息系统需求结构。在软件结构设计的开始，可以直接地把信息系统需求结构作为初步软件架构，把信息系统需求结构中的需求单元作为软件架构中的子系统。然后在初步软件结构的基础上，通过对各个子系统的分解和优化，最终确定信息系统软件结构。

在软件结构中不同位置的子系统具有不同的抽象度。顶层子系统的抽象度最高，越往下层，抽象度越低。判断是否达到底层子系统有以下几个准则：

1）底层子系统支持一个具体且简单的业务过程用例。底层子系统应该支持一个具体的业务过程，如果业务还比较复杂就需要对这个业务进行分解，直到业务已经清楚、简单为止。

2）底层子系统支持的功能面向确定了的使用者，功能权限将是唯一的。

3）底层子系统应该具有较强的内聚性。如果用例之间具有泛化、关联等关系，则将这些用例尽量地放在一个子系统中。

2. 软件结构设计的过程

软件结构设计是在信息系统需求结构的基础上，考虑软件的系统性能、拓扑结构等，经过分解和细化，确定软件结构的工作。软件的初步结构来自需求分析阶段确定的信息系统需求结构。软件结构设计需要进行以下几方面的工作：

（1）初步软件结构

把需求分析阶段得到的信息系统需求结构作为初步的软件结构。

(2) 子系统分解和细化

初步软件结构比较粗糙，需要进行分解和细化。从顶层子系统开始，逐层对子系统进行分解，直到分解到底层子系统为止。

(3) 考虑系统逻辑

作为一个完整的信息系统的软件结构，除了考虑业务逻辑，还需要考虑系统设置、备份、系统维护等系统功能逻辑，并需要在软件结构中体现出来。

(4) 信息系统拓扑结构节点分布设计

信息系统根据其拓扑结构划分成不同的节点之后，软件的各子系统也需要分布到不同的节点上。各子系统分配到各拓扑节点时，应该根据本节点的业务处理的需要进行，有些子系统可能只被分配到一个节点上，但有些子系统可能要分配到多个需要它的节点上。

(5) 系统层和中间件层的软件结构设计

在软件结构中还需要确定系统层和中间件层的软件结构。确定时需要考虑选择的操作系统、中间件软件和开发平台。

3. 网络开发工具

(1) SQL Server

SQL Server 是微软开发和推出的一个数据库管理系统，是一种进行数据管理和数据分析的数据解决方案。SQL Server 作为一个数据平台，超越了传统意义上的数据库管理系统，已经发展成为“用于大规模联机事务处理，数据仓库和电子商务应用的数据库和数据分析平台”。

(2) ASP 技术

ASP 即活动服务器网（Active Server Page），是一种 Web 服务器端的脚本编写环境，用于创建和运行动态、交互、高效的 Web 服务器应用程序；着重处理动态网页和 Web 数据库的开发，编程灵活、简洁，具有较高的性能，是目前访问 Web 数据库的最佳选择。

(3) ADO. NET 技术

ASP. NET 中的数据库访问技术是通过 ADO. NET 实现的。ADO. NET 是在 . NET Framework 中创建分布式和数据共享应用程序的编程接口。它是一组向 . NET 程序员公开数据访问服务的类，支持多种开发需求，包括创建由应用程序、工具、语言或 Internet 浏览器使用的前端数据库客户端和中间层业务对象，拥有比 ADO 更强大的功能，为用户提供了更好的数据访问解决方案。

4. 系统的网络拓扑结构

工程管理信息系统采用 B/S 与 C/S 模式相结合的 Web 数据库系统。以施工项目管理信息系统为例，如图 7-3 所示，企业各职能部门与服务器的连接采用 C/S 结构，项目部及各参建单位与服务器的连接采用 B/S 结构，通过路由器或远程访问服务器与 Internet 相连，工程项目各参与方可以浏览、查询、下载工程信息。

施工企业将管理信息系统连到 Internet 网，让所有参建单位通过互联网共享工程建设信息。通过施工项目管理信息平台，其他工程参与方根据项目的要求各自组建局域网和应用环境。各参与方根据各自的网络条件选择与施工企业局域网的连接方式。施工企业建立中央数据库作为信息交换的平台，工程各参与方建立自己的数据存储中心，根据需要将数据汇总，通过计算机网络平台传送到中央数据库服务器，有关各方可从中获得需要的信息。图 7-4 为施工项目管理信息系统网络拓扑示意图。

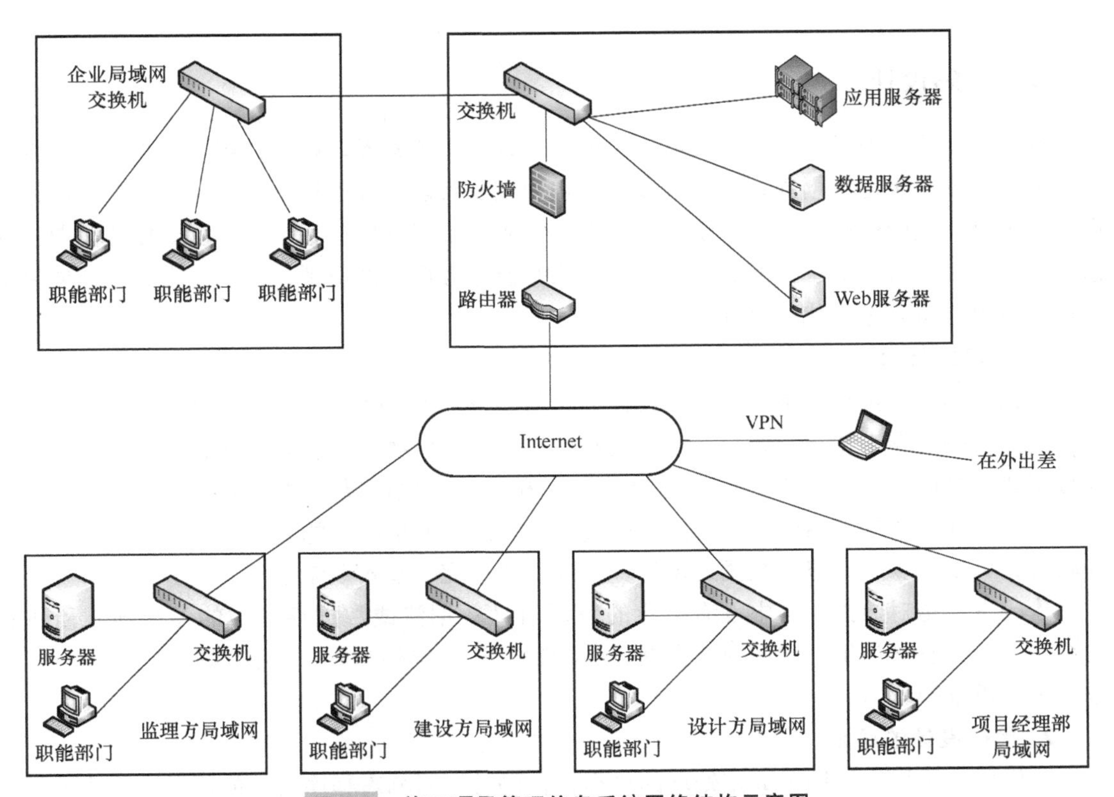

图 7-3　施工项目管理信息系统网络结构示意图

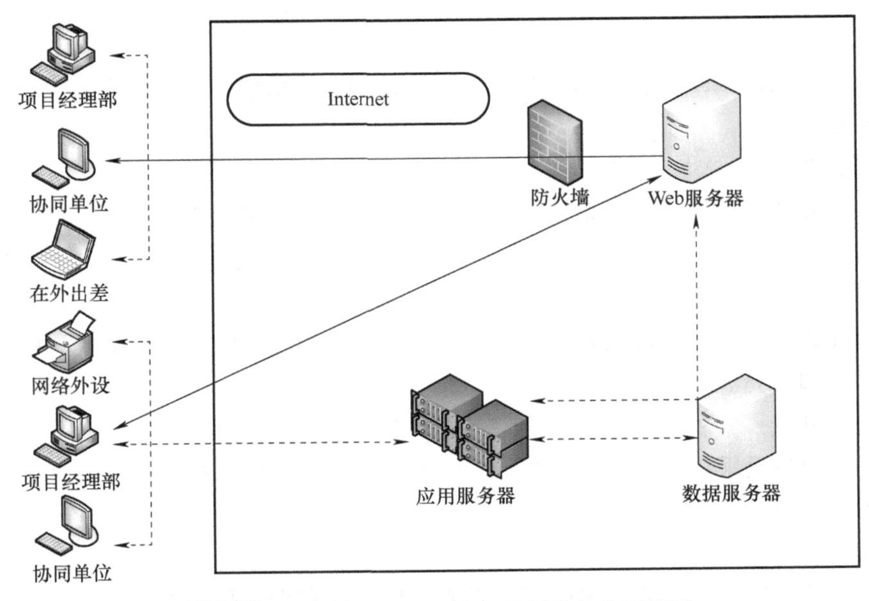

图 7-4　施工项目管理信息系统网络拓扑示意图

7.3 详细设计

7.3.1 代码设计

现代企业的管理活动中产生的数据量很大、数据种类繁多，各种管理职能和各个管理层次对信息的需求也逐渐增强，对庞大多样并且为减少冗余而分库存储但相互间存在着联系的数据，进行有效的分类、排序、统计和检索，这成为工程管理信息系统的主要任务。要实现这一任务，必须对分类、排序、统计和检索的对象进行唯一性识别，即系统设计者需要针对被识别对象的特点进行代码设计。

1. 代码的概念

所谓代码，是指代表事物名称或属性的符号，它一般由数字、字母或它们的组合构成。唯一性是代码的突出特点，即每一个代码都代表唯一的事物或属性。因此，利用代码便于反映数据或信息间的逻辑关系，易于计算机识别和处理，也可以节省存储单元，提高运算速度。例如，在物资管理系统中，通过物资代码就可以反映出物资的名称、种类、规格、型号等内容，可以减少计算机的数据处理量，提高处理速度，节省存储空间。

代码设计是对数据字典中没有确定的数据项（数据流或数据存储中的关键项）所进行的系统设计，它又为下一步的数据存储设计和程序设计提供依据，因此代码设计承上启下，是一个很重要的环节。

2. 代码设计的原则

代码贯穿于程序编制和数据处理的过程，代码设计影响着程序设计的质量和程序维护的难易程度，因此代码设计是整个工程管理信息系统的重要一环，必须认真对待，全面考虑。代码设计应遵循以下“三性三化”原则。

（1）唯一性

每一个代码只能唯一代表系统中的一个事物或属性，系统中每一个事物或属性也只能由一个代码表示。

（2）系统性

代码设计要从整个管理信息系统出发，便于整个系统内部的数据处理、数据交换和数据共享。

（3）适应性

代码设计要全面考虑系统的发展变化，要增强代码的适应能力，便于代码所代表的事物或属性的增减和扩充。

（4）标准化

代码设计要尽量采用国际、国内或行业内的标准，便于信息的交流和共享，增强系统的通用性，减少系统维护的工作量。

（5）简单化

代码结构要简单明了，要尽量缩短代码的长度，以利于提高处理效率，方便输入，减少记忆，避免读写差错。

（6）规范化

在整个系统内部，代码的结构、类型、编码格式、长度必须规范，便于识别和处理。

3. 代码的种类

代码的种类繁多，概括起来主要有以下几种：

（1）顺序码

顺序码是指用连续数字代表编码对象的代码。例如，某单位内部的职工代码可以设计成顺序号：001，002，003，…，999。

顺序码的优点是简单、易于处理；缺点是不能反映编码对象的特征，代码本身无任何含义。另外，由于代码按顺序排列，新增加的对象只能排在最后，删除对象则要造成空码，缺乏灵活性。因此，顺序码通常作为代码的一个部分，需要与其他种类的代码配合使用。

（2）层次码

层次码是指按编码对象的特点将代码分成若干个层次，每个层次通常用顺序码表示编码对象的某一特征。例如，某企业的职工代码是5位数字的编码，它分成两个层次，第1层次的2位数字，用顺序码表示部门（如01表示人事部，02表示生产部等），第2层次的3位数字，用顺序码表示某部门的职工号（如001、002等）。

层次码的优点是从结构上反映了编码对象的类别，便于计算机分类处理，插入和删除也比较容易；缺点是代码的位数一般较多。

（3）助忆码

助忆码是用可以帮助记忆的字母或数字来表示编码对象的代码形式。例如，用TV-C-42表示42cm的彩色电视机。

助忆码的优点是直观、便于记忆和使用；缺点是不利于计算机处理，当编码对象较多时也容易引起联想出错。因此，助忆码主要用于数据量较少的人工处理系统。

（4）缩略码

缩略码是将人们习惯使用的缩写字直接用于编码的代码形式。例如，用kg表示公斤、cm表示厘米等。

缩略码简单、直观，便于记忆和使用，但是使用范围有限，适用于编码对象较少的场合。

4. 代码的校验

（1）代码校验的含义

代码作为代表事物名称或属性的符号是用户分类、统计、检索数据的一个重要接口，是用户输入系统的重要内容之一，因此它的正确与否直接关系到数据处理的质量。为确保代码输入的正确性，人们在原有代码的基础上增加1个校验位的方法进行代码输入的校验。即通过事先规定的数学方法计算出校验位（长度一般为1位），使它成为代码的1个组成部分，当带有校验位的代码输入计算机时，计算机也利用同样的计算方法计算原代码的校验位，并将其与输入的代码校验位进行比较，以检验是否正确。

利用增加代码校验位的方法校验代码可以检测出代码的易位错误（如，1234输入成1243）、双易位错误（如，1234输入成1432）或其他错误（如，1输入成7）等。

（2）代码校验的步骤

1）对原代码的每一位乘以一个权数，并求出它们的乘积之和。

假设原代码有 n 位：B_1，B_2，B_3，…，B_N。对应的权数因子为 d_1，d_2，d_3，…，d_N（权数因子可以是自然数、几何级数、质数或其他数列）。它们的乘积之和为 $S=B_1d_1+B_2d_2+B_3d_3+\cdots+B_Nd_N$。

2）对乘积之和取模，并算得余数：

$$R=S_{\mathrm{mod}}(M)$$

其中：R 为余数，S 为乘积之和，M 为模数（选用 11 为常见）。

3）将余数或模与余数之差作为校验码 B_{N+1}。

4）将 B_1，B_2，B_3，…，B_N，B_{N+1}输入计算机（输入过程可能出错），计算机利用以上方法计算前 n 位代码的校验位 B'_{n+1}，如 $B_{N+1}=B'_{n+1}$，则认为输入代码正确，否则认为输入代码有误。

5. 代码设计说明书

代码设计完成后要填写代码设计说明书，它是系统设计文档的重要组成部分，必须认真填写，并妥善保管。

7.3.2 数据库结构设计

在工程管理信息系统中，数据是最主要的信息载体，几乎所有的管理信息都以数据或数据表格的形式出现。一般以数据库的方式存储。因此，在数据库设计时要充分考虑系统所需要的各种信息，以及数据之间的关系、数据库的层次、数据库之间的关联。

数据库设计的目标是建立一个合适的数据模型，这就要求数据模型应当既能合理地组织用户需要的所有数据，又能支持用户对数据的所有处理功能能够在数据库管理系统中实现：具有较高的范式，表现在数据完整性好、效益高，便于理解和维护，没有数据冲突。

数据库设计可以分为概念结构设计、逻辑结构设计和物理结构设计三个阶段。

数据库设计以合同编码作为整个数据库的中枢支撑；按照合同管理中所需的数据信息方式设置表；一个数据表中尽量容纳相关合同的所有信息，以减少表的数量，降低管理和维护的难度；尽量减少数据冗余，避免不必要的资源浪费。

7.3.3 输入/输出设计

1. 输入设计

输出信息的正确性很大程度取决于输入信息的正确性和及时性。因此，必须科学地进行输入设计，使之正确、及时、方便地收集信息，录入信息。

2. 输出设计

输出设计的目的是如何正确、完整、美观地将系统处理后的结果输出。输出设计首先要考虑的是人机界面的友好性，还要考虑屏幕显示设计、打印输出设计、音频和视频输出设计。

7.3.4 编写系统设计说明书

1. 引言

包括摘要，背景，系统环境与限制等。

2. 系统设计方案

1）系统总体结构图（功能的划分与总体功能结构图、处理流程图）。

2）系统设备配置方案（ 软硬件环境配置清单，网络拓扑结构图）。

3）新系统的代码体系（代码结构，编码规则）。

4）数据文件及数据库文件说明。

5）输入、输出设计及接口设计。

6）详细设计（层次化模块结构图、模块内部的算法设计）。

7）安全可靠性设计。

8）方案说明及实施计划。

7.4 案例分析

7.4.1 案例 1：系统三层体系结构设计

该系统采用分布式多层体系架构模式，系统分为三层，如图 7-5 所示。

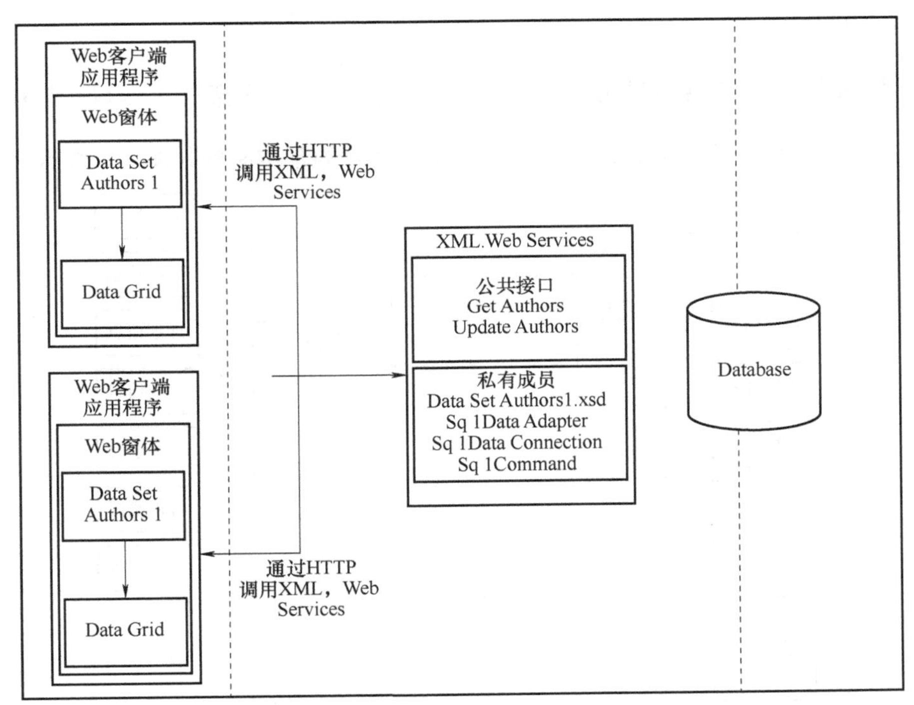

图 7-5　三层网络模型图

1. 数据库服务层

系统最底层是数据库服务层，主要进行网络数据库的维护，在数据库服务器上运行。它根据业务服务器发送的操作请求，具体进行数据库的查询、统计、更新等操作，并将操作的结果发回业务服务器，满足客户端的操作需要。它主要通过各种数据库管理系统，如

Oracle、SQL Server 等来实现，同时这些数据库可驻留在任何平台上。

2. 业务服务层

系统中间一层是业务服务层，是 B/S 结构中最核心的一层。业务服务层是连接用户服务和数据服务的桥梁，协调客户端与数据库服务器之间的关系。业务服务层主要完成上传下达的任务，接收用户提出的服务请求，并将其传送到数据库服务器，再将数据库服务器返回的统计、查询结果反馈给用户。

3. 用户界面层

系统最上面一层是用户界面层，该层主要是为用户提供可视操作界面，面向广大普通用户，使他们可以通过浏览器这种统一的界面很方便地访问所需要的资源，向下层传送用户的服务请求、接收下层传回的响应信息、输出运行结果等，是网络软件的人机接口部分。用户界面层不需要太多的中介驱动程序或设置，因为和数据库服务器连接的工作都交给了中间的业务服务器处理，客户端只需使用简单的通信协议或操作系统提供的通信功能与业务服务器通信即可。

由于客户端采用浏览器，业务规则和数据库都部署在业务服务层和数据库服务层，因此一旦需求变化或数据库结构需要改变时，只需改变位于服务器端的业务层和数据层两层即可，而对于客户端无须做任何维护，系统的维护都集中在服务器端，解决了 C/S 系统存在的分散维护的问题。

7.4.2 案例 2：工程招标投标项目管理信息系统（C/S 架构）运行基本原理

工程招标投标项目管理信息系统（C/S 架构）运行的基本原理如图 7-6 所示。

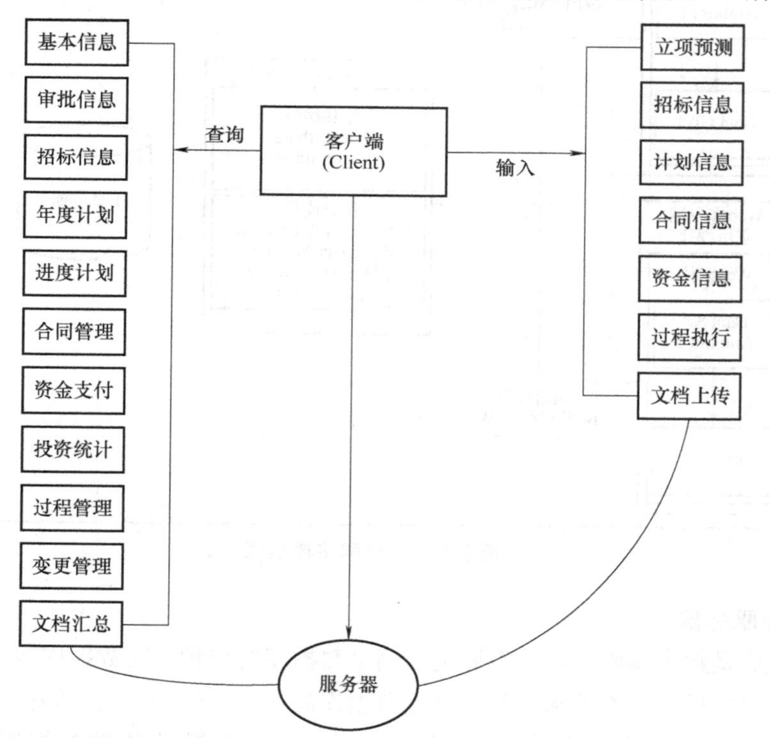

图 7-6 工程招标投标项目管理信息系统（C/S 架构）运行的基本原理

在工程项目招标投标管理信息系统的支持下，应用计算机进行系统分析是不可缺少的。这种分析处理的过程在综合的数据库支持下进行操作，综合数据库反映了招标者、投标者的竞争对手等有关对象信息，以及本企业的工程档案、投标方案优势，以及相应技术、经济指标等主信息。图 7-7 所示为以信息系统支持的投标过程，图中包含了国内外市场信息模块；在定额库支持下的工程概预算模块；工程施工成本分析模块；竞争对手风险分析模块；投标环境分析的决策咨询模块。

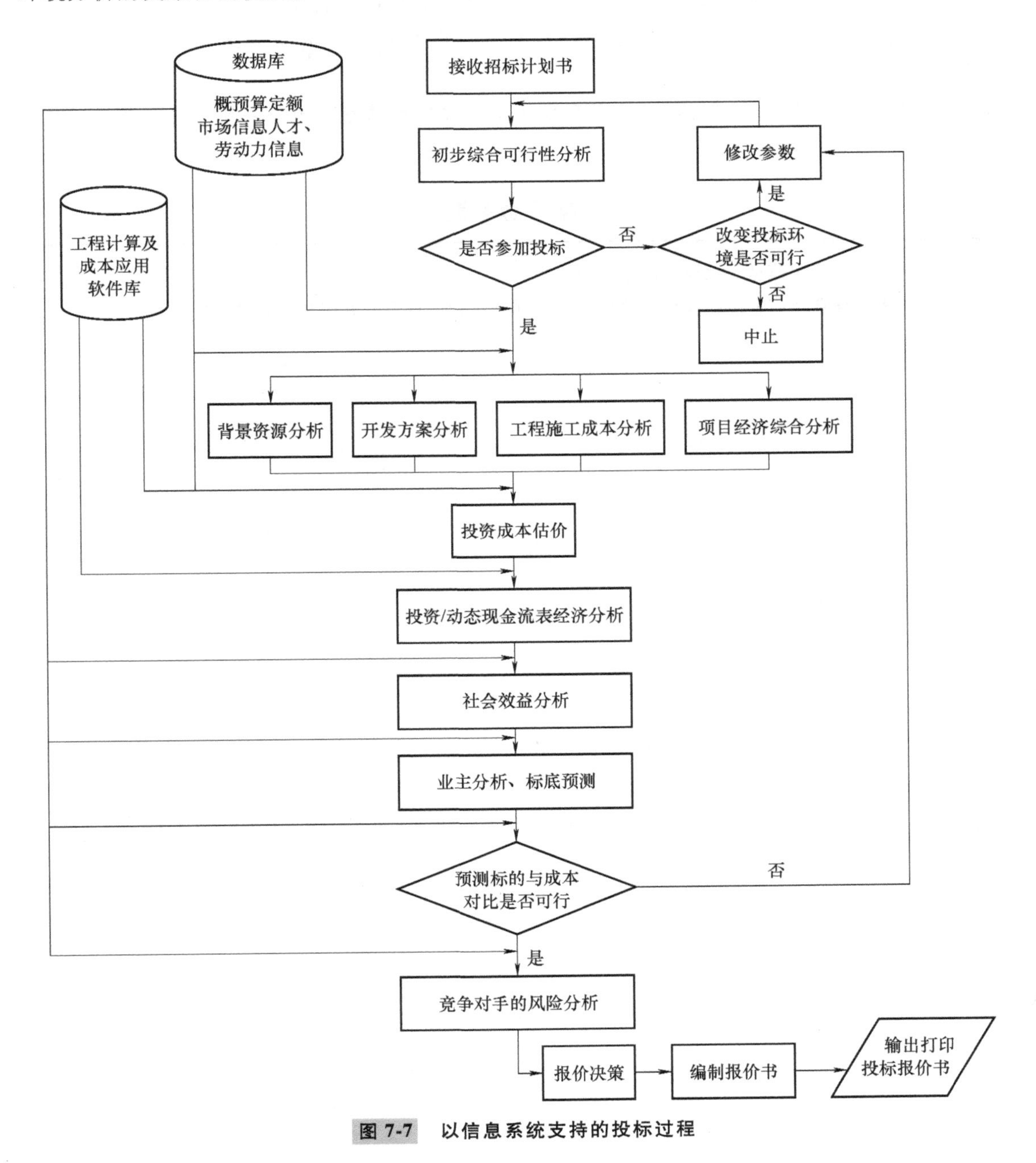

图 7-7　以信息系统支持的投标过程

本章小结

系统设计是根据系统分析阶段提出的目标系统的逻辑模型，建立目标系统的物理模型的过程，它的主要目标是科学、合理地满足目标系统逻辑模型的功能要求，尽可能提高系统的云行效率、可变性、可靠性、可控性和工作质量，合理投入并充分利用各种可以利用的人、财、物资源，使之获得较高的经济效益和社会效益。

系统设计的主要内容包括：总体结构设计、代码设计、数据库结构设计、输出设计、输入设计等。

系统设计说明书是对上述设计所形成的各个方案的总结，为下一阶段的系统实施提供依据。

复习思考题

1. 简述工程管理信息系统设计的依据与原则。
2. 简述工程管理信息系统设计的总体设计与详细设计的内容，并概述两者之间的联系。

第8章 系统实施、运行与维护管理

【学习目标】

1. 熟悉工程管理信息系统实施的步骤与内容。
2. 了解程序设计、系统的检测和调试。
3. 掌握系统切换的方法和步骤。
4. 了解系统维护的内容、类型和步骤等。

8.1 工程管理信息系统实施

工程管理信息系统实施是使系统设计的物理模型付诸实现的阶段。它需要投入大量人力、物力和时间进行程序设计、系统的测试和调试、人员的专业培训，顺利实现系统的有效切换，形成目标系统的运行环境。

8.1.1 工程管理信息系统实施的内容、任务与影响因素

1. 系统实施的具体内容

(1) 程序设计

程序设计是实现新系统的最重要环节，它是根据系统设计说明书的要求，分成若干程序来完成系统的各项数据处理任务。程序设计是一项非常细致复杂的工作，设计得好与坏直接关系到系统运行能否有效达到预期目的。

(2) 系统的测试和调试

由于系统开发人员的主观认识不可能完全符合客观事实，所以，在工程管理信息系统开发周期的各个阶段都不可避免会出现差错。在程序设计阶段也不可避免还会产生新的错误，所以，对系统进行测试和调试是必需的，是保证系统质量的关键步骤。

(3) 人员培训

所有的信息系统都是人机系统，人是起决定作用的因素。在系统实施阶段，需要较多

的开发人员通过培训使各类人员明晰系统的目标、功能和设计方案，同时要使这些人员明晰所从事工作的内容和具体要求。需要说明的是，在新、旧系统切换时的人员培训尤其重要。

（4） 系统切换

系统切换是指系统开发完后新老系统之间的切换。系统切换要求尽可能平稳，使新系统安全地取代原系统，对管理业务工作不产生冲击。从旧系统向新系统的切换方式有三种：直接切换、并行切换和分段切换。

2. 系统实施的基本任务

1） 使管理业务规范化、标准化、程序化，促进业务协调运作。

2） 对基础数据进行严格的管理，要求基础数据的标准化、传递程序和方法的正确使用，保证信息的准确性、一致性。

3） 确定信息处理过程的标准化，统一数据和报表的标准格式，以便建立一个集中、统一、共享的数据库。

4） 高效完成日常事务处理业务，优化分配各种资源，包括人力、物力、财力等。

5） 充分利用已有的信息资源，运用各种管理模型对数据进行加工处理，支持管理和决策工作，以便实现组织目标。

3. 系统实施的关键影响因素

现实工作与系统能否完全磨合，是系统能否得以生存并延续的关键，也将是实施阶段的一大难点。经调查分析得出，影响系统实施的关键因素包括十三个方面，如图 8-1 所示。

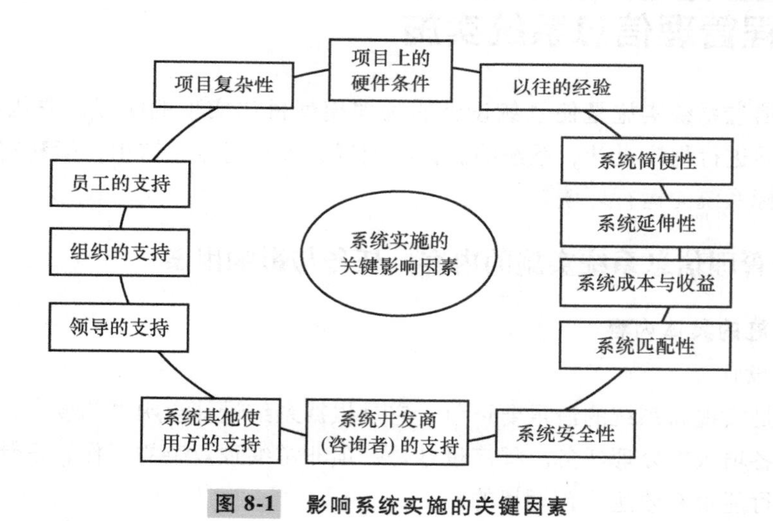

图 8-1　影响系统实施的关键因素

关键因子的重要性排序按表 8-1 确定。

4. 工程项目管理信息系统开发组织体系

工程项目管理信息系统开发组织体系一般是由建筑企业与软件公司共同建立。该组织体系主要由领导小组和实施推进小组组成：领导小组主要负责工程项目管理信息系统的整体定位、总体需求框架界定、资源配备、重大问题协调等；实施推进小组主要负责工程项目管理信息系统的具体推进工作，按工作职责分工，下设需求分析、软件设计、软件开发、软件测试、功能验收、软件使用培训与推广、软件维护、综合协调八个业务小组（图 8-2）。组织体系的建立和有效运行是工程项目管理信息系统开发实施的必要组织保证，也是后续风险管理内容的一个重要方面。

表 8-1　影响系统实施的关键因子排序

重要性排序	关键因子	重要性排序	关键因子
1	领导的支持	8	系统延伸性
2	系统安全性	9	员工的支持
3	系统匹配性	10	系统开发商（咨询者）的支持
4	组织的支持	11	项目上的硬件条件
5	系统其他使用方的支持	12	系统成本与收益
6	以往的经验	13	项目复杂性
7	系统简便性		

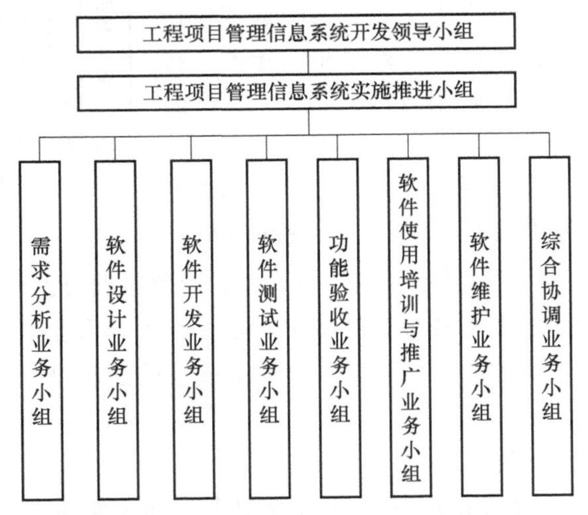

图 8-2　工程项目管理信息系统开发组织体系

8.1.2　程序设计

程序设计主要考虑怎样最大限度地合理完成系统设计阶段的各种技术要求设计，系统功能如何实现等一些具体的问题，或是一些具体的编码问题。

1. 基本结构

工程项目管理信息系统的基本结构包括以下子系统：进度控制子系统、质量控制子系统、投资控制子系统、合同管理子系统、文档管理子系统和管理决策子系统。各子系统之间既相互独立，各有其自身目标控制的内容和方法；又相互联系，互为其他子系统提供信息。程序设计人员需对工程项目管理信息系统的构成进行充分的研究。

（1）工程进度控制子系统

1）工程进度控制子系统功能概述。工程进度控制子系统既要辅助项目管理人员编制和优化工程项目进度计划，又要对工程项目的实际进展情况进行跟踪检查，并采取有效措施纠正偏差，调整进度计划，从而实现工程项目进度的动态控制。工程进度控制子系统的逻辑结构可以参考第6章第6.7节中的相关内容。

2）工程进度控制子系统的组成。具体如下：

① 工程进度计划的编制。工程进度计划的编制，就是根据输入系统的原始数据编制横道计划或网络计划（对于大型复杂的工程项目，还应编制多级网络计划系统），然后在此基础上，根据实际需要通过不断调整初始网络计划进行网络计划的优化，最终得出最优进度计划方案。工程进度计划编制子系统的逻辑结构如图8-3所示。

② 实际工程进度统计与分析。实际工程进度的统计与分析，就是在统计实际进度数据的基础上检查目前的工程项目进展情况，判断项目总工期及后续工作是否会受到影响。分析判断的主要根据就是原网络计划中有关工作的总时差和自由时差。

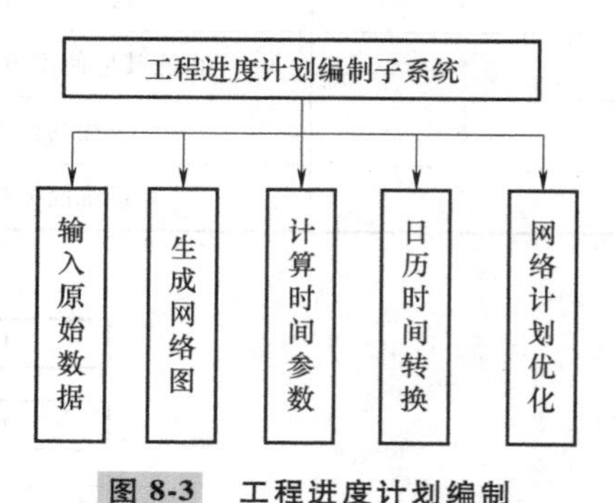

图8-3 工程进度计划编制子系统的逻辑结构

③ 实际进度与计划进度的动态比较。实际进度与计划进度的动态比较，就是将计划进度数据和实际进度数据进行比较，从而产生进度比较报告或横道图、S形曲线、香蕉曲线等进度比较图。

④ 工程进度计划的调整。通过计划进度与实际进度的动态比较，当发现实际进度有偏差时，就应在分析原因的基础上采取有效措施对工程进度计划进行调整，调整原理与工期优化基本相同。

⑤ 图形及报表的输出。图形及报表的输出，是指以图形和报表的形式输出工程项目进度控制过程中所产生的大量信息。图形及报表输出模块的逻辑结构参见6.7节相关内容的介绍。

（2）工程质量控制子系统

1）工程质量控制子系统功能概述。项目管理人员为了实施对工程项目质量的动态控制，需要工程质量控制子系统提供必要的信息支持。工程质量控制子系统的逻辑结构如图8-4所示。

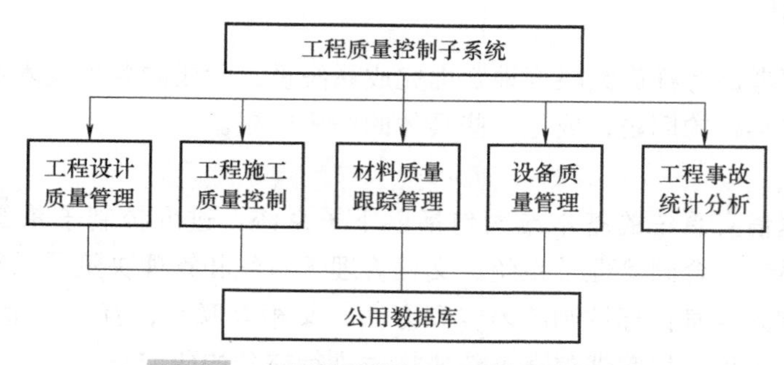

图8-4 工程质量控制子系统的逻辑结构

2）工程质量控制子系统的组成。具体包括：

① 工程设计质量管理。

② 工程施工质量控制。

③ 材料质量跟踪管理。

④ 设备质量管理。主要是指对大型设备及其安装调试进行质量管理。设备质量管理的逻辑结构如图 8-5 所示。

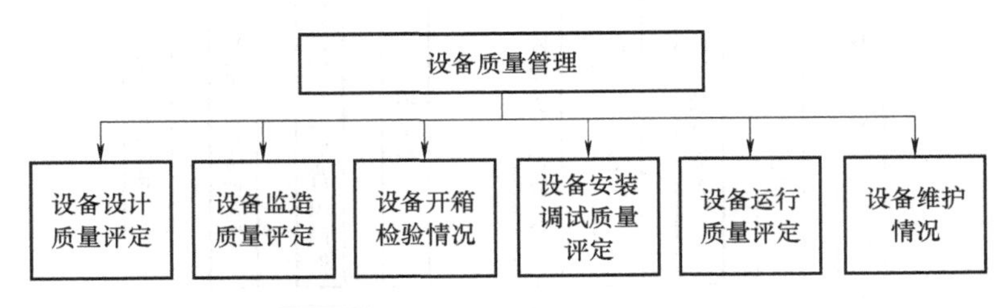

图 8-5　设备质量管理的逻辑结构

⑤ 工程事故统计分析。

（3）工程投资控制子系统

1）工程投资控制子系统功能概述。工程投资控制子系统用于收集、存储和分析建设项目投资信息，在项目实施的各个阶段制订投资计划，收集设计投资信息，并进行计划投资与实际投资的比较分析，从而实现工程投资的动态控制。工程投资控制子系统的逻辑结构如图 8-6 所示。

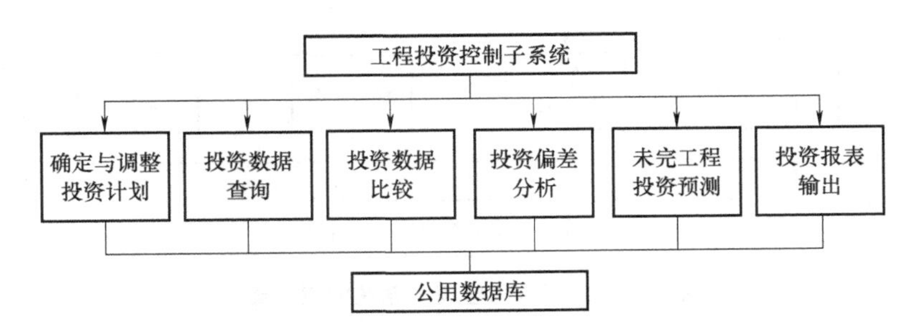

图 8-6　工程投资控制子系统的逻辑结构

2）工程投资控制子系统的组成。具体如下：

① 确定与调整投资计划。确定与调整投资计划就是指输入投资计划数据，并根据实际情况对其进行调整。该模块的逻辑结构如图 8-7 所示。

② 投资数据查询。

③ 投资数据比较。

④ 投资偏差分析。

⑤ 未完工程投资预测。

⑥ 投资报表输出。

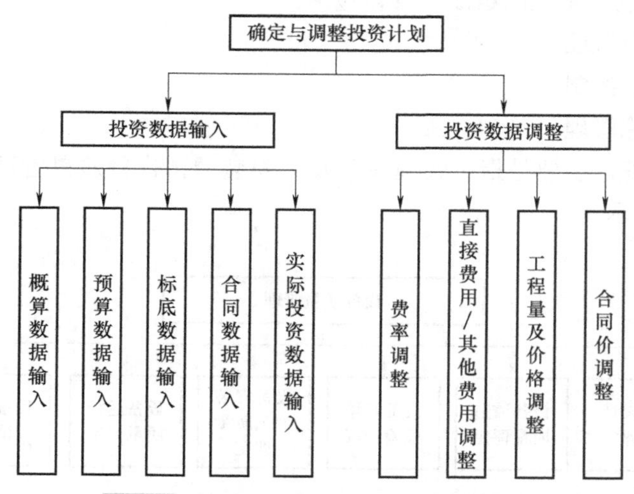

图 8-7　确定与调整投资计划的逻辑结构

（4）工程合同管理子系统

工程合同管理子系统主要是通过公文处理及合同信息统计等方法辅助项目管理人员进行合同的起草、签订，以及进行合同执行过程中的跟踪管理。工程合同管理子系统的逻辑结构如图 8-8 所示。

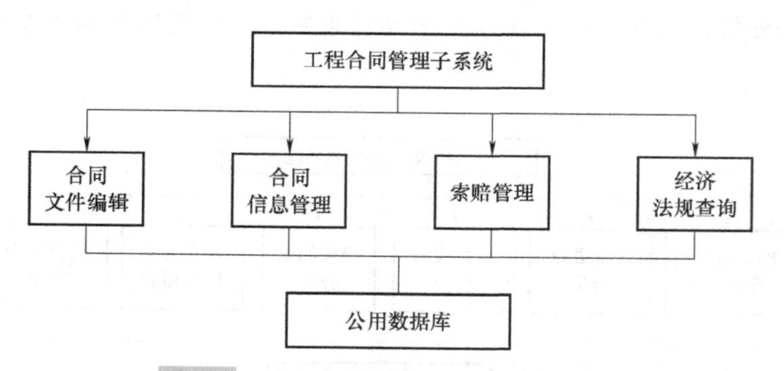

图 8-8　工程合同管理子系统的逻辑结构

（5）工程文档管理子系统

工程文档管理子系统主要是通过信息管理部门，将工程项目实施过程中各个部门产生的全部文档统一收集、分类管理。工程文档管理的主要内容包括：项目文件资料传递流程的确定，项目文件资料的登录与分类存放，项目文件资料的立卷归档等。

工程管理组织中的信息管理部门是专门负责工程项目信息管理工作的，其中包括项目文件资料的管理，因此，在工程建设全过程中形成的所有文件资料，都应统一传递到信息管理部门进行集中收发和管理，如图 8-9 所示，信息管理部门是项目文件资料传递渠道的中枢。

（6）工程管理决策子系统

1）系统的特征。在工程建设的实施过程中，受多方因素影响，即使是经过优化的计划

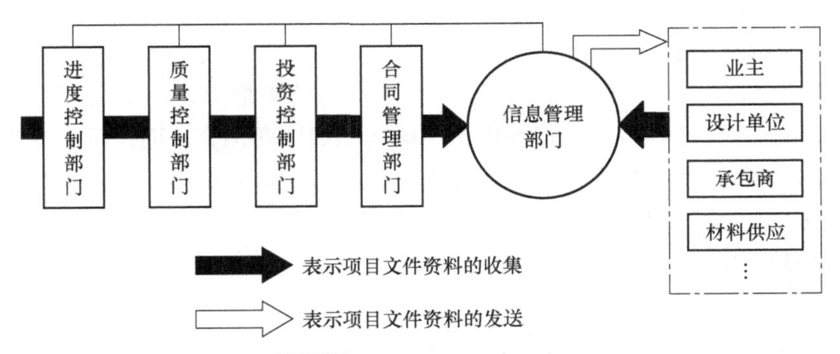

图 8-9　项目文件资料传递

在实施过程中的变化也是不可避免的。工程管理的基本任务是确保工程项目三大目标（进度、质量、投资）的实现。而由于进度、质量、投资三大目标之间存在着项目制约关系，使得项目管理人员的任何决策都必须以三者之间的最佳匹配为目标，工程管理决策支持系统应是一个多目标的动态优化控制系统，如图 8-10 所示。

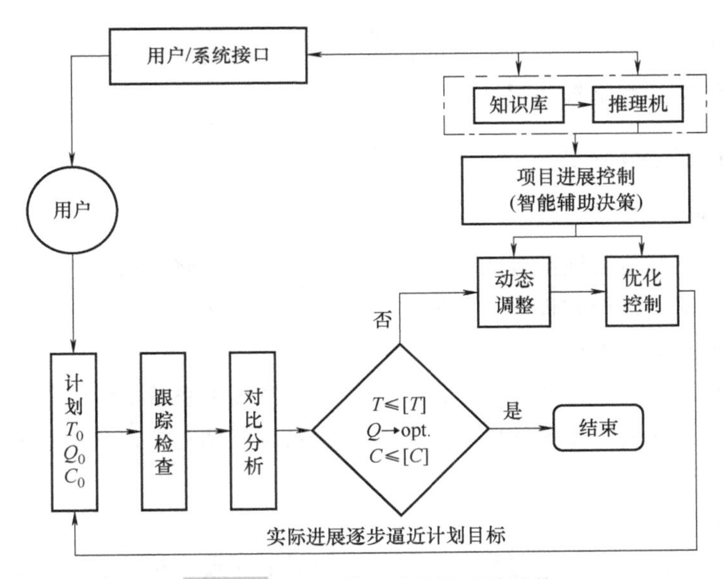

图 8-10　工程管理决策子系统结构

T_0—计划工期目标　Q_0—计划质量目标　C_0—计划投资目标

$[T]$—合同工期　opt.—最优质量　$[C]$—预算投资

2）系统功能。具体包括：

① 工程进度计划的审核与编制。

② 工程进度动态控制。

③ 质量控制与评定。

④ 投资的最合理分配。

⑤ 实际费用支出的动态分析与预测。

⑥ 工程索赔分析与决策。

⑦ 组织协调策略的制订。

3）系统模块结构。工程项目管理决策支持系统的结构框架是一个三库结构，它包括数据库、模型库和知识库。其中，知识库应包括事实和规则两部分。而由于工程项目管理决策支持系统中大量的事实均由数据库和模型库提供，所以在本系统中，由数据库、模型库及规则库的联合才构成一个知识库系统。

2. 系统数据层实现

（1）数据库连接设置

在 ASP. NET 技术下设计的软件系统，可以将系统的基本信息配置在 Web. Config 文件中，如配置数据库连接字符串，这样的配置方式能够方便系统对数据的操作限制，这些参数配置的优劣将直接影响该 Web 应用程序的效率和质量。

（2）存储过程实现

存储过程能够将复杂的或者常用的数据操作过程，事先用 SQL 语句进行编写，并指定一个特殊的名称保存到数据库工具中，系统的前端程序在需要使用该数据操作时，只要进行存储过程调用就可以实现程序指令。

工程信息管理系统设计了四个数据的存储过程，有信息的查询、信息的添加、信息的删除等操作，其中信息的查询较为复杂。

8.1.3 系统的测试和调试

1. 系统的测试

测试的目的是更好地发现至今为止尚未发现的错误及缺陷。所有的测试都应追溯到用户的需求，最严重的错误是导致程序不能满足用户的需求，所以，对系统进行测试和调试是必需的，是保证系统质量的关键步骤。

系统测试是测试整个硬件和软件系统的过程，是对被测系统的综合测试。系统测试的目的是在真实系统工作环境下检验完整软件是否能和系统正确对接，并满足软件研制任务书的功能和性能要求。

（1）功能测试

功能测试主要测试一个特性的基本功能是否和需求一致、相关的协议是否一致。

（2）性能测试

性能测试主要验证测试对象在长时间、大强度下能否正常稳定地工作。

（3）互影响测试

互影响测试主要验证系统中不同任务在相互作用的情况下，其行为是否符合需求。

（4）边界值测试

边界值测试主要从系统测试的角度验证各个应用和功能的边界值。一般来说，设计人员容易忽略这些边界值的处理，事实上也不好处理，因而大量的缺陷出现在这方面。

2. 程序和系统的调试

程序调试是对程序逐个进行语法和逻辑的检查。可输入正常数据检查程序的各功能是否均能实现，核对输出数据的准确性，检查打印格式是否符合要求等。还要输入错误数据，检查对错误信息的反应。

单个程序调试之后，即已消除程序和文件中的错误。在此基础上进行系统调试，一般是按各功能模块进行分调，分调是对一组程序功能正确性进行调试。在分调基础上进行总调，即将总控制程序和功能模块连接起来调试，检查系统中相互关系的正确性。系统总调后进行实况考核。系统调试过程中应做详细记录，写出调试报告。调试经验总结如下：

（1）领导重视和正确指导是系统调试成功的关键

企业领导及有关部门应给予高度重视和大力支持，每天听取系统调试工作情况的汇报，并对系统调试工作提出指导性意见，在系统调试期间深入调试工作的现场进行指导，检查试验项目的进展情况，要求参加系统调试的各单位和全体工作人员保证安全、高效、优质和按时完成系统调试任务。

（2）精心准备是工程调试成功的前提

系统调试的准备工作从收集与研究技术资料开始，技术人员应对以往工程系统调试的经验进行总结，对相关文献进行分析，确保系统调试项目的完善和调试大纲的正确制定。

（3）各单位密切配合是系统调试成功的组织基础

系统调试涉及多单位的配合，其间关系是环环相扣的，一环出错则整个调试过程就无法顺利进行，因此各单位的密切配合十分重要。

（4）组织管理强化及指挥得当是系统调试成功的保证

系统调试涉及工程的设计、设备制造、建设安装、调度、运行、调试和监理等 10 余个单位。整个系统调试工作任务繁重、时间紧，必须设立坚强有力的组织机构，统一调度指挥和安排各项试验工作。

（5）调试项目优化组合及合理安排调试计划

进行系统调试时，需要投入不同的资源，也需要不同部门人员的配合，合理的项目组合和完备全面的调试计划，可以使资源和人员及时到位，保证调试的正常进行。

（6）严格执行规程是系统调试成功的安全保证

系统调试涉及不同的建筑业单位，其中包括设备安装、施工等可能存在安全隐患的部门，因此调试过程中各部门要严格执行章程，谨防危险发生。

8.1.4　人员培训

在工程管理信息系统的实施过程中，培训是一项非常重要的工作内容。培训的首要任务是让受训者了解系统改进的目的和能够带来的益处，从思想上接受新的管理方式，避免因为不适应产生抵触情绪，其次通过培训可以让受训者掌握其操作方法。培训是一种思想灌输、沟通的主要方式，通过对不同对象的培训，可以全面了解各方需求，尽量满足系统实施以后的长期使用过程中各种用户的期望。

工程管理信息系统管理人员应该从熟悉企业业务的，有工程技术、管理、统计、计划经验的，或有管理组织能力的技术人员中进行挑选，并经专门培训后，作为操纵工程管理信息系统的骨干。人员培训阶段需注意的问题如下：

1. 项目开发范围的变更

产生范围变更的原因主要有两种：一种来自用户方；另一种来自开发方本身。用户方在系统开发过程中，一般会根据自己的习惯提出一些要求，通常这些要求并不是很专业，即使采纳对于系统建设也不会有太大帮助，有时甚至还会影响整个系统的实施。遇到这种情况，需要开发方对用户方的要求做出合理分析，根据其组织结构的具体情况进行处理。另外一定要用严格的开发目标约束技术开发人员。

2. 项目开发人员的变动

项目在开发过程中，人员变动是难免的，但这有可能造成项目开发工作的脱节，尤其是关键开发人员的变动。为了保证项目开发的前后一致性，必须建立一个知识传承的机制。这就要求开发人员的设计全部文档化，可以设立专门的文档管理员，做好文档的分类、归档工作。对文档的细化程度还可以进行明确要求，如要求编程人员的程序必须有注释，并且对注释行的比例进行要求；在项目开发团队内部进行技术知识备份，即团队所使用的新技术或关键技术至少有两名项目组成员熟练掌握等。

8.1.5 系统切换

系统切换是指系统开发完后新旧系统之间的切换。系统切换要求尽可能平稳，使新系统安全地取代原系统，对管理业务工作不产生冲击。

1. 系统切换方式

(1) 直接切换

直接切换是指在确定新系统试运行准确无误时，立刻启用新系统，终止旧系统运行。考虑到新系统在测试阶段试验样本的不完全性，所以这种方式一般适用于一些处理过程不太复杂、业务数据不很重要的场合或者旧系统已完全无法满足需要的情况。该方式简单，但风险大。倘若系统运行不畅，会给工作造成混乱，因此只适用于系统规模小且不重要或时间要求不高的情况。

(2) 并行切换

这种切换方式是指新旧系统并行工作一段时间，对照新旧系统的输出，并经过一段时间的考验以后，由新系统正式替代旧系统。由于与旧系统并行工作，消除了尚未适应新系统的不安，因此在银行、财务和一些企业的核心系统中，这是一种经常使用的切换方式。它的主要特点是安全可靠，但费用和工作量都很大，因为在相当长时间内系统要两套班子并行工作。该方式无论从工作安全性上，还是从人员心理状态上都表现较好，但缺点是费用大，系统越大时费用开销越大。

(3) 分段切换

分段切换又称逐步切换、向导切换、试点过渡法等。它是以上两种切换方式的结合，就是用新系统一部分一部分逐渐地替代旧系统。那些在转换过程中还没有正式运行的部分，可以在一个模拟环境中继续试运行。这种方式既保证了可靠性，又不至于费用太高。但它要求子系统之间有一定的独立性，对系统的设计和实现都有一定要求，否则就无法实现这种分段转换的设想。该方式为克服并行切换缺点的混合方式，适用于较大系统，当系统较小时不如使用并行切换方便。

2. 系统切换难点

（1）与新系统的模块功能集成度成正比的复杂性

目前开发的信息系统多是分模块的集成系统。这些模块和功能之间是相互渗透和连贯的，在组织的日常运作和管理中，具有不可比拟的优点。但是，系统的模块和功能越多越复杂，系统切换的困难也就越大，而且难度成倍增加。正像两条直线相交是一个交点，三条直线相交是三个交点，四条直线相交就是六个交点一样，集成点会随着模块和功能的增加而成倍增加。而且即使使用同样的模块，不同的组织对其进行不同配置时，其切换的流程、方式也会有所不同，因此很难得到普遍适用的规则。

（2）与旧系统的数据、流程具有制舍不断的牵连

系统切换最重要的工作之一是数据转换。旧系统的数据一般质量较低也较分散，在向新的信息系统转换时，运作所需的大部分数据需要通过加工旧系统的数据获得。因此，系统切换的难度完全取决于旧系统的质量。这里的旧系统，不单指目前组织正在使用的计算机系统，也可以是过去手工操作的业务流程。旧的流程会影响新系统的初期数据，旧流程越不规范统一，系统切换时就越麻烦。

（3）人力、物力、财力的昂贵代价

系统的切换在时间上应有严格要求，在新旧系统切换过程中，组织或机构本身的业务活动是不能中断的，对于这段时间业务的记录是使用原来旧系统的一套方式，还是按新系统的要求，这是一个艰难的选择。适合选择直接切换方式的情况并不多，但选择另两种方式，在某种程度或阶段上则意味着新旧系统会并行存在，相关人员的工作就会加倍，而两套数据或记录的“对接”问题更为复杂烦琐，系统的切换难度更大。

（4）人为习惯与思想阻碍

信息系统的切换不仅仅是系统项目开发组的任务，它涉及组织的许多部门和人员。一个信息系统的实施是否成功，取决于组织管理层的权威与能力，取决于部门间的责任与配合，也取决于整个公司的文化。而组织领导层的支持和理解，无疑是成功的前提条件。但是，如果旧系统和旧流程是很混乱的组织，在信息系统实施过程中项目组得到的支持往往也较少。另外，从人员心理上考虑，大多是恐惧变化的，尤其是系统切换的好处还未直接显现时。在信息系统切换阶段，这种变迁会使组织员工产生一些工作和心理上的负担，低落或抵触情绪会造成时间或数据质量的失控，无论哪种情况，对于系统切换而言都是致命打击。

3. 系统切换的关键要素

（1）细致的规划

系统切换是信息系统实施阶段的一个关键步骤，要有专门的班子来讨论和制订切换计划，包括切换的方式，切换的起点和期限，切换的步骤和进度控制，资源的配置和人员职责，初期数据的准备工作等。计划必须经过审定并形成文档，以备查考。

（2）领导的重视

信息系统的开发是为了配合组织实现其目标，而组织的领导者作为组织目标的决策者，

应对新的信息系统的实施给予相当的重视并提供良好的系统切换条件和环境，更重要的是，要学习和理解信息系统所带来的先进的管理思想和方法，布置良好的合作与分工，同时对新信息系统的实施充满信心。

（3）人员的培训

在信息系统开发的整个阶段都必须进行人员的培训，而在新旧系统切换时人的作用非常明显。一是这个阶段属于“混乱”时期，仅仅经过试验性测试的信息系统还未进入实战状况，旧系统还没退役；二是这个阶段参与人员最多，包括新系统开发者、管理者、使用者，不进行必要的人员培训必然不利于系统切换的顺利进行。

（4）组织的重构

新信息系统的实施可能会对组织的机构提出一些要求，包括合并或新增一些机构，并且需要改变原有的管理规则与制度，改变原来的工作模式，创建面向新系统的业务流程和相关制度，包括组织文化，以减少新旧系统的冲突与错位。

（5）数据的完善

为了使系统能够完好运行，数据必须完整、准确、一致、及时。新系统涉及的数据，原有数据中需要改变、补充或完善的数据及其来源，切换工作的延误与“瓶颈”，最终都会归集于数据的整理、变换工作。

8.1.6 案例分析

1. 案例1：三峡工程管理信息系统（TGPMS）的实施步骤

中国长江三峡工程开发总公司与加拿大合作方共同开发建设了三峡工程管理信息系统（TGPMS），该系统的应用采用分阶段、分步骤，按业务功能区域（子系统）分头推进的实施策略。

（1）模拟运行

发现软件设计中存在的不合理设计，磨合管理工作中各个环节的相互联系，熟悉新的工作方式，明确使用人员的职责和权利，对使用人员进行培训，消除陌生和不信任感，检查数据处理是否合理。

（2）应用培训

分布在企业各个职能部门的项目实施团队是系统运转的关键因素。通过全方位不断培训各部门业务人员，使他们熟悉系统的管理模式，并与具体的计算机应用相结合。

（3）制定TGPMS运行的规章制度和业务规范

体现管理模型的软件必须有配套的规章制度和工作流程，实施TGPMS必须建立完整的数据责任体系、数据授权等级表（QUID）、数据转换规范、系统运行维护规范。

（4）数据标准的建立及稽核、整理、录入

数据是TGPMS的核心，没有全面正确的数据，系统将无法运行。通过实施过程管理，建立严格的数据编码标准，用户可以顺利地将以往零散的、纸面的数据，按照规范的输入、稽核过程，转换到数据库中，形成精确、及时、完整的具有管理价值的信息。通过不断的应用协调，三峡工程所有正在执行的合同已通过TGPMS进行管理，系统已能跟踪所有正在执行的合同、已发生的成本及概预算情况，系统已应用于大型施工项目的进度计划、设备采购管理中，已应用于施工质量控制信息，包括质量控制标准、单元划分验收评定。工序质量控制、材料试件检测等数据的管理，设计图的提交正由系统跟踪记录。此外，安全信息如安全事故及伤亡、措施、隐患、检查、会议等也已通过系统进行管理。

2. 案例 2：绿色建筑的系统测试与调试

随着科技的进步，实现节能减排的手段日趋多样，如利用可再生能源、应用楼宇自动化系统以减少能源浪费，升级建筑设备系统以提高能效等。与此同时，这些创新型建筑系统的不断演进也引发了对系统质量、节能数量及耐久度的思考。工程管理信息系统的有效调试正是一种有助于保证系统能效性能的过程和手段。调试分为四种类型，参考表 8-2 确定。

表 8-2　系统调试类型

序号	调试类型	运营阶段	目标
1	初步调试	从系统设计到试运行再到运行期间	保证新建建筑初步性能信息的广泛覆盖面
2	持续调试	初步调试或改造调试后继续进行	维持建筑管理信息系统的质量并提升前期调试时的系统性能
3	改造调试	系统运行期间非调试阶段	在调试记录完成前，从建筑全生命周期的角度，甚至返回设计阶段，帮助解决处理所发生的问题
4	再调试	初步调试或改造调试后，系统运行期间内	核实并改进不达标的系统性能

美国绿色建筑委员会（USGBC）认为调试的目的及产生的效益是“验证项目中能源相关的系统是否按照业主的项目要求，设计基础和施工文件进行安装、校正及运行。调试产生的效益包括降低能耗、减少运营成本、减少承建商翻工、更详尽的建筑记录、提升使用者的生产率并且能够确认系统按照业主项目要求运行”。

人们惯于认为绿色建筑的额外成本很高，然而诸多研究和案例已多次证明绿色建筑所带来的效益远远大于财政上的额外支出。绿色建筑的技术措施包括主动和被动两种形式，由于单一被动式绿色建筑设计并不能达到令人满意的能源利用，因此需要配合主动式措施，如可再生能源系统及一些环境友好型的建筑能源系统的应用。这些绿色建筑技术越早在设计阶段中运用和考虑，其初始成本就越低，管理信息系统的有效调试也有助于保持建筑系统的功效并降低能源支出。绿色建筑项目管理信息系统在设计前期及设计阶段、施工阶段、使用阶段的调试步骤按表 8-3～表 8-5 确定。

表 8-3　绿色建筑项目管理信息系统在设计前期及设计阶段的调试步骤

调试依据	数据来源			
	项目阶段	调试任务	基础调试	升级调试
调试专家	要求建筑师及工程师的选拔提案	选定调试专家	业主或项目团队	业主或项目团队

（续）

调试依据	数据来源			
	项目阶段	调试任务	基础调试	升级调试
业主的要求	业主的项目要求及设计基础	记录业主的项目要求；编制设计基础	业主或调试专家设计团队	业主或调试专家设计团队
	方案设计	检查业主的项目要求和设计基础	调试专家	调试专家
调试计划书	扩展设计	研制并执行调试计划	项目团队或调试专家	项目团队或调试专家
施工	施工文件	将调试要求融入施工文件中	项目团队或调试专家	项目团队或调试专家
		在误建文件之前检查调试设计	N/A	调试专家

注：N/A 即 Not Applicable，意为与情况不合。

表 8-4　绿色建筑项目管理信息系统在施工阶段的调试步骤

调试依据	数据来源			
	项目阶段	调试任务	基础调试	升级调试
执行调试	仪器采购仪器安装	检查承包商送审的调试系统材料	N/A	调试专家
	功效测试平衡性能测试	确认参加调试系统的安装及性能	调试专家	调试专家
	运营及维护	为测试系统编制手册	N/A	项目团队或调试专家
	运营及维护培训	确认培训要求的完成度	N/A	项目团队或调试专家
调试报告	实质性完工	完成调试报告总结	调试专家	调试专家

注：N/A 即 Not Applicable，意为与情况不合。

表 8-5　绿色建筑项目管理信息系统在使用阶段的调试步骤

调试依据	数据来源			
	项目阶段	调试任务	基础调试	升级调试
调试报告	系统检测	实质性完工后 10 个月内检查系统的运行情况	N/A	调试专家

注：N/A 即 Not Applicable，意为与情况不合。

8.2 工程管理信息系统运行与维护

8.2.1 系统运行的内容

系统运行是指完成系统日常例行操作和一些临时性的信息服务，并做好系统运行情况的记录工作。系统运行情况记录是系统评价和系统改进的重要依据，其主要内容包括：系统工作量，系统工作效率，系统提供服务的质量，系统维护修改情况，系统故障的发生、原因分析及处理方法和措施等。系统运行情况的记录一定要做到及时、准确和详细。

系统运行的组织对提高信息系统的运行效率是十分重要的。在目前情况下，系统运行的组织有以下两种建立形式：

1. 分散平行式

分散平行式就是将计算机分散在各职能部门，使它们具有相同的机器使用权。这种方式使应用工作能较好地结合实际，但信息处理的能力和支持决策的能力较差。

2. 集中式

集中式就是将所有的计算机集中在信息中心统一管理，各职能部门只是一个服务对象。这种方式使资源得到集中管理，有利于信息共享和支持决策，但容易造成与职能部门的脱节，使应用效果降低。

随着计算机网络的发展，目前已向“集中—分散”的组织形式发展，就是既要有信息中心，又在各职能部门设置微型计算机，使它们连接成网络，从而实现资源共享。

8.2.2　系统维护构架与常见问题

1. 智能维护系统构架

系统维护首先要考虑的便是设备问题，设备故障的突然发生，不仅会增加企业的维护成本，而且会严重影响企业的信息流传递效率，使企业蒙受巨大损失。为了保持设备的稳定性，现在的企业多采用周期性检修的方式，该方式将使得维护活动不是做得太早就是做得太晚，给企业带来沉重的经济负担。新的观念是采用智能维护系统，对设备的性能衰退状态进行监测、评估和预测，并按需制订维护计划，在防止设备因故障失效的同时，最大限度地延长设备的维护周期，减少设备的维护成本。

2. 系统维护工作中的常见问题

（1）维护工作分散化

系统维护过程中存在“系统随应用走”的问题，系统维护基本由使用该系统的应用部门完成，没有一个统一的部门对开放平台系统的维护实施进行规划、管理。

（2）系统维护表面化

由于系统维护工作由应用部门完成，应用开发人员同时兼任系统维护工作，面对繁重的开发任务，承担系统维护的人员没有更多精力对系统做进一步的研究，对于系统的认识只停留在表面上。在系统出现这样或那样的问题时，就显得束手无策，无法迅速定位故障点或对故障做进一步分析，拖延了故障处理时间，影响了系统运行的稳定性。

（3）系统维护外包化

为了克服系统维护的不足，确保生产系统的稳定运行，通常采用将开放平台系统，尤其是小型机系统的维护工作外包给第三方专业系统维护公司的方式，而企业需要为此支付较大的费用。承担维护工作的公司虽然在系统维护上有一定的经验，但是由于他们对企业应用的了解有限，往往在面对某些因应用导致的系统问题时，需要较长的时间寻求解决方案。同时，第三方维护公司的存在，也使企业系统维护人员产生了依赖，失去了在系统方面继续研究的动力。

8.2.3 系统运行维护的任务和内容

1. 运行维护管理的基本任务

1）进行信息系统的日常运行和维护管理，实时监控系统运行状态，保证系统各类运行指标符合相关规定。

2）迅速而准确地定位和排除各类故障，保证信息系统正常运行，确保所承载的各类应用和业务正常。

3）进行系统安全管理，保证信息系统的运行安全和信息的完整、准确。

4）在保证系统运行质量的情况下，提高维护效率，降低维护成本。

2. 运行维护管理的主要内容

信息系统运行维护的主要内容按表 8-6 确定。

表 8-6 信息系统运行维护的主要内容

主要内容			具体说明
硬件维护			对主机和外部等硬件设备的日常管理和维护，主要包括硬件设备故障的检修，易损部件的更换，以及硬件部件的清洗、润滑等过程
软件维护	信息维护	应用程序维护	系统发生问题或业务发生改变，会引起程序的修改和调整。需要进行应用程序维护工作
		数据维护	除对主体业务数据定期更新外，还有部分数据需不定期的更新；或者随着企业环境或业务的改变而进行的数据结构等方面的调整。另外，数据的备份、存档、整理和恢复等都属于数据维护工作
		代码维护	随着系统应用环境的变化，为适应新的需求对系统中的各种代码的增加、修改或删除，以及设置新的代码的过程
	功能维护	改正性维护	一般将诊断和改正那些明显不正确的地方和错误的过程称为改正性维护
		适应性维护	为了使系统适应环境的变化而进行的维护工作。如代码改变、数据结构变化、数据格式及输入输出方式的变化、数据存储介质的变化等，都将直接影响系统的正常工作。因此有必要对系统进行调整，使之适应应用对象的变化，以满足用户的要求
		完善性维护	在使用软件的过程中用户往往提出增加新功能或修改已有功能的建议，还可能提出一般性的改进意见。为了满足这类要求，需要进行完善性维护
		预防性维护	为了改进未来的可维护性或可靠性而进行的第三项维护活动
		系统更新维护	为了和变化了的软件开发环境适当地配合而进行的修改软件的活动。系统的适应性维护可以适当地延长管理信息系统软件的生命周期，而且管理信息系统的最初投资也能得到一定程度的保护
机构和人员的变动			信息系统是人机系统，人工处理也占有重要地位。人的作用占主导地位。为了使信息系统的流程更加合理。有时涉及机构和人员的变动

8.2.4　系统维护的步骤

1. 确定维护目标，建立维护人员组织

软件维护、人员的组织必须与信息系统软件的环境相适应。应递交维护申请报告，评估问题的原因、严重性，确定维护目标和维护时间。

2. 建立维护计划方案

维护工作应当有计划、有步骤地统筹安排。维护计划应包括维护任务的范围、所需的资源、维护费用和维护进度安排等。需要注意的是，维护人员必须首先理解要维护的系统。由于程序的修改涉及面较广，某处修改很可能会影响其他模块的程序，所以修改的影响范围和波及作用是建立维护方案需要考虑的重要问题。

3. 修改程序及调试

在维护过程中应特别注意维护的副作用问题。因为在改变程序的过程中，维护人员往往把注意力集中到改变部分，而忽视了系统中未改变部分。这样产生潜在错误的可能性就会增加，因此必须加以注意。按预定方案完成修改后，还要对程序及系统的有关部分进行重新调试。

4. 修改文档

软件修改调试通过后，则可修改相应文档并结束维护过程。

8.2.5　维护方案

1. 突发事件管理

根据突发事件的类型等因素，可将突发事件分为攻击类事件、故障类事件、灾害类事件三个类型。当系统出现突发事件时，系统维护部门应在第一时间根据事件类型，对事件进行处理并及时向上级领导和上级有关部门进行汇报。

2. 信息系统故障解决

1）信息系统出现无法本地解决的故障，应向上级领导及上级部门进行申告。对无法解决的故障，应立即向软硬件最终提供商、代理商或维保服务商提出技术支持申请，督促厂商安排技术支持，必要时进行跟踪处理，与厂商一起到现场进行解决。

2）如果故障问题比较严重并牵扯到其他相关部门，在解决故障期间应通知相关部门，提前做好备份工作。

3）厂商技术人员现场处理故障时，当地维护人员应全程陪同并积极协助，并在故障解决后进行书面确认。

4）故障解决后，维护人员应对故障的产生原因、解决方案填写详细记录，作为日后出现类似问题的参考解决方案。

5）对于系统隐患或暂时不能彻底解决的故障应纳入问题管理，每月应对存在的问题进行跟踪分析。

3. 信息系统变更管理

1）信息系统变更包括硬件扩容、冗余改造、软件升级、系统升级、模块的更改和搬迁、数据维护等工作，以及电子表格模板、文档模板、安全策略和部署的改变等。

2）信息化办公室应保证在线系统软件版本及硬件设备的稳定，未经过审批通过的方案，不得自行对系统软件版本及硬件设备进行任何变更及调整。

3）变更包括紧急变更和普通变更。紧急变更是由于故障处理等的迫切需求而引起的，目的是保持或者恢复正常工程，无法进行书面请求和审批。普通变更是指非紧急变更，如各项评分表单的更改、系统模块的更改等。对于普通变更，应有执行人员根据变更影响的范围和深度通知上级领导和相关部门，经审核同意后进行变更；变更前应制定相应的执行措施，如出现错误如何回退等情况。

4）原则上，变更必须在夜间或非主要工作时间进行，维护人员可以在备用服务器上进行先期模拟变更，对变更中出现的问题，其解决方案应有备案。

5）对于紧急变更需求，允许口头申请、审批后组织具体实施。事后，对变更后的系统及硬件设备进行一定时间的测试，确认无误后，向上级领导进行汇报，并完成相关文档资料的更新工作。

4. 维护作业计划管理

1）系统维护部门应按工程实际情况制定维护制度，保障网络的正常使用。

2）维护制度要求在每次维护结束后填写维护记录，对维护中发现的问题及时记录并解决。出现重大问题时应及时上报有关领导和上级相关部门。

3）维护工作原则上应在夜间或非工作时间进行。如果出现紧急情况，应通知受影响的部门后，再进行解决。

4）数据备份。存储和管理应根据相关管理制度制定作业实施步骤。

5. 信息化检查管理

系统维护部门每年至少一次对信息系统相关的机房环境、计算机硬件、配套网络、基础软件和应用软件进行全面检查。信息系统检查的具体实施内容包括：

1）制订技术检查计划，列出检查重点、内容、要求，形成固定检查表格。

2）收集设备运行的故障和隐患。根据年度检查的重点内容，调查设备近期运行情况，统计出各类型设备在运行过程中曾出现的故障；对反馈的问题进行分析、评估，做好相应的技术准备，对一些需要厂家解决的问题列出清单，及时与厂家沟通，制定解决方案，以供检查过程中实施、解决。

3）检查完毕后应对本次检查填写详细记录和问题汇总。

4）组织相关人员对信息化检查中暴露的问题进行解决，牵扯到相关部门的，应与相关部门进行沟通后再进行处理。

6. 技术档案和资料管理

1）系统维护部门负责技术档案和资料的管理，应建立健全必要的技术资料和原始记录，包括但不限于以下内容：

① 信息系统相关技术资料。

② 机房平面图、设备布置图、IP 地址分布图。

③ 网络连接图和相关配置资料。

④ 各类软硬件设备配置清单。

⑤ 设备或系统使用手册、维护手册等资料。

⑥ 上述资料的变更资料。

2）软件资料管理应包含以下内容：

① 所有软件的介质、许可证、版本资料及补丁资料。

② 所有软件的安装手册、操作使用手册、应用开发手册等技术资料。

③ 上述资料的变更记录。

7. 备份及日志管理

1）原则上，对各项操作均应进行日志记录，内容应包括操作人、操作时间和操作内容等详细信息。维护人员应定时对操作日志、安全日志进行审查，对异常事件及时跟进解决，形成日志审查汇总意见并报上级维护主管部门审核。安全日志应包括但不局限于以下内容：

① 对于应用系统，包括系统管理员的所有系统操作记录，所有的登录访问记录，对敏感数据或关键数据有重大影响的系统操作记录，以及其他重要系统操作记录的日志。

② 对于操作系统，包括系统管理员的所有操作记录，所有的登录日志。

2）系统维护部门应针对所维护的系统，依据数据变动的频繁程度及业务数据的重要性制订备份计划，经过上级维护主管部门批准后组织实施。

3）备份数据应包括系统软件和数据，业务数据及操作日志。

4）维护人员应定期对备份日志进行检查，发现问题及时整改补救。

5）系统维护部门应按照实际维护工作的相关要求，根据业务数据的性质，确定备份数据保存期限，应根据备份介质的使用寿命，至少每年进行一次恢复性测试，并记录测试结果。

8.2.6　案例分析

1. 案例 1：基于 BIM 的工程项目管理信息系统的运行

基于 BIM 的工程项目管理信息系统的运作，就是用户通过局域网（乃至整个互联网范围内）向系统服务器发送查询、信息变更等操作请求，由系统根据该用户所有权限的定义，按操作方式、用户权限等的差异，从系统数据库服务器中集成其所需的从项目前期至检索时间点的所有相关工程项目信息，以文字或 2D 图、3D 图的形式，由系统应用服务器进行界面组织，集成反馈给用户，供用户进行相关操作，如图 8-11 所示。

基于 BIM 的工程项目管理信息系统在项目全生命期内的具体运作如下：

（1）项目前期策划阶段

此阶段主要利用项目前期管理模块和项目策划管理模块，可以在系统形成一个 3D 模型，前期各参与方可以对该三维模型进行各方面的模拟试验，进而做出可行性判断和设计方案的修正。由于数据的集成共用，最终可以得出理想的设计精准的项目 3D 模型、前期文档、平面设计图等一系列的成果。

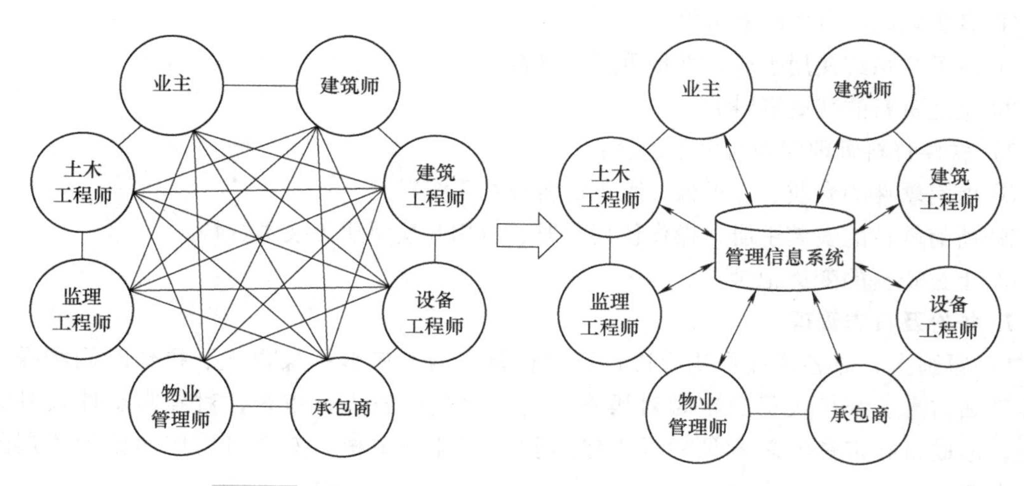

图 8-11 基于 BIM 模型的工程项目管理信息系统运作图

（2）项目招标投标阶段

此阶段主要利用招标投标管理模块，进行一些基于网络的开放性操作。将项目前期形成的若干成果进行适度公布，并组织公开招标投标。招标单位可以在一定程度上，规避投标单位由于对项目理解误差造成的费用和时间的损失，还可以避免串标等行为的发生；投标单位也可以从这些开放性的集成文件里，做出合理、准确的标案，而且各方都可以基于一个公正合理的平台进行竞标。最终标案经过系统公示产生后，将招标投标文件输入系统，形成产生项目合同依据的有效电子文档，并以此产生项目的总承包等一系列合同文件。招标投标过程中信息流动状态改变如图 8-12 所示。

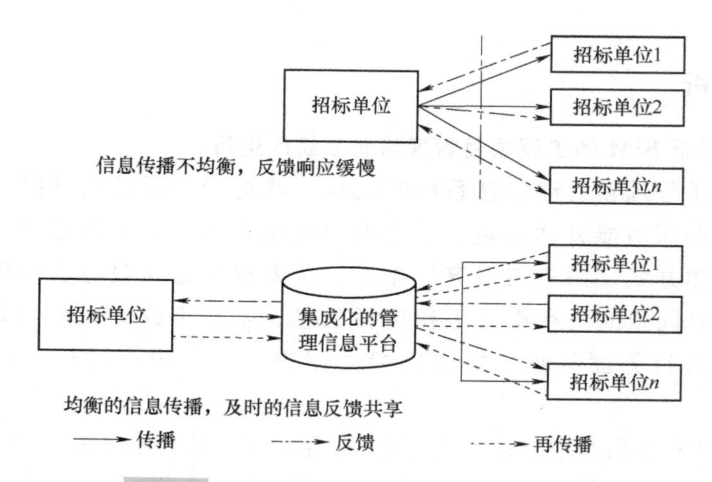

图 8-12 招标投标过程中信息流动状态改变

（3）项目施工阶段

此阶段利用质量、进度、投资控制模块，对所有系统模块（此时系统所有模块才全部参与运作）进行有效控制。在该过程中，随着项目的开展将产生各种合同文件，如物资采购及调用记录，合同及项目设计等的变更记录，以及施工进度、投资分析图等一系列系统文件。在有效的系统使用范围内，项目各参与方可以随时调用权限范围内的项目集成信息，可以有效避免因为项目文件过多而造成的信息不对称的发生。

（4）项目运营阶段

在运营管理阶段主要利用后期运行及评估模块，可以及时提供有关建筑物使用情况、入住维修记录、财务状况等集成信息。利用系统提供的这些实时数据，物业管理承包方、最终用户等还可对项目做出准确的运营决策。

2. 案例 2：建设工程质量检测管理信息系统的运行

本案例的介绍只保留核心内容。

由建设部制定，2005 年 11 月 1 日开始施行的《建设工程质量检测管理办法》中规定了建设工程质量检测业务内容，分为专项检测类和见证取样类，建设工程质量检测基本业务流程如图 8-13 所示。

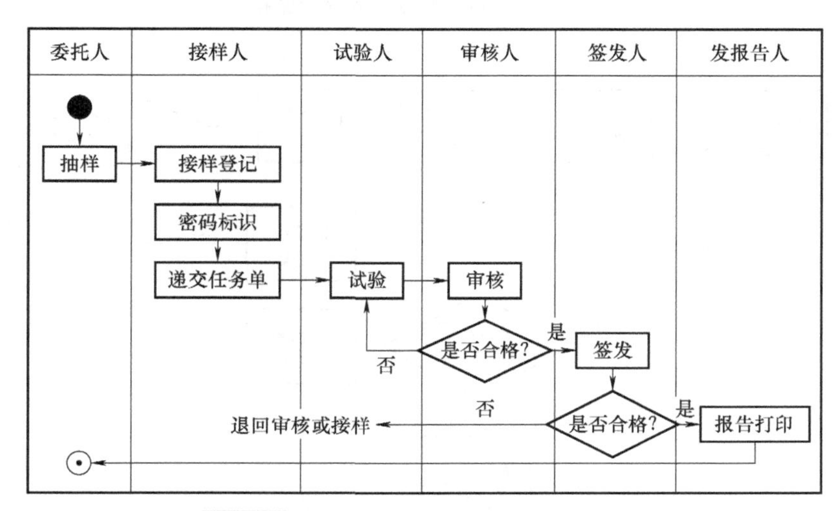

图 8-13　建设工程质量检测基本业务流程

系统的正常顺序流程如图 8-14 所示。

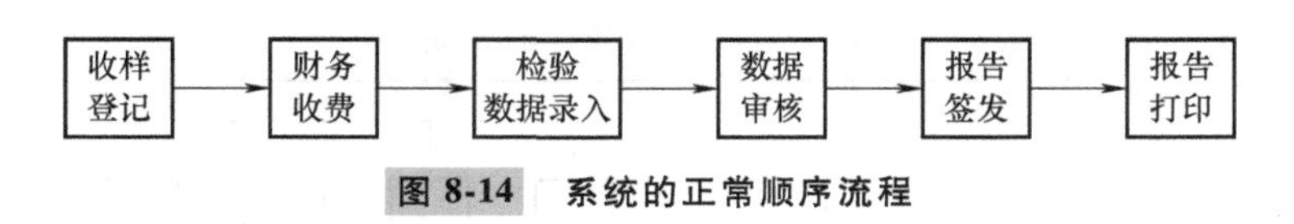

图 8-14　系统的正常顺序流程

检测数据录入处理流程如图 8-15 所示。

数据审核系统主要完成对已在数据录入环节录入的检测数据及其检测结论进行复核。数据审核处理流程如图 8-16 所示。

系统的主要功能结构如图 8-17 所示。

3. 案例 3：ERP 系统的运营维护

系统运营维护阶段的主要任务是通过各种必要的维护活动使系统持久地满足用户需求。

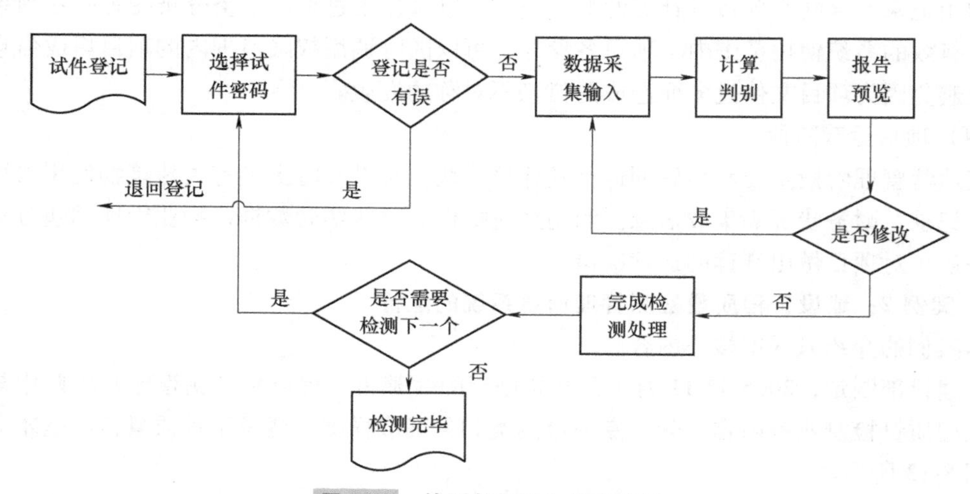

图 8-15 检测数据录入处理流程

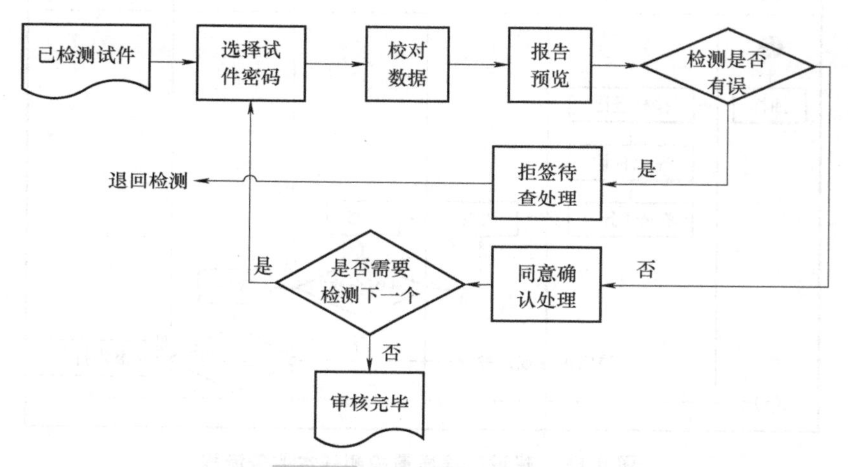

图 8-16 数据审核处理流程

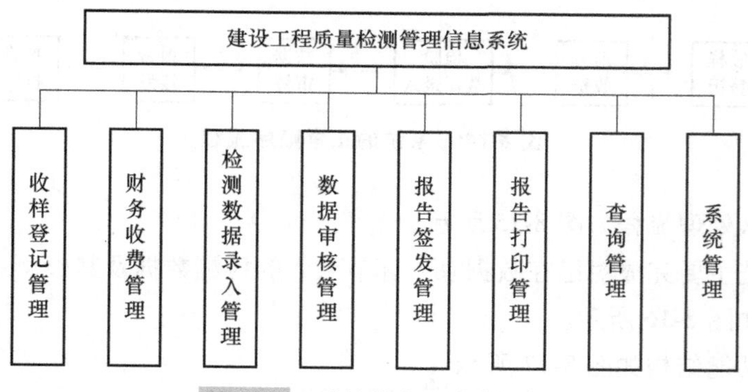

图 8-17 系统的主要功能结构

（1）ERP 系统维护中的主要工作

1）用户权限管理：新增用户权限、权限变更、权限禁用等。

2）业务流程管理：复查项目实施时所制定的 ERP 业务流程是否适合当前的业务需要，对流程进行优化，使之更加适合企业处理日常业务的需求。如果企业的组织机构、管理制度或实际业务发生重大变化，企业应当及时与相关的 ERP 实施人员联系，根据需要对 ERP 流程进行调整，并修改用户权限。

3）公司 ERP 文档完善：二次开发文档、技术支持文档等。

4）企业用户需求管理：主要为公司 ERP 升级和改造做准备。

5）与软件供应商及时有效沟通：把企业用户需求、软件使用遇到的问题及时反馈给软件供应商，督促供应商及时解决问题，并尽可能把本公司的意志体现到软件下一版本中。

6）软件日常维护：包含数据库维护，以及数据的导入和导出，建立维护记录文档。

7）软件升级：包括方案制定、升级实施、过程文档化等，ERP 管理政策以及流程的制定和完善。

8）ERP 数据备份：硬盘备份、光盘备份、灾难恢复演练等。

9）适当的二次开发：根据企业的应用需求变化，对 ERP 系统进行适当的二次开发，包括 ERP 与其他软件的接口开发、ERP 系统报表的开发与完善等。

从以上的主要工作可见，ERP 系统维护的工作量是比较大的，企业需要配置专门的人员进行运营维护工作。而维护人员如何配置及配置人员的数量等问题，由企业采取的 ERP 系统运营维护模式决定。

（2）ERP 系统运营维护模式

ERP 系统运营维护模式可以从两个角度进行比较分析：

1）从维护主体的角度分析。根据维护主体的划分，企业常用的 ERP 系统维护模式主要有三种：自己维护，外包维护及两者的结合。这三种模式的比较分析见表 8-7。

表 8-7　维护主体角度的 ERP 系统维护模式比较分析

ERP 系统的维护模式	特点
自己维护	1. 企业自己维护 ERP 系统，大部分工作由企业的 IT 部门承担，其他的职能部门也参与维护工作。通常为 ERP 系统本身的正常运行与维护由 IT 相关部门的人员进行维护，不同职能部门的人则对各自相关的系统模块运行进行维护 2. 该模式的优点是维护人员熟悉企业的业务流程，可以更好地实现系统的深度应用 3. 该模式适合 IT 技术力量较强的公司采用
外包维护	1. 企业将全部 ERP 维护工作外包给专业性公司完成，通常为外包给软件提供商或专业的系统维护商 2. 该模式有助于企业整合利用外部最优秀的 IT 专业化资源，从而集中精力发展企业的核心业务，达到降低成本、提高效率，提高企业核心竞争力的目的 3. 中小企业采用该模式的比较多
自己维护和外包维护的结合	1. 由企业和软件提供商或专业的系统维护商共同承担维护工作 2. 该模式可以充分利用企业和第三方的 IT 资源，结合双方的优势力量 3. 通常情况企业负责自身业务流程方面的维护，第三方负责相关技术的维护。根据谁为主要维护力量，又可分为两种：自己维护为主，外包维护为辅；外包维护为主，自己维护为辅

2）从系统管理和维护的分散程度分析。据系统管理和维护的分散程度，ERP 系统的维护模式有分散式系统维护方式和集中式系统维护方式两种。这两种方式的比较分析见表 8-8。

表 8-8　系统管理和维护的分散程度角度的 ERP 系统维护模式比较分析

ERP 系统的维护模式	特点
分散式系统维护方式	1. 分散式系统维护方式是指整个公司中每个利益相关的实体都有自己的 IT 部门负责该组织中 ERP 相关的资源和事宜的管理工作。它们各自有自己的系统服务器，并且可以进行 ERP 项目的开发和实施 2. 采取分散式系统维护方式的多是集团企业 3. 这些集团企业具有以下特点： 1）集团企业采取分散式管理模式，集团总部对分支机构的监控比较弱 2）集团总公司的 IT 部门和其他分支机构的 IT 部门之间的联系不紧密 3）集团中各分支机构的信息化应用水平差距不大，统一的管理和维护比较困难 4）集团企业涉足行业范围不同，其分支机构的行业差异程度大
集中式系统维护方式	1. 集中式系统维护方式是指与 ERP 相关的主要资源和相关事宜都由公司统一管理 2. 主要资源包括硬件资源、软件资源和人力资源，相关事宜主要是系统维护过程中的 ERP 项目的实施及其管理和监控 3. 每个分支机构只负责内部信息系统简单的日常维护，包括软件终端和 PC 的维护

系统的应用和提高是一项长期性的工作，它不仅可以巩固提高 ERP 系统在企业的应用水平，促进企业的精细化管理，还可以为系统升级和二次开发，以及新的系统选型做准备。企业应该高度重视 ERP 运营维护工作，应该根据所选 ERP 系统的成熟度和企业 IT 部门的实力、企业规模选择不同的维护方式。

4. 案例 4：工程招标投标管理信息系统信息维护模块的设计和实现

该系统的信息维护模块主要有信息维护、管理和备案信息管理，如图 8-18 所示。

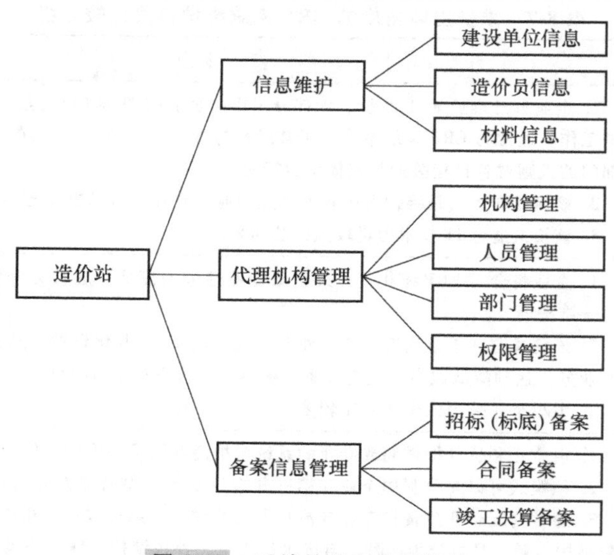

图 8-18　系统的信息维护模块

（1）信息维护

1）建设单位信息维护。用户可以根据实际情况为本机构添加新的建设单位信息，添加时需输入单位名称、单位地址、联系电话、联系人等信息。所有信息均为必填信息，建设单位名称唯一，不可重复；查询建设单位信息时，用户可以根据单位名称查询建设单位信息，也可以查看本单位下的招标或投标备案信息。

2）造价员信息维护。用户根据实际情况为机构添加相关的造价员信息，添加时需输入姓名、性别、年龄、联系电话、证书编号、专业、级别、发证时间、注册单位等信息，所有信息均为必填信息，每个造价员的证书编号是唯一的，不可重复，注册单位为代理机构；用户根据实际情况的需要可修改相关的造价员的信息，可修改的信息有：姓名、性别、年龄、联系电话、证书编号、专业、级别、发证时间、注册单位。查询造价员信息时，用户可以根据名称、级别、专业查询造价员信息，三个条件可同时输入查询，也可以选其一查询，三个条件都不输入时查询的是本机构下的全部造价员信息。

3）材料信息维护。用户根据实际情况为机构添加相关的材料信息，添加时需输入材料编号、材料名称、规格型号、单价等信息。所有信息均为必填信息，可以对材料信息进行编辑、删除和修改。

（2）代理机构管理

用户根据实际情况为机构添加相关的代理机构信息，添加时需要输入机构名称、地址、资质等级、法人等信息，所有信息均为必填信息，机构名称不可重复。查看代理机构信息时，用户可以根据机构名称、资质等级查询代理机构的信息，两个条件可同时输入查询，也可以选其一查询，两个条件都不输入时查询的是本机构下的全部造价员信息。

（3）备案信息管理

1）招标投标备案信息。用户根据实际情况为机构添加相关的招标（投标）备案信息，添加时需要输入招标（投标）编号、工程项目名称、总造价、建设单位等信息，所有信息均为必填信息；同时可以对招标投标备案信息进行编辑、删除和修改。

2）合同备案。用户根据实际情况为机构添加相关的合同备案信息，添加时需要输入合同编号、工程项目名称、结构类型信息，所有信息均为必填信息；用户可以根据合同编号、工程项目名称查询合同备案信息，两个条件可同时输入查询，也可以选其一查询，两个条件都不输入时查询的是本机构下的全部合同备案信息。

3）竣工决算备案。用户根据实际情况为机构添加相关的竣工信息，添加时需要输入竣工项目编号、工程项目名称、结构类型信息，所有信息均为必填信息；用户根据实际情况的需要可修改相关的竣工决算备案信息，可修改的信息有竣工项目编号、工程项目名称、结构类型；用户可以根据竣工项目编号、工程项目名称查询合同备案信息，两个条件可同时输入查询，也可以选其一查询，两个条件都不输入时查询的是本机构下的全部竣工决算备案信息。

本章小结

本章从工程管理信息系统的实施步骤与内容、程序设计、系统的测试和调试、人员培训、系统切换、系统运行的内容、系统维护工作中常见问题、系统维护的内容和类型、系统维护的步骤等方面出发，阐释了工程管理信息系统的实施、维护与运行管理。

复习思考题

1. 简述工程管理信息系统的实施步骤与内容。
2. 简述工程管理信息系统维护的内容和类型，并对各种类型进行比较分析。

第Ⅲ篇

应用发展篇

第9章 BIM 软件应用

【学习目标】

1. 了解 BIM 相关基础建模软件。
2. 了解常见的 BIM 工具软件。
3. 了解工程建设过程中的 BIM 软件应用情况。

9.1 BIM 基础建模软件

9.1.1 BIM 基础建模软件特征

BIM 基础软件主要是建筑设计建模软件，其主要任务是进行三维设计。建立的可视化模型基于 BIM 技术，是后续 BIM 相关应用软件操作的基础。

基于 BIM 技术的特点，BIM 基础建模软件具有以下三个特征：

1）三维模型的可视性与可编辑性。这是模型建立的基础。应用三维图形技术，能够实现任意三维实体的创建和编辑，将建筑及构件以三维的方式直观呈现，并能够根据需要全方位、各角度地观察模型。

2）支持常见的建筑构件库。BIM 基础建模软件不再是单纯具有几何信息的图形，而是具有属性信息的虚拟模型。因此，BIM 基础软件中，应提供让用户根据需要进行快速建模的内置构件库，包括梁、板、柱、墙、门窗、楼梯等构件。用户在建模的过程中，可以在构件库中选择要创建的构件类别、形式，然后输入相应的参数。这样大大提高了建筑实施的可行性。

3）支持三维数据交换标准。一体化是 BIM 技术的优点之一，BIM 技术可以从设计到施工再到运营，贯穿始终。而这一过程又不是一款软件能够解决的，这就要求 BIM 应用软件之间必须能够互通。BIM 建模软件作为 BIM 技术的基础，应能将其建立的模型通过 IFC 等标准输出，为其他 BIM 应用软件再利用。

在以往传统的CAD系统中，建筑在设计阶段几乎都是在二维的基础上生成的。这种基于CAD软件的二维图，局限于软件功能，其设计结果仅为由点、线、面组合而成的图形。这样的绘图方式，由于绘图人的因素往往会出现图与图互相对应不上的错误。

然而，建筑本身就是一个三维实体，其设计的实质也必然是三维空间的构思过程。因此，BIM建模软件实现了设计方式由二维转向三维的变革，并将三维的建筑设计与二维的成图结合起来。通过BIM基础建模软件，可以得到一个唯一的三维模型实体，这个模型包含了图形的数据和构件的属性信息，并可以在后续的BIM工具软件中应用，还可以通过软件自动生成模型平、立、剖视图，避免互相不一致的问题发生。

9.1.2 BIM模型创建软件分类

根据不同的使用阶段，BIM基础建模软件大致可分为BIM初步概念建模软件和BIM核心建模软件两类。

1. BIM初步概念建模软件

在设计阶段初期，设计者需要通过与业主多次沟通来确定设计方案。模型形体的变更、体块的推敲和方案的论证是这一阶段的工作重点。因此在建模过程中，建模方式的便捷性和灵活性就显得极为重要。

目前，较为流行的概念建模软件以SketchUp最具代表性。它操作简单，上手快速，简单的推拉功能就可以快速生成3D几何形体，并自带大量门、窗、柱等组件库，这大大简化了三维建模的过程，能够让设计者将更多的精力专注于设计上。2012年，SketchUp被天宝（Trimble）公司收购之后，推出了更为专业的版本SketchUp Pro，并致力于开发BIM系统。直至SketchUp Pro 2014的问世，支持IFC文件的导入和导出使得SketchUp Pro正式步入BIM软件的行列。在延续原本灵活、直观、便于交流的建模优势之外，SketchUp Pro还可以在完整的Design-Building-Operate（DBO）生命周期中提供优化的解决方案。

常用于设计前期概念建模的BIM软件是Trelligence开发的Affinity。Trelligence公司在建筑规划、早期设计和数据整合方面在业界处于领先地位。除了精确的2D绘图和灵活的3D模型技术，Affinity在单一平台上提供了一整套易于操作的程序，包括空间规划、可行性报告和方案论证与分析等。Affinity还具有完美的互操作性，能够在Revit、SketchUp、AECOsim Building Designer、ArchiCAD和IES公司的VE-Gaia与VE-Nacigator for LEED等软件协同设计，能够有效地解决设计早期阶段的各种问题。

2. BIM核心建模软件

设计阶段之初的设计方案，通过BIM初步概念建模软件的三维建模及分析论证，得到的成果在进入下一阶段时，还需将其转换到BIM核心建模软件中进行设计深化。BIM核心建模软件（BIM Authoring Software）是BIM技术应用的基础。它不仅是建筑层面上的建模，而且涉及结构、设备、施工等专业多学科的综合协同建模。

随着BIM技术的不断发展，BIM核心建模软件也变得多种多样。

（1）Revit系列

Revit系列包括Revit Architecture，Revit Structure，Revit MEP等，该系列软件由美国Autodesk 公司开发。Revit 系列软件包含建筑、结构、设备三个独立的软件，它可以帮助各专业设计人员从方案概念到施工阶段进行模型设计、性能优化，并更加高效地协作。使用者可以利用内置的工具进行复杂形状的概念澄清，为建造和施工准备模型。随着设计的持续推进，Revit 能够围绕最复杂的形状自动构建参数化框架，并提供更高的创建控制能力、精确性和灵活性，实现从概念模型到施工文档的整个设计流程都在一个直观环境中完成。Revit 系列软件有以下核心特性：

1）互操作性。为使项目团队成员进行更高效的协作，Revit 支持一系列行业标准和文件格式的导入和导出，以及链接数据，包括 IFC、DWG、DGN、DXF、SKP、JPG、PNG、gbXML 等主流格式。Revit 的用户操作界面如图 9-1 所示。

图 9-1 Revit 的用户操作界面

2）双向关联。模型中任何一处发生变更，所有相关内容也随之自动变更。在 Revit 中，所有模型信息都存储在一个位置。Revit 参数化更改引擎可自动协调任意位置所做的更改，如模型视图、图样、明细表、剖面或平面，从而最大限度地减少错误和遗漏。

3）参数化构件。参数化构件（也称“族”）是在 Revit 中设计使用的所有建筑构件的基础。“族”类似于 AutoCAD 中的块，通过参数化“族”的创建，在设计过程中可以大量地重复使用，提高了三维设计效率。“族”分为标准参数化族和自定义参数化族。它提供了一个开放的图形式系统，使设计者能够自由、灵活地构思设计、创建外形，并以逐步细化的方式来表达设计意图。

4）协同共享。一方面，多个专业领域的 Revit 软件用户可以共享同一智能建筑信息模型，并将其工作保存到一个中心文件中；另一方面，Revit Server 能够帮助不同地点的项目团队通过广域网（WAN）更加轻松地协作处理共享的 Revit 模型，在同一服务器上综合收集 Revit 中央模型。

（2） Bentley BIM 系列

Bentley BIM 系列（MicroStation、Bentley Architecture、Bentley Structural、Bentley Building Mechanical Systems，Bentley Building Electrical Systems 等）。本系列软件由美国的 Bentley System 公司开发。Bentley 公司致力于为建筑师、工程师、施工人员和业主运营商提供促进基础设施持续发展的综合软件解决方案，在工程全生命周期内利用信息模型进行设计、分析、施工建造和运营。Bentley BIM 系列软件也由建筑、结构、设备等多专业共同合作完成三维模型。每一个专业软件都提供了一个共享的工作环境来支持工程全生命周期各个阶段内所有的设计文件。

MicroStation 是一款用于三维建模、文件编制、可视化的软件。它可以直观地设计建模，不仅可以进行精准的 2D 绘图，还可以利用设计工具建立可编辑曲线、网格和实体模型，并实现 3D 与 2D 文件的交互使用。同时，还可采用 Luxology 渲染引擎技术对模型进行实时渲染和动画以加强可视化的真实性。另外，MicroStation 除了可用于工程设计的设计和建模软件，还是一个平台软件。它可以以 DGN 格式统一管理 Bentley 公司所有软件的文档，实现数据互通，具有强大的处理大型工程文件的能力。

（3） ArchiCAD

ArchiCAD 由匈牙利 Graphisoft 公司开发，是世界上第一款 BIM 软件，基于三维实体模型，具有强大的二维图形生成、施工图设计和参数计算功能。该软件可以进行大型复杂的模型创建，其“预测式后台处理”机制，能更快、更好地实现即时模型更新，生成复杂的模型细节。另一个特色就是 GDL 技术。GDL 是一种参数化编程语言，类似于 BASIC。它描述了门、窗、家具、楼梯等结构要素，并在平面图中代表其 2D 符号三维实体对象，这些对象被称为库零件，与 Revit 的族类似。另外，软件自带的壳体工具和改进的变形体工具使得 ArchiCAD 能够在本地 BIM 环境中直接建模，直观使用任意自定义几何形状创建元素。ArchiCAD 还有 MEP Modeler 和 ECODesigner Star 等拓展模块，能够基于创建的模型进行能耗分析、碰撞检测和可实施性检查等。

（4） Digital Project

Gehry Technologies 是由美国建筑师弗兰克·盖里（Frank Gehry）的研发团队于 2002 年创办的公司，2005 年与法国达索系统（Dassault Systemes）合作。达索系统的 CATIA 软件是一款广泛应用于航空工业及其他工程行业的产品建模和产品全生命周期管理的 3D 设计软件。它以创建复杂曲面的建模能力、表现能力和信息管理能力被建筑界关注。Digital Project 是在 CATIA V5 的基础上开发，面向建筑工程行业的软件。它包含三部分：Designer 用于建筑物三维建模，还可以与项目管理软件 Microsoft Project 整合；Manager 提供轻量化、简单易用的管理界面，适合于项目管理、估价及施工管理；Extensions 提供一系列扩展功能，通过与其他软件平台或技术结合，实现更多高级功能。

上述主要 BIM 基础建模软件的特点比较见表 9-1。

3. BIM 建模软件的选择

在 BIM 技术中，三维实体模型是整个工作链条中最基础的一环，因此，BIM 建模软件就显得十分重要。目前，BIM 基础建模软件多种多样，但尚未开发出一款在各方面都十分出色的软件，不同软件在专业性能、多专业协同、数据交换、扩展开发、运行环境、价格等方面各有不同程度的优劣势。另外，考虑项目的可持续发展，无论从理论上还是实际上，找不到也开发不出一个可以解决项目全生命周期所有参与方、所有阶段、所有工程任务需求的超级软件。因此，从众多的 BIM 基础建模软件中选择适合项目或企业发展的软件，是一个值得思考和探讨的问题。

表 9-1　主要 BIM 基础建模软件比较

软件名称	优点	缺点
Revit	1. 界面友好，直观易学 2. 各专业模块相对齐全 3. 可自行建立或从第三方获得海量对象库（Object Libraries） 4. 支持信息实时全局更新，避免重复修改 5. 市场份额大，BIM 工具二次开发的首选平台	1. 参数规则有局限性 2. 不支持复杂的曲面建模 3. 模型稍大时，运行速度会减慢
Bentley	1. 模型工具功能强大，涉及范围广泛 2. 支持多种复杂建模方式 3. 多层次支持开发自定义参数对象和组件	1. 界面烦琐，不易上手，不易掌握 2. 对象库较少
ArchiCAD	1. 界面直观、易学 2. 有海量对象库 3. 具有丰富的支持施工与设备管理的应用	1. 对全局更新参数规则有局限性 2. 对大型项目的处理会遇到缩放问题，需进行分割 3. 建筑功能较强，其他专业模块较弱
Digital Project	1. 提供强大和完整的参数化建模能力 2. 支持大型复杂 3D 建模	1. 用户界面复杂，不易掌握 2. 初期投资大 3. 对象库数量有限 4. 建筑绘图功能有缺陷

BIM 技术是各专业设计人员用来服务于项目的。因此，选择软件主要表现在两个层面：一是企业角度；二是项目角度。

（1）企业角度

是否选择了适合自身发展的 BIM 软件，对企业自身未来的发展、运营产生极大的影响。若能通过 BIM 技术大幅提高企业自身的竞争实力，不仅能为业主提供更优质的专业服务，而且企业自身也能获得更大的利益。

1）在确定选择 BIM 软件时，企业需要先进行自我评估，主要包括以下三个方面：

① 了解企业自身的优势项目类型。不同的 BIM 建模软件各有所长，如 Revit 常用于民用建筑，Bentley 也可以做基础设施、工厂设计，Digital Project 在异形复杂建模方面表现更为出色。企业应考虑面向自身的主要项目类型及其他类型项目的份额配比。

② 了解企业内部的专业人才结构。一般企业选择使用 BIM 技术，原有的企业结构可能会出现不适应，也出现了一些新部门、新岗位从事 BIM 应用。企业需要事先了解自身情况和预估未来的发展，包括是否招聘新员工及何种类型、专业的员工，是否调整企业内不同专业人员数量配比等。另外，员工对 BIM 应用水平的高低决定了企业的 BIM 行业竞争力，因

此，企业还需要了解员工学习新软件的意愿和掌握程度。

③ 了解企业软件、硬件水平和投资估算。不同的软件要求的运行环境不同，软件本身投资大、技术性强。软硬件都一味寻求高配置也并非科学之道。企业需要根据自身的实力，做出合理的成本和投资回报率估算。

2）企业应根据专业领域对众多 BIM 建模软件进行比选研究。比选过程中应着重考虑以下五点：

① 软件的专业性。全面了解备选软件的专业功能性，即：是否满足企业的主要优势专业，是否能满足设计深度，是否能方便多专业协同设计建模，是否具有开放的平台便于数据共享等。

② 软件的相互操作性。企业还应该关注项目建模后的相关应用，不能仅关注自身专业或业务，应长远考虑如何能够运用 BIM 软件将自身特点与生命周期中各阶段的数据串联起来，形成数据链，达到多方协同、运营维护等目标。这样，不但可以帮助企业项目提高 BIM 应用的深度，还可以让企业制定出一整套项目周期解决方案，提高自身的竞争力。

③ 软件的本地化与拓展性。目前，没有一款万能的 BIM 软件，有些软件甚至没有汉化版，而二次开发插件或拓展模块可以或多或少弥补一部分缺憾。能够对软件二次开发进行拓展，也有助于企业长远的发展战略规划。

④ 软件的售后服务。购买软件后，软件厂商会承诺提供必要的支持，企业在购买之初应考虑软件的升级服务、培训服务、开发服务等是否方便周到、长期可持续。

⑤ 价格。BIM 软件价格不菲，面对的企业和行业不同，软件价格差异也很大，甚至针对相同的专业，价格也各不相同。因此，企业在选择软件时应合理取舍，选择性价比高的建模软件。

3）需要企业召集相关专业人员，针对研究比选得出的几款候选软件进行测试评价。同样需要考虑以下四点：

① 软件的功能性，即是否能够满足项目的专业需要和深度需要，是否能与企业现有资源进行整合。

② 软件的易用性，包括软件系统的稳定性和软件工具是否易学、易操作。

③ 软件的维护性，软件系统的维护、故障分析、配置设置等方面是否便捷、易懂。

④ 服务能力，软件厂商的服务质量、技术能力等。

另外，还可以参考同一水平竞争对手的选择，了解竞争对手在使用过程中出现的利弊，以便综合考虑。

（2）项目角度

从项目的角度来选择 BIM 建模软件，与企业角度关注的层面大同小异，都需要在了解自身专业人员配置和硬件条件的基础上，选择能够满足项目专业功能和深度、具有协同设计功能、易用、性价比高的软件。简而言之，基于数据库平台，能够创建参数化、包含相关专业信息的三维模型，支持模型关联变化、自动更新，支持文件链接、共享和参照引用，支持 IFC 格式，可与其他软件互通。

另外，还需要着重考虑跨企业、跨专业的问题。应用 BIM 技术的项目在与其他专业、其他企业，甚至以后在其他阶段的交流中，大多是采用局域网和互联网混合使用的模式。因此，需要配置强大且系统安全的中心服务器以满足日常运行要求。

9.2 常见的 BIM 工具软件

BIM 工具软件是利用 BIM 三维模型进行其他如分析、检测、管理等后续工作的 BIM 应用软件，它是 BIM 软件的重要组成部分。根据使用功能简单分类，分别选取常用软件进行介绍。

9.2.1 概念设计可行性研究

在设计方案前期，进行概念方案的可行性研究可未雨绸缪，能够综合提高项目投资效率，因而越来越受到业主和设计方的重视。在项目可行性研究阶段，业主投资方可以使用 BIM 工具软件评估设计方案的场地分析、环境状况、交通流线、规范标准、投资估算等方面。BIM 甚至可以实现建筑局部的细节推敲，迅速分析在设计和施工过程中可能需要处理的问题；还可以借助 BIM 技术得出不同的解决方案，并通过数据对比和模拟分析得到不同方法的优缺点，以便于投资方做出经济合理的投资方案。通过 BIM 技术在概念设计阶段进行方案的可行性研究应用，设计者可快速得到方案反馈，及时修正设计错误，有效地避免后期阶段更为烦琐的错误修改，节省了时间，提高了方案质量。

1. DESTINI Profiler

DESTINI Profiler 由美国 Beck Technology 公司开发。Profiler 是 DESTINI 系列的一部分，在方案可行性研究中的主要作用是投资估算和场地分析。它的主要功能是 3D 建模，同时通过视觉验证和数据捕获，不断地提供成本开销、能源消耗、生命周期、土方充填开挖及进度的实时反馈。用户可以在早期分析设计方案、定制报告内容，在多个专业内评估和权衡得失以得到最优的解决方案。

另外，软件还带有能源分析模块，能够根据项目所在地的气象信息、建筑造型、楼层数、建筑外围护结构的热工性能、遮阳系数、窗墙比、电气和照明负荷等参数，综合估算建筑耗能峰值，从而使投资者选择合适功率的设备，避免浪费。

2. ONUMA Planning System

ONUMA Planning System 由美国 ONUMA 公司开发，是一款基于网页的 BIM 分析工具。该系统的主要功能是在项目初步规划阶段进行预测性论证，编制项目需求，迅速进行早期项目规划管理。ONUMA 不是传统的软件，而是云软件，虽然有一些简单的建模、BIM 功能，但是它并不能替代专业软件在传统领域的优势，而是兼容了很多规划、设计，以及 BIM 信息传递和管理的功能（图 9-2）。

9.2.2 BIM 分析软件

BIM 分析软件是 BIM 工具软件中非常重要的组成部分，主要包括结构分析软件、能源分析软件、机电分析软件。

1. 结构分析软件

结构分析软件在 BIM 平台上，可以与核心建模软件整合在一起，实现信息双向互换，实

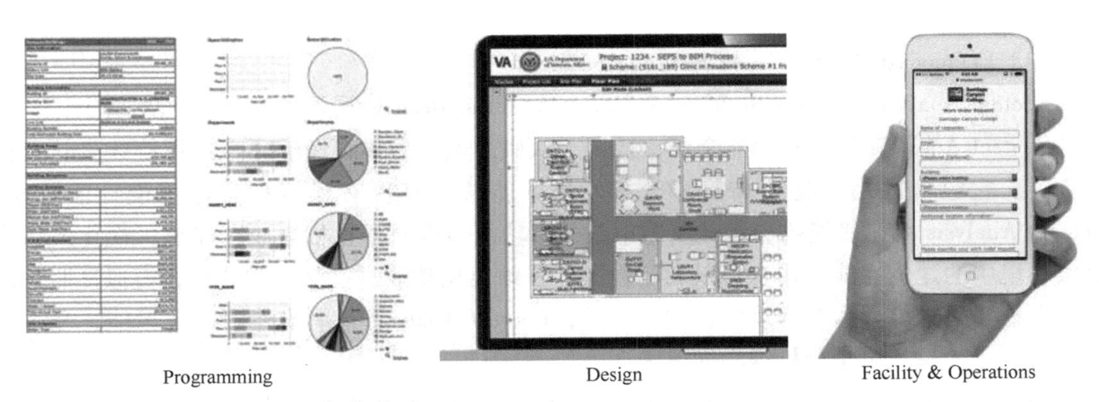

图 9-2　ONUMA Planning System 的使用平台

时更新分析后调整模型，帮助建筑师更快捷、更准确地分析结构的安全性和合理性。

（1） Robot Structural Analysis Professional

Robot Structural Analysis Professional 由美国 Autodesk 公司开发，是一款强大、易用、高效的通用线性静态分析工具，提供面向建筑、桥梁、土木和其他专业结构的高级结构分析功能。它协作性强，可与 Revit Structure 建立三维的双向连接，在两款软件之间无缝导入和导出结构模型。双向连接使结构分析和设计结果更加精确，这些结果随后可在整个建筑信息模型中更新，以制作协调一致的施工文档。Robot Structural Analysis Professional 还能够实现对多种类型的非线性模型进行简化且高效的分析，包括重力二阶效应（P-delta）分析、受拉/受压单元分析，以及支撑、缆索和塑性铰分析。Robot Structural Analysis Professional 提供了市场领先的结构动态分析工具和高级快速动态解算器。该解算器确保用户能够轻松地对任何规模的结构进行动态分析。

（2） ETABS、SAP2000

ETABS、SAP2000 由美国 CSI 公司开发。ETABS 是一款房屋建筑结构分析与设计软件，用于高层结构计算。超高层建筑（如迪拜塔）基本都是采用 ETABS 进行设计或校核。ETABS 已经发展成为一个建筑结构分析与设计的集成化环境：系统利用图形化的用户界面建立一个建筑结构的实体模型对象，通过先进的有限元模型和自定义标准规范接口技术进行结构分析与设计，实现精确的计算分析过程和用户可自定义（选择不同国家和地区）设计规范进行结构设计工作。除一般高层结构计算功能外，ETABS 还可进行钢结构、钩、顶、弹簧、结构阻尼运动、斜板、变截面梁或腋梁等特殊构件和结构的非线性计算（Pushover、Buckling，施工顺序加载等），甚至可以计算结构基础隔震问题，功能非常强大。

2. 能源分析软件

在不同的设计阶段，BIM 模型能提供的数据信息的深度不同，通过能源分析得出的评价结果也各不同。前期方案阶段提供的模型信息主要是体块关系、高度、面积等，得出的结果也相对宏观，如气象信息、朝向、被动式策略和建筑体量；在方案深化设计阶段，模型逐渐丰满，分析就相对集中于日照、遮阳、热工性能、通风及基本的能源消耗等；到了施工图阶段，BIM 模型信息相对精细明确，分析后就能够得到细致的采光、通风、热工计算及能源消耗报告。

（1）Ecotect Analysis、Green Building Studio

Ecotect Analysis、Green Building Studio 由美国 Autodesk 公司开发。

Ecotect Analysis 是一款功能全面、适用于从概念设计到详细设计环节的可持续设计及分析工具。它包含应用广泛的仿真和分析功能，能够提高现有建筑和新建筑设计的性能。Ecotect Analysis 将在线能效、水耗及碳排放分析功能与桌面工具相集成，能够可视化及仿真真实环境中的建筑性能。用户可以利用强大的三维表现功能进行交互式分析，模拟日照、阴影、发射和采光等因素对环境的影响。另外，Ecotect Analysis 还有自然通风、风能、光电收集、可视化效果、声学分析等功能。

Green Building Studio（简称 GBS）是一款基于 Web 的建筑整体能耗、水与碳排放的分析工具，能够在 Revit 软件中比较不同设计方案的能耗和生命周期成本，如材料的更改、窗子位置的更改等导致能耗的变化。它的特点在于分析结果会以高度可视化的图形格式显示出来，便于研究人员进行解读。

（2）斯维尔系列

斯维尔系列软件由我国深圳斯维尔公司开发。斯维尔绿色节能设计软件 THS-BECS 是一套为建筑节能提供分析计算功能的软件系统，构建于 AutoCAD 平台之上，采用建筑 3D 建模和 2D 条件图转换两种途径，并可以直接利用主流建筑设计软件的图形文件，避免重复录入，减少工作量，体现建筑与节能设计一体化的思想。该软件遵循国家和地方节能标准或实施细则，适用于全国各地的居住建筑和公共建筑的节能设计、节能审查和能耗评估。完成节能设计后，可将节能设计结果和结论直接输出 Word 格式的建筑节能计算报告书和报审表。

斯维尔日照分析软件 THS-Sun 构建于 AutoCAD 平台，主要为设计师提供日照定量和定性的专业日照计算软件，可快速对复杂建筑群进行日照计算。软件提供绿色建筑指标及太阳能利用模块，通过共享模型技术解决日照分析、绿色建筑指标分析、太阳能计算等问题，极大地提高了工作效率，帮助设计师快速、准确地完成建筑项目环境分析工作。

3. 机电分析软件

BIM 机电分析软件主要是利用 BIM 模型的数据信息，对建筑的水、暖、电等专业工程进行分析和评估。

Apache HVAC 是较常用的机电分析软件，由英国的 IES 公司开发。它能够容易并迅速模拟供暖、通风设备和空调系统，详细地分析暖通空调节能措施。

9.2.3 施工图和预制加工软件

这类 BIM 工具软件，能够在确认 BIM 模型正确后，通过计算和图形处理，自动生成设计图、施工图甚至节点详图，节省工作时间，避免人工绘图的重复工作和错误的出现，提高了工作效率。

随着设计方法、设计理念和工具软件的快速发展，各种复杂形体的建筑也越来越多，越来越多的人在思考如何将它们快速地建造起来。随着技术的发展，预制、预装配、模块的定制成为解决的方法，通过数控机床，每一块加工的材料都可以不同，而成本几乎相同。因此，这类 BIM 工具软件可以根据材料的特性进行分割，使各个构件成为适合建造过程中的加工、运输、安装等模块，每一个模块上还附有构件的几何信息和坐标。

1. Tekla Structures（Xsteel）

Tekla Structures 是 Tekla 公司出品的设计软件，主要用于钢结构的工程项目，是一款功能十分强大的 BIM 建模软件，具有结构分析、碰撞检查的功能。另外，Tekla Structures 可以在 BIM 模型的基础上创建施工详图，自动生成构件详图和零件图，并可以在 AutoCAD 中进一步深化设计，零件图可以转化为数控切割机所需的文件，实现钢结构设计和加工自动化。模型还可以自动生成各种报表，如螺栓报表、构件报表、材料报表等。由 Tekla Structures 创建的 3D 模型包含设计、制造、构装的全部信息数据，所有的设计图和报告是由唯一的模型产生的一致输出文件。与以前的设计文件使用的系统相比较，Tekla Structures 可以获得更高的效率和更好的结果，让设计者可以在更短的时间内做出更正确的设计。Tekla Structures 有效地控制了整个结构设计的流程，设计资讯的管理通过共享的 3D 界面得到了提升。

2. 3D3S

3D3S 由上海同磊土木工程技术公司开发，是一款空间钢结构系统 CAD 软件，旗下产品可分为四个系统：辅助结构工具箱、实体建造与绘图系统、钢与空间结构设计系统、非线性分析系统。

1）辅助结构工具箱，主要是套用相应规范、图集对多种钢结构进行设计、验算，并生成计算书及绘制施工图。

2）实体建造与绘图系统，主要面对轻钢厂房实体，多、高层框架实体及弯扭结构实体。软件可读取 3D3S 设计系统的三维设计模型、SAP2000 的三维计算模型或直接定义柱网输入三维模型，可以在原来三维实体的基础上对杆件进行编辑；可以编辑节点，修改加劲板，修改螺栓布置和大小、焊缝尺寸，并重新进行节点验算；可以直接生成节点设计计算书，根据三维实体模型直接生成结构初步设计图、设计施工图、加工详图；还可以进行弯扭构件实体创建、编辑弯扭构件，并设计节点和出图。

3）钢与空间结构设计系统，包括八个模块，分别是多高层结构、厂房结构、变电构架、桁架屋架结构、塔架结构、幕墙结构、索膜结构、网架网壳结构，均可以对其结构进行设计、验算，并直接生成计算书和绘制施工图。

4）非线性分析系统，适用于任意由梁、杆、索组成的杆系结构，可以进行包括索杆体系、索梁体系、索网体系和混合体系的预张力结构初始状态找形分析与工作状态计算，并进行结构动力特性和地震时程的计算分析，还可以考虑杆结构屈曲特性的分析计算，求得结构非线性荷载-位移关系及极限承载力。

9.2.4　施工管理软件

基于 BIM 的施工阶段是将建筑由虚拟的模型变成工程实物的生产阶段。在这一阶段中，施工管理包括场地管理和项目管理。场地管理主要表现在场地的规划，通过 BIM 技术建立所有工地设施的模型，再将其赋予时间属性形成 4D 模型，可直观了解现场布置和各实体的相关信息；项目管理主要表现在施工流程模拟，可以直观反映施工的各种工序，方便施工单位协调各专业，提前组织专业班组进场施工，准备设备、场地和周转材料等。

1. Vico Office Suite

Vico Office Suite 由美国 Vico Software 公司开发，是一套 5D 虚拟建造软件，可以同主流的核心建模软件（如 Revit、ArchiCAD 等）互通数据。该软件有多个模块，包括施工管理器、布局管理器、估算管理器、LBS 管理器、进度计划、生产控制、4D 管理器、成本估价等，可以用于施工工序安排、成本估价、体量计算、详图生成等应用。其中，Vico Production Planner 应用于施工阶段，主要功能是规划施工进度表及对现场生产进行管理。Vico 工具支持大型项目的施工管理，尤其是 5D BIM 的应用。该软件包括碰撞检查、模型发布、审查、施工问题检查和标记等功能。

2. BIM5D

BIM5D 由广联达软件股份有限公司开发，它以 BIM 平台为核心，集成全专业模型，并以集成模型为载体，关联施工过程中的进度、合同、成本、质量、安全、设计图、物料等信息，为项目提供数据支撑，实现有效决策和精细管理，从而达到减少施工变更、缩短工期、控制成本、提升质量的目的。该软件的主要功能包括：支持全专业 BIM 模型集成浏览，记录管理工程质量、安全问题，Web 段驾驶舱在线信息查阅，工程进度、成本信息的集成查看，5D 施工流程模拟，自动生成工作报表，合约管理、三算对比，墙体自动排砖，工程量、物资量快速提取，工程流水段信息查看。

9.2.5 算量和预算软件

算量和预算软件是利用 BIM 三维模型提供的信息对项目进行工程量统计和造价分析。此类软件有 Vico Takeoff Manager，国内的有鲁班、广联达、斯维尔、神机妙算等算量和预算软件。此部分内容详见 9.3.1 节相关介绍。

9.2.6 运营管理软件

当项目完成后就进入了运营管理阶段。此时，经过一系列设计、施工、变更等，得到最终的竣工模型。基于竣工模型，运营管理软件可以对项目提供维护计划、资产管理、空间管理等方面的记录和更新，进一步充实和完善项目的信息。

9.3 工程建设过程中的 BIM 软件应用

项目在完成方案施工图设计之后就进入工程的具体建设过程。工程建设过程是一个项目由虚拟成长为实体的过程。本节主要从招标投标阶段、深化设计阶段、施工阶段分别介绍 BIM 软件的应用。

9.3.1 招标投标阶段的 BIM 软件应用

工程的招标投标阶段是业主将投资理念转化为实体项目的一个预备环节。在这个阶段，业主需要向投标单位提供以工程量清单为主的招标文件，投标单位则需要根据工程量清单计价，编制投标文件。在传统的模式下，业主投标的施工单位都需要花费大量的时间和精力进行工程量的审核。在时间紧、任务重的情况下，难免会出现一定的错误和疏漏而致使项目发生亏损。

随着建筑规模越来越大、复杂程度越来越高及异形结构的大量应用，传统方法已经难以适应。近年来，BIM 技术的应用使得工程算量和计价这一工作变得智能化，简化了工作量，减少了计算时间，提高了准确性。

1. 算量软件

工程算量是招标投标阶段最重要的工作之一，它是计算项目工程造价的依据，对招标方和投标方都有重要意义。工程量计算具有工作量大、繁杂、耗时等特点，占据招标投标文件编制时间的 50%~70%。算量软件的出现解决了工效低这一难题。相比于过去的二维算量软件，基于 BIM 技术的算量软件在计算精度、可检查性、工程量输入方面均表现为出色。

基于 BIM 技术的算量软件有的开发在独立的图像平台上，有的则是在常用的基础软件上，如基于 Revit 或 AutoCAD 平台进行的二次开发。这些软件都能利用软件进行文件识别或文件转换为三维 BIM 模型，并在此三维模型的基础上，自动按照各地清单、定额规则进行工程量自动统计、扣减计算，并进行报表统计。另外，这些软件还能支持三维模型数据交换标准，将所建立的三维模型及工程量信息输入施工阶段的应用软件，实现信息共享。

目前，国外的 BIM 技术算量软件已经取得良好的成效，如 Visual Estimating 和 Vico Takeoff Manager。国内的造价软件的发展也比较成熟，品种繁多，以广联达、斯维尔和鲁班的应用最为广泛。国内主要算量软件简介见表 9-2。

表 9-2　国内主要算量软件简介

软件名称	算量					平台
	土建	钢筋	安装	精装	钢结构	
广联达 BIM 算量	√	√	√	√	√	独立
斯维尔 BIM 算量	√	√	√			AutoCAD/Revit
鲁班算量系列	√	√	√		√	AutoCAD
神机妙算	√	√	√			AutoCAD
品茗	√	√				AutoCAD
建筑业四维算量	√	√	√	√		独立

建模结束后，造价人员根据工程结构要求进行属性编辑和识别，计算出工程量，并生成工程量报表。在算量过程中，造价人员还可以随时进行三维检查，并通过二维图形和三维图形多方比对，查看算量过程中的失误，并及时修改，确定准确性。

在传统算量过程中，土建工程与安装工程一般是分开进行的，如果各个构件之间不能合理处理，就会出现较大的偏差。而 BIM 算量软件有效地解决了这个问题。在算量软件中，可以直接导入已建好的模型，通过安装设置，可以让通风管、电路、水路等与土建模型相结合，计算出工程量；也可以通过模型的可视化及时检查并修正不合理的部分，大大降低工作量和工作难度。

2. 计价软件

计价软件多为基于基础平台进行二次开发的，具有地域性，需要遵循各地的定额规范。因此，这类软件几乎都由国内公司开发，主要有广联达、斯维尔、鲁班、神机妙算、品茗等。计价软件内覆盖全国30多个省市的定额，支持全国各地市、各专业定额，提供清单计价、定额计价、综合计价等多种计价方法。

9.3.2 深化设计阶段的BIM软件应用

深化设计是指施工单位在施工图的基础上，根据标准图集、施工规范的要求，凭借施工经验及人才优势，结合施工现场的实际情况，对原设计进行优化、调整、完善。针对目前存在的一些设备安装图过于粗糙，过分依赖专业设计，且专业设计之间缺乏沟通的问题，加之一些专业设备在施工过程中发生变化等情况，如果只按照设计图施工，会造成返工浪费，不仅延误工期，还会造成物质、人力的损失。

随着工程技术的飞速发展，项目包含的信息量越来越多。相应地，深化设计涉及的专业更加广泛，工作量也大幅增加。一个高层建筑的深化设计往往涵盖钢结构、玻璃幕墙、机电、精装修等专业，例如，上海环球金融中心深化设计图达7万多张。面对如此繁杂的工作，BIM技术应用具有重要的意义。除三维可视化能更清晰、准确地进行设计外，BIM模型还可作为共享的信息载体，便于不同参与方和不同的专业人员提取、修改、更新信息，使各专业间协同工作，减少各专业间因信息冲突而造成的错误。

一般来说，深化设计主要分为两种：一种是专业性深化设计，包括土建结构深化、钢结构深化、幕墙深化、电梯深化、机电专业深化等；另一种是综合性深化设计，即将各专业深化结果进行集成、协调、修订与校核。

9.3.3 施工阶段的BIM软件应用

施工阶段是将设计图变为工程实物的过程，BIM技术应用于施工阶段是近年来新兴的领域。

1. 施工场地规划

施工场地规划是在工程红线内，通过合理划分施工区域，使各项施工间的互相干扰减少，场地紧凑合理，运输方便，并能满足安全防护、防盗的要求。施工场地规划是项目施工的前提，合理的规划方案能从源头减少安全隐患，使后续施工顺利进行。

传统的施工规划图是依靠经验和推测对施工场地各项设施进行布置，以二维图的形式传递信息，不能清楚地展现施工过程中的现场状况。基于BIM技术的施工场地规划是利用软件提供的可编辑参数的构件库，如道路、场地、料场、施工机械等，进行快速建模、分析及用料统计。

（1）广联达BIM施工现场规划软件GCB

该软件是建设项目全过程临建规划设计的三维软件，可以通过绘制或导入CAD电子图、3Dmax、GCL文件快速建立模型，生成直观、美观的三维模型文件。软件内嵌施工现场的常用构件，如板房、料场、塔式起重机、施工电梯等，创建方式简单，建模效率高，还内嵌消防、安全文明施工、绿色施工、环卫标准等规范，并能按照规范进行场地规划的合理性检查。

（2）PKPM 三维施工现场平面设计软件

该软件支持二维图识别建模，兼容多种软件的文件格式，包括 DWG 文件、3DS 文件，可与 PKPM 软件系列等全面实现无缝对接。软件内置施工现场常用的构件库和图库，可快速建模，并即时将设计结果渲染成精美、逼真的三维真实效果图，可在二维施工图上着色、贴图，用于制作各种平面、立面的彩色效果图。

（3）鲁班施工 Luban Onsite

鲁班施工软件可用于施工现场虚拟排布，实现参数化构件及逼真的贴图设置，可以建立逼真的三维施工总平面图模型；支持导入鲁班算量软件 LBIM 模型，进行各项措施方案的三维模拟、具体做法、施工排列图及措施工程量计算。另外，通过引入时间轴，软件还可以实现动态模拟施工全过程。

2. 施工模拟

据统计，全球建筑业的生产效率普遍低下。BIM 模型包含材料、场地、机械设备、人员甚至天气情况等诸多信息，将其应用于施工阶段使得生产效率低的情况有一定改善。施工模拟是在工程开始施工前，通过 BIM 模型对项目的施工方案进行模拟、分析与优化，从而发现施工中可能出现的问题，在实施之前采取预防、修正措施，避免施工隐患，提高工作效率，节省不必要的花费，最后得到最佳的施工方案。BIM 技术的三维可视化操作可供施工人员更形象地交流、理解项目内容和操作要点。

施工模拟是一门施工建造领域的新技术，它不仅可以利用模型的三维数据，还可以根据需要考虑增加其他因素作为维度，如时间、材料、人力等，扩展形成“多维”。目前，常用的施工模拟软件有：三维建模技术（3D BIM），属于静态信息，模型包含项目自身的相关信息；四维技术（4D BIM），在三维模型的基础上引入时间因素，形成施工进度模拟展示；五维技术（5D BIM），在三维模型的基础上引入时间进度信息和成本造价信息。

3. 施工管理——协同设计与管理平台

任何工程项目都会有许多部门和单位在不同的阶段，以不同的参与程度参与，包括业主、设计单位、施工承包单位、监理公司、供应商等。目前，各参与方在项目进行过程中往往采用传统的点对点沟通方式，不仅会增大开销，提高成本，而且无法保证沟通信息内容的及时性和准确性。

协同化是 BIM 技术的核心元素之一，是指项目组中不同专业在一个统一的平台上，协同完成一项共同的任务。这个平台一般基于网络及数据库技术，将模型数据存储于统一的数据库中，支持向不同软件、不同设备的数据输出。此类 BIM 平台软件具有协同设计和管理的功能，能够支持多种格式类型的文件；支持项目工程的模型文件管理，包括文件的上传、下载、设置用户权限等；能检测模型数据的更新，进行版本管理，并对更新部分做出标示；支持模型的远程网络访问等功能。

（1）广联云

广联云是国内首款面向建设行业的云计算数据管理和多专业协作平台，为行业用户提供统一门户、多专业协作（如工作空间、文档、任务、动态、移动门户等）、用户管理中心（如用户管理、账户管理、授权管理等）及应用管理中心（如应用商城、ISV 后台等）。该软件以聚合模型、成本进度、质量、安全等多维信息的 BIM 模型服务为核心，通过一系列“云化”的 Web、桌面和移动应用，为工程项目提供构件级别的项目全过程管理和协同支撑。它还能够自动进行版本管理，随时随地追溯文档的历史信息，通过多份存储、文档加密、SSL 安全传输等多种机制，确保用户数据的安全。

（2）理正 BIM 协作平台

理正 BIM 协作平台能在不改变设计人员设计习惯的情况下，将 CAD、Revit 数据自动存储到该平台数据库，并对数据进行有效的管理，实现各设计阶段数据的统一管理，同时可以为设计人员提供碰撞检查、构件属性查询、设计文件查询、多专业 BIM 数据 3D 查看等增值性服务。同时，该平台还可以为施工与运维阶段深层的数据应用提供有力的平台支撑。

9.4 常用 BIM 软件

BIM 软件在近年发展迅速，在大多数情况下，一款 BIM 软件不仅仅只针对某一用途或某一专业，因为它是多方面集成而来的软件。近年来，我国常用的 BIM 软件汇总情况见表 9-3。

BIM 不是某一种软件，而是一种协同工作的方式，需要不同专业的不同软件来配合完成项目。近年来，BIM 因其高效性在我国乃至世界备受重视。2011 年，住房和城乡建设部印发《2011—2015 年建筑业信息化发展纲要》，针对专项信息技术应用，要求加快推广 BIM、协同设计、移动通信、无线射频、虚拟现实、4D 项目管理等技术在勘察设计、施工和工程项目管理中的应用，改进传统的生产与管理模式，提升企业的生产效率和管理水平。目前，我国的 BIM 技术尚属于起步阶段，起点较低，但发展速度较快。国内的大型建筑企业都有强烈意愿应用 BIM 技术来提升生产效率，因此我国 BIM 技术的应用与发展潜力还很大。设计企业 BIM 软件主要涉及方案设计、扩初建模、能耗分析、施工图生成和协同设计等方面，而施工企业对于 BIM 软件的应用主要涉及模型检查、模拟施工方案、三维模型渲染、VR 宣传显示等方面。

然而，BIM 技术在建筑行业的应用还是存在一些问题，如缺乏复合型 BIM 人才、BIM 应用模式及深度不够、BIM 数据标准缺乏、BIM 应用软件相对匮乏等。BIM 建模软件有很多类型，但大多是用于设计和施工阶段的建模，在各专业间的深化设计、施工管理、协同建造、进度分析、成本管控等方面的应用相对匮乏。大多数 BIM 软件仅仅能够满足单项应用，集成化的 BIM 应用往往不能满足，与项目管理系统进行集成管理的软件更是匮乏。我国应用较广的 BIM 软件大多来自国外，类型较多，功能强大，但在软件本土化上还有欠缺；国内的 BIM 软件优势在于了解本地规范要求，适应本地项目工程要求，但在数据交换、二次开发上存在亟待解决的问题。如何将国外先进的软件技术与我国建筑行业发展的特色相结合，是国内 BIM 软件企业需要研究的课题。

表 9-3　我国常用的 BIM 软件汇总情况

软件名称	开发商（国家）	主要支持格式	适用专业				适用阶段												
							前期策划			设计					施工				
			建筑	结构	机电	土木	场地分析	阶段规划	投资估算	建模	方案论证	结构分析	机电分析	能源分析	工程造价	深化设计	场地规划	施工模拟	协同设计管理
3D3S	上海同磊土木工程技术公司（中国）	IFC，DWG，DXF		●						√		√				√			
Affinity	Trelligence（美国）	IFC，gbXML，RVT，DWG	●				√			√	√								
All plan	Nemetschek	IFC，RVT，DWG	●						√	√									
ANSYS	ANSYS（美国）	IGES		●						√		√		√		√			
Apache HVAC	IES（英国）	gbXML，RVT，DXF，SKP			●								√						
ArchiCAD	Graphsoft（匈牙利）	IFC，PLN，DWG，SKP	●		●					√				√				√	
AutoCAD Civil 3D	Autodesk（美国）	DWG，3DS，Landxml	●			●	√			√							√	√	
Bentley Architecture	Bentley（美国）	IFC，DGN，DWG，SKP	●							√							√		
Bentley Building Mechanical/Electrical Systems					●								√			√		√	

（续）

软件名称	开发商（国家）	主要支持格式	适用专业				适用阶段												
							前期策划			设计					施工				
			建筑	结构	机电	土木	场地分析	阶段规划	投资估算	建模	方案论证	结构分析	机电分析	能源分析	工程造价	深化设计	场地规划	施工模拟	协同设计管理
Bentley ConstructSim		DGN，DWG，SKP				●				√								√	
Bentley Navigator			●			●										√		√	
Bentley Projectwise			●	●	●	●													√
Bentley Structural		IFC，DGN，DWG，SKP	●	●						√		√							
BIM-360 系列	Autodesk（美国）	IFC，CIS/2，RVT，DWG	●	●	●	●						√							
CATIA	Dassault Systemes（法国）	IFC，DGN，DWG，SKP	●							√		√							
DESTINI Profiler	Beck Technology（美国）	IFC，DWG，DXF	●				√		√	√				√					
Digital Project	Gehry Technologies（美国）	IFC，CIS/2，DWG，DGN	●			●				√					√	√			
Ecotect Analysis	Autodesk（美国）	gbXML，DXF，3DS	●				√							√					
ETABS	CSI（美国）	IFC，DXF，XLS		●						√		√							
Green Building Studio	Autodesk（美国）	gbXML，DXF，3DS，RVT	●											√					

（续）

软件名称	开发商（国家）	主要支持格式	适用专业				适用阶段												
							前期策划			设计					施工				
			建筑	结构	机电	土木	场地分析	阶段规划	投资估算	建模	方案论证	结构分析	机电分析	能源分析	工程造价	深化设计	场地规划	施工模拟	协同设计管理
Innovaya Suite	Innovaya（美国）	IFC，INV，DWG，SKP	●			●			√						√		√		
iTWO	RIB Software（德国）	RPD				●			√								√		
Lumion	Act-3D（荷兰）	SKP，FBX，MAX3，OBJ	●							√									
MagiCAD	Progman（芬兰）	gbXML，DXF，3DS，RVT			●		√			√			√	√		√			
MicroStation	Bentley（美国）	IFC，DGN，DWG，SKP	●				√			√	√					√			
Navisworks	Autodesk（美国）	IFC，NWD，DWG，DGN，3DS	●	●	●	●				√	√					√	√	√	
ONUMA System	ONUMA（美国）	IFC，OGC，RVT，DNG	●							√	√						√	√	
PKPM 设计系列	中国建筑科学研究院建研科技股份有限公司（中国）	DWG，BMP，JPG	●	●	●	●				√	√	√	√	√					

（续）

软件名称	开发商（国家）	主要支持格式	适用专业				适用阶段												
							前期策划			设计					施工				
			建筑	结构	机电	土木	场地分析	阶段规划	投资估算	建模	方案论证	结构分析	机电分析	能源分析	工程造价	深化设计	场地规划	施工模拟	协同设计管理
PKPM 三维施工现场平面设计软件		DWG，3DS				●											√		
RBIM 5D 项目管理平台	远泰科技（中国）	IFC，RVT，DWG，DNG				●													√
Revit	Autodesk（美国）	IFC，RVT，DWG，SKP	●	●	●	●	√			√	√	√	√			√		√	
Robot Structure Analysis Professional	Autodesk（美国）	IFC，DXF，XLS	●	●		●				√		√							
SAP2000	CSI（美国）	IFC，DXF，XLS		●						√		√				√			
SDS/2	Design Data（美国）	IFC，DXF，XLS		●		●				√		√				√			
SketchUp Pro	Trimble（美国）	IFC，SKP，DWG，3DS	●							√		√							
Solibri Model Checker	Solibri（芬兰）	IFC，PLN，DWG				●				√		√				√		√	
Synchro 4D 施工模拟软件	Synchro Software（英国）	IFC，DGN，DWG，SKP				●									√			√	√

（续）

软件名称	开发商（国家）	主要支持格式	适用专业				适用阶段												
							前期策划			设计					施工				
			建筑	结构	机电	土木	场地分析	阶段规划	投资估算	建模	方案论证	结构分析	机电分析	能源分析	工程造价	深化设计	场地规划	施工模拟	协同设计管理
Tekla Structure（Xsteel）	Tekla（芬兰）	IFC，CIS/2，DWG，DGN		●						√		√				√			
Tekla BIM sight	Trimble（美国）	IFC，CIS/3，DWG，DGN	●	●	●	●										√			
Vectorworks	Nemetschek（德国）	IFC，DGN，DWG，SKP	●							√				√					
Vico Office Suite	Vico Software（美国）	IFC，DGN，DWG，SKP	●							√					√	√	√	√	
广联达 BIM5D	广联达软件股份有限公司（中国）	DWG，RVT，DXF，XLS				●												√	√
广联达 BIM 施工现场布置软件 GCB						●											√		
广联达 BIM 算量计价系列			●			●			√						√				
广联云		DWG，RVT，NWD，PDF	●	●	●	●													√

（续）

软件名称	开发商（国家）	主要支持格式	适用专业				适用阶段													
							前期策划			设计					施工					
			建筑	结构	机电	土木	场地分析	阶段规划	投资估算	建模	方案论证	结构分析	机电分析	能源分析	工程造价	深化设计	场地规划	施工模拟	协同设计管理
鸿业 BIM 系列	鸿业软件（中国）	DWG，RVT，PDF	●		●					√			√	√		√			√
汇宝幕墙计算软件	汇宝（中国）	DWG，DXF，XLS	●	●										√		√			
理正系列	北京理正（中国）	RVT，DWG，DXF，XLS	●		●	●			√	√	√	√	√						
理正 BIM 协作平台			●	●	●	●										√			√
鲁班施工 Luban Onsite（Luban OS）	鲁班软件（中国）	DWG，DXF，XLS				●											√	√	
鲁班算量系列			●			●			√						√				
神机妙算	上海神机（中国）	DWG，DXF，XLS				●								√					
斯维尔 BIM 算量	深圳斯维尔（中国）	IFC，DWG，SKP	●			●			√						√				
斯维尔节能系列			●							√				√					
幕墙设计系列	内江百科（中国）	DWG，DXF，XLS	●	●										√		√			

本章小结

本章从 BIM 基础建模软件的特征出发介绍了 BIM 基础的建模软件，对其进行了分类和比较，并从企业角度和项目角度探讨了应该如何选择 BIM 基础建模软件；然后对常见的 BIM 工具软件进行具体介绍；最后从招标投标阶段、深化设计阶段、施工阶段分别介绍了 BIM 软件在工程建设过程中的应用，并指出了当前我国 BIM 技术发展及在建筑行业的应用中存在的不足，同时对未来研究方向进行了展望。

复习思考题

1. 简述 BIM 基础建模软件的特征。
2. 主要的 BIM 基础建模软件都有什么？说明它们的优点和缺点。
3. 选择 BIM 建模软件时主要表现在两个方面，从企业角度出发需要怎么做？
4. BIM 分析软件主要包括哪三类？分别列举相关软件名称。
5. 列举 3~5 个常用的 BIM 软件，并说明其主要支持格式、适用专业及适用阶段。

第10章 工程管理信息系统的应用

【学习目标】

1. 了解工程信息管理系统在企业及行业中的典型应用。
2. 掌握工程常用项目管理软件的特点及功能。
3. 了解工程管理决策支持系统、房地产投资决策信息系统的开发思路与方法。

10.1 典型的企业应用系统

10.1.1 ERP 应用

1. 企业 ERP 系统的概念

企业资源计划（Enterprise Resource Plan，ERP）管理软件是由美国加特纳公司率先提出，帮助企业及时有效地利用一切资源快速高效地进行生产经营活动，并服务于企业决策、生产、运营的管理信息系统和综合管理平台。以现代先进的信息技术和系统化的管理理念为基础，以基于面向供应链的管理思想为导向，将企业经营生产过程中的有关各方和各个环节纳入一个紧密的供需体系中的企业资源计划管理软件，将实现对供应链中的信息流、资金流、物流、增值流和工作流进行设计、操作和控制，从而实现合理有效地安排企业的产、供、销活动。

根据 ERP 系统的概念可以将其划分为三个层次：

第一层是管理思想，它是在制造资源计划（Manufacturing Resources Planning，MRPII）的基础上发展起来的，其核心是实现整个供应链的有效管理。

第二层是以 ERP 管理思想为灵魂的软件产品，它综合应用了客户机／服务器体系、关系数据库结构、面向对象技术、图形用户界面、第四代语言（4GL）、网络通信等多种信息产业成果。

第三层是集企业管理理念、业务流程、基础数据、人力物力、计算机硬件和软件于一体的企业资源综合管理系统。

ERP 概念层次如图 10-1 所示。

2. 企业 ERP 系统

（1）企业 ERP 的核心思想

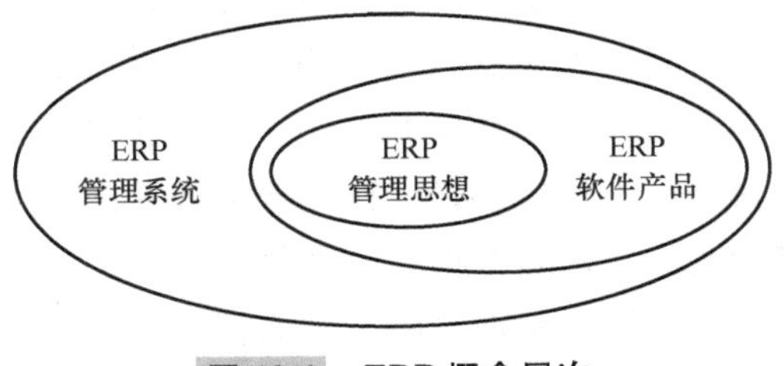

图 10-1　ERP 概念层次

1）建筑企业内部资源的整合。ERP 系统首要的任务是实现对建筑企业内部资源的整合，包括对企业固定资产、流动资产、人力等资源的整合。我国建筑企业的内部资源主要分布在各个工程项目部上，因此，实现各项目部之间及项目部与总公司之间的信息交互与共享是 ERP 系统必须首先考虑的问题，只有解决好这个问题，ERP 系统才能实现建筑企业对自身内部资源的有效整合，也才能实现总公司对各项目部的有效管理。

2）建筑企业供应链的管理。随着我国经济的快速发展，现代企业的竞争早已不是单一企业之间的竞争，而呈现出的是一个企业供应体系与另一个企业供应体系之间的竞争。ERP 系统的应用不但实现了对整个企业供应链的综合管理，也适应了现代企业在信息时代市场竞争发展的需要。建筑企业 ERP 系统最基本的作用就是帮助企业实现对自身供应链的综合管理，它能将建筑企业的业务流程看作建立在企业价值上的供应链，将建筑企业内部划分成多个相互协同作业的子系统，如财务管理、营销、市场研究、工程管理、质量控制、人力资源等方面。ERP 系统将能够对建筑企业供应链上所有环节，如市场信息收集、经营决策、工程管理、材料采购、客户服务、财务、人力等进行有效管理，更能够实时地掌握并分析企业动态成本和利润，收集即时信息，对企业实施有效的动态控制。

3）建筑企业的精益生产和敏捷制造。建筑市场的需求具有鲜明的个性化特点，因而不同客户对建筑产品各方面的要求差别很大。当建筑企业面对不同顾客的不同需求时，建筑企业的原有合作伙伴不一定能满足所有顾客对特定产品的生产要求，如果建筑企业建立一个由特定供应商组成的短期或一次性的供应链，称为“动态联盟”，把建筑企业的供应商、分包方看作企业的一个组成部分，运用同步工程的方式，实现用最短的时间使新产品满足顾客的需求，这就是所谓的精益生产。ERP 系统支持对混合型生产方式的管理，其管理思想表现在两个方面：

① 精益生产 LP（Lean Production）。即建筑企业在按大批量生产方式组织生产时，将客户、供应商、协作单位建立称为统一的生产体系，建筑企业同其客户和供应商的关系已不再是简单的业务往来关系，而是利益共享的合作伙伴关系，这种合作伙伴关系便形成了一个建筑企业的供应链。这便是精益生产的核心思想。

② 敏捷制造（Agile Manufacturing）。即当市场发生变化，建筑企业在遇到有特定的市场和产品需求时，建筑企业的基本合作伙伴并不一定能够满足新产品的开发生产，这时，建筑企业将建立一个由特定的供应商和特殊的销售渠道组成的短期或一次性供应链，这便是“虚拟工厂”，也就是把供应单位和协作单位看作建筑企业的一个组成部分，通过运用同步工程组织生产，实现用最短的时间进行产品生产，保证产品的高质量供应。

4）建筑企业管理的事先计划与事中控制。建筑产品价值大、生产周期长及产品的不可逆性等特点要求建筑产品的生产必须特别重视建筑企业的事先计划与事中控制。ERP 系统中的计划体系主要包括主生产计划、能力计划、销售执行计划、物料需求计划、采购计划、利润计划、人力资源计划和财务预算等，而且这些计划功能与价值控制功能已完全集成到 ERP 系统整个供应链系统中。ERP 系统通过定义与事务处理（Transaction）相关的会计核算科目与成本核算方式，在处理事务发生的同时自动生成会计核算分录，从而保证资金流与物流的同步记录和数据的一致性。同时，ERP 系统根据财务资金现状，能够追溯资金的来龙去脉，并进一步追溯所发生的相关业务活动，也改变了资金信息滞后于物料信息的状况，便于实现建筑企业的事中控制并实时做出相应决策。

（2）企业 ERP 系统的功能模块

在 ERP 系统核心思想的指导下，建筑企业 ERP 系统将依据建筑企业组织结构、管理模式、业务流程等特点，并整合生产性系统和支持性系统的基础上形成，ERP 系统的主要功能模块组成按表 10-1 确定。

表 10-1　建筑企业 ERP 系统功能模块组成

模块名称	模块内容
财务会计模块	总分类账
	应收账款
	应付账款
	财务控制
	金融投资
	法定合并
	资金管理
管理会计模块	成本中心会计
	基于业务活动的成本核算
	订单和项目会计
	产品成本核算
	获利能力分析
	利润中心会计
	公司管理
人力资源管理模块	招聘管理
	人事管理
	人力资源规划的辅助决策
	时间管理
	工资核算管理
项目管理模块	建立项目结构
	进度计划
	资源计划

（续）

模块名称	模块内容
项目管理模块	实际过程确认和时间记录
	成本控制
	收入和获利控制
物资管理模块	基础数据设置
	计划管理
	采购管理
	仓储管理
	查询和报表打印功能
业务数据管理模块	业务伙伴管理
	合同管理
	时间管理
	呼叫中心

（3）企业 ERP 系统的网络结构

建筑企业 ERP 系统的网络结构，将采用较先进的 Intranet/Internet 技术，秉持着经济、实用的原则来构建。

1）ERP 系统在局域网下的网络拓扑结构如图 10-2 所示。这种管理模式投资小、功能强，不但可进行建筑企业数据的共享处理，还可进行建筑企业数据的单独处理。局域网内将大多数计算机通过超 5 类双绞线、100M 交换机连接，使网络的传输容量可以达到 100M；同时，ERP 系统的各模块都可以通过该局域网互联，实现信息的共享；网络可以传递的信息多样，使用 Windows 操作系统，便于管理、便于实现多媒体信息处理。

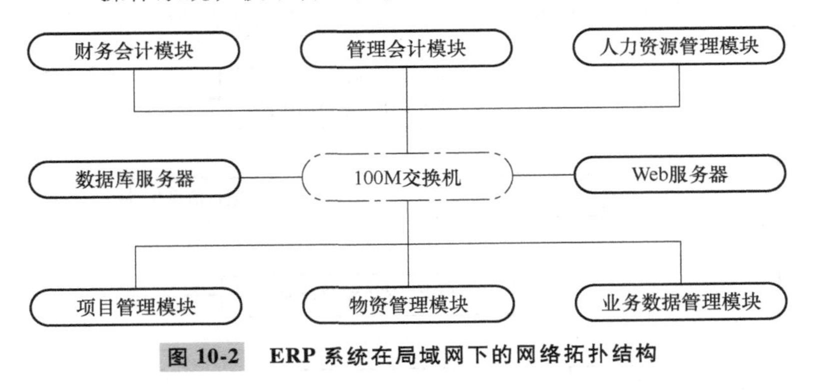

图 10-2　ERP 系统在局域网下的网络拓扑结构

2）各工程项目部、专业子公司与总公司的信息交互要借助于 Internet 技术。各工程项目部、专业子公司将通过拨号或其他形式接入 Internet，可以将相关业务数据以两种方式导入总公司的中央数据库：一种是以电子邮件的方式将数据传输到总公司的数据库服务器上，通过在服务器上执行有关模块的导入功能将相关数据导入；另一种是总公司申请了固定的 IP 地址，各工程项目部、专业子公司则可以将相关数据直接导入。

3）ERP 系统的供应链上相关企业与建筑企业的信息交互，同样依赖于 Internet，如图 10-3 所示。

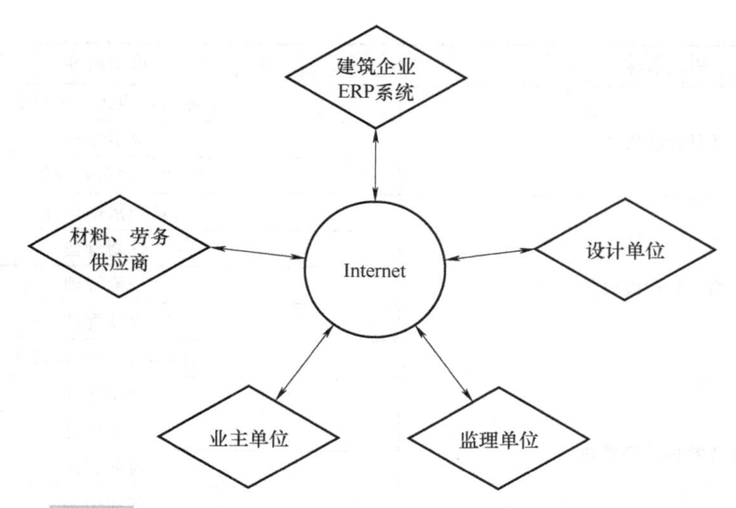

图 10-3 ERP 系统的供应链上相关企业与总公司的信息交互

3. 建筑施工企业 ERP 步骤

根据建筑行业的特点，并结合目前已经应用 ERP 系统的建筑行业的现状，建筑行业实现 ERP 信息化的步骤如下：

1）建立包括网络基础设施建设在内的内部信息管理系统。

2）实现业务管理和工程项目的信息化，整合来自不同部门或分支机构的重要信息，提高信息的利用率和效率。

3）实现整个 ERP 系统的网络化管理，加强企业内部信息之间的交互。

4）电子商务与电子协同，对企业内外部信息资源进行有机整合和管理（图 10-4）。

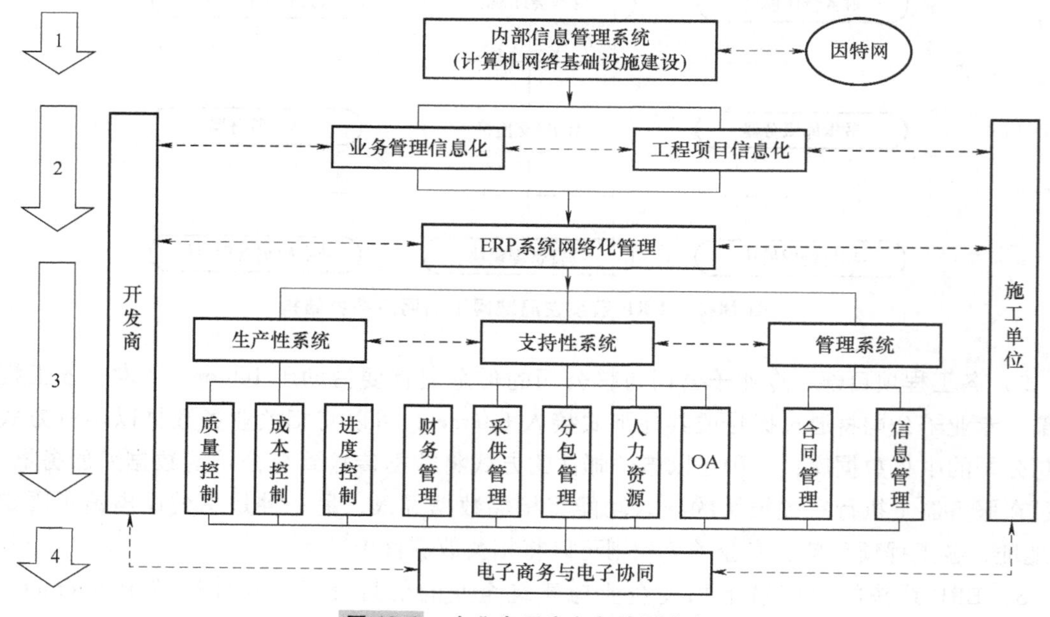

图 10-4 企业电子商务与协同商务

4. ERP 系统实施过程

ERP 系统独立稳定运行一段时间后（通常为一个季度或半年），企业和软件公司应组织项目验收工作。诊断培训商可以发挥验收的主要角色，检查 BPR 和 ERP 的运行效果，评估企业的战略、流程和员工对市场的反应速度、客户服务质量、各种资源配置的效率是否有所提高。

一个典型的 ERP 系统实施过程主要包括以下几个阶段：前期工作阶段、实施准备阶段、模拟运行及用户化阶段、切换运行阶段及新系统运行阶段，如图 10-5 所示。

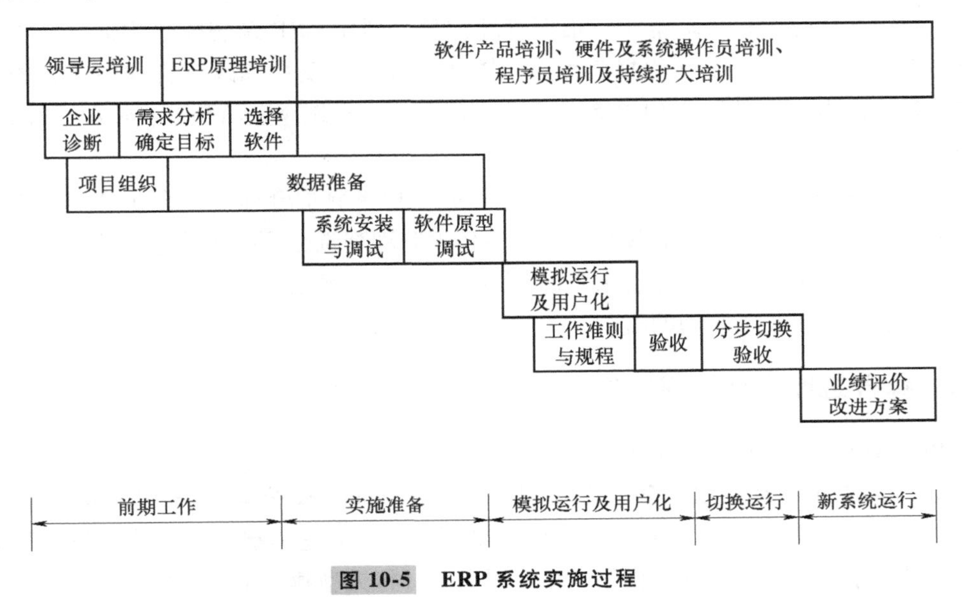

图 10-5 ERP 系统实施过程

5. ERP 系统成功的标志

可以从以下四个方面衡量 ERP 系统是否成功应用：

（1）系统运行集成化

ERP 系统是实现对企业信息流、物流、资金流进行一体化管理的综合性软件系统，其核心管理思想就是实现对供应链（Supply Chain）的有效管理。为了达到企业预期设定的应用目标，最基本的要求是 ERP 系统能够运作起来，实现集成化使用，建立起企业决策完善的数据体系和信息共享机制。

一般来说，如果 ERP 系统仅在建筑企业的财务部门应用，只能实现企业财务管理的规范化、改善应收账款情况和加强资金管理；仅在库存管理部门应用，只能帮助企业掌握存货信息，了解货物存量的动态变化；仅在生产部门应用，只能辅助制订生产计划和物资需求计划；仅在销售部门应用，只能加强和改善营销管理，提升企业产品的销售量。只有将 ERP 系统在各个部门集成一体化运行，才有帮助建筑企业可能实现减少财务坏账、呆账金额；降低库存，提高资金利用率和控制经营风险；控制产品生产成本，缩短产品生产周期；提高产品质量和合格率等。

（2）业务流程合理化

ERP 系统成功应用的前提是企业业务流程重组的实施。因此，ERP 系统的成功应用意味着企业业务流程趋于合理化，并最终实现了以下ERP应用的目标：

1）大幅度提升企业竞争力。

2）大大加快企业面对市场的响应速度。

3）显著改善客户满意度。

（3）绩效监控动态化

建筑企业ERP系统的应用，将为建筑企业提供丰富的管理信息。在ERP系统中，通过完全投入并实际运行后，建筑企业应根据管理需要，利用ERP系统提供的信息资源而设计出一套动态监控管理绩效变化的报表体系，以此实现及时反馈和改正管理中存在的各类问题。在这项工作中，一般是在ERP系统实施完成后，由建筑企业结合自身情况设计完成的。

（4）管理改善持续化

随着ERP系统的应用不断深化，企业的业务流程将更加合理化，企业管理水平也将会明显提高。衡量企业管理水平的改善程度，将依据管理咨询公司提供的企业管理评价指标体系，对企业管理水平进行综合评价来实现。评价过程并不是目的，为企业建立一个可以不断进行自我评价和不断改善管理的机制，才是真正目的。

10.1.2 综合进度计划管理软件

1. Primavera Project Planner（P3）

在众多的国内外大型项目管理软件中，美国Primavera公司开发的Primavera Project Planner（P3）具有最高的普及率和占用率。P3是用于项目进度计划、动态控制、资源管理和成本控制的综合进度计划管理软件，在我国大型、特大型建设项目中广泛应用。

（1）软件的特点

1）管理大型的、复杂的工程项目的手段较为完善。

2）编码体系完善，可以进行工作分解结构（WBS）编码、作业代码编码、作业分类码编码、资源编码和费用科目编码等多种编码。

3）这些编码及编码所带来的分析、管理手段，给项目管理人员从多个角度有效管理项目提供了充分的回旋余地。

（2）软件的功能

1）可以同时对多个工程项目进行管理，通过各种视图、表格等工具，帮助项目管理人员有效地控制各种大型、复杂项目。

2）可以通过开放数据库互联（Open Data Base Connectivity，ODBC）与其他系统相结合，进行相关数据采集、数据存储和风险分析。

3）P3提供了数百种标准的报告，同时还内置报告生成器，可以生成各种自定义的图形和表格报告。但是，它在大型工程项目层次划分上的不足，以及其工程（特别是对于大型建设工程项目）汇总功能相对薄弱，限制了其应用范围。

4）某些代码具有长度上的限制，阻碍了该软件与项目其他系统的连接，同时，软件的响应速度和与项目信息管理系统集成的便利性也受到后台的Btrieve数据库性能的影响，给用户带来了一些不便。

2. Primavera Project Planner for Enterprise（P3E）

Primavera Project Planner for Enterprise（P3E）是 Primavera Enterprise 的核心，这是 Primavera 公司在项目级的 P3 之后新推出的项目管理套件，在原来的 P3 的基础上做了改进，有了很大的变化。

集成有该软件的套装软件 Primavera Enterprise，除了核心部分以外，还包括 Primavision（辅助决策信息定制与采集，可以从管理人员、项目经理和专业人员自定义的角度为其提供项目的综合信息）、Primavera Progress Reporter（基于网络，采集进度／工时数据的工具软件）、Primavera Portfolio Analyst（多项目调度／分析工具软件）和 Primavera Mobile Manager（为手持式移动设备提供相关服务的终端工具软件，可以将手持设备与项目数据直接连接，实现双向数据传输），该套装软件所涵盖的管理内容较之以前推出的项目管理软件更广、功能更强大，充分体现了当今项目管理软件的发展趋势。

（1）软件的特点

1）在项目管理软件中首次应用了企业项目结构（EPS）。EPS 的使用使企业或项目组织能够根据多个属性对项目进行层次化的组织，企业可以根据 EPS 层次结构的任一层次和点对项目的进展情况进行财务分析。

2）给出了一个完善的编码结构体系。除企业项目结构、工作分解结构、组织分解结构、资源分解结构、成本分解结构、作业分类码和报表结构外，所有结构体系均可由直观的树形视图展现。

3）提供了多种不同形式的图表。P3E 提供了上百种标准的报表格式和便捷的报表管理方式，同时还具有报表生成向导功能，可帮助项目管理人员方便快捷地自定义所需报表。

4）提供了一个专业的、基于进度的资源分析和管理工具，可以通过资源分解结构来管理企业的所有资源，资源也可以根据角色、技能和类型进行划分。使用资源的角色、技能、种类可为资源协调与替代提供方便，从而使资源得到充分的利用。在 P3E 中，除了跟踪劳动力和非劳力资源的成本外，还可以跟踪其他作业成本，并将实际成本、实际消耗数量与预算进行比较，并通过图形、表格和报表反映出来。

5）支持基于 EPS 和 WBS 的自上而下的预算分摊。P3E 支持根据项目权重、里程碑权重、操作步骤及其权重进行的绩效衡量，这些设置再加上多样化的“赢得值”技术，使“进度价值”的计算方法拟人化，符合客观实际。

6）支持 Oracle、MS SQL Server 等大型关系数据库，为企业以及建设工程项目管理信息系统的构建提供了便利。

7）在原 P3 的基础上增加了更直观、易于使用的操作界面和更为全面的在线帮助功能。

（2）软件的功能

1）可对整个工程的生命周期进行管理。P3E 是一个全面的项目管理方案，涉及项目生命周期的每个阶段。它包括建设、工程、电信、公用设施和石化处理等项目驱动型行业所要求的深度项目管理能力。P3E 是那些需要同时管理多个项目和支持不同部门的多个用户或整个企业的组织的理想工具。它可以支持无数个项目、项目组或大型项目、活动、基线、资源、用户定义的 WBS 和活动代码。

2）具有完善的数据通信。P3E 通过保持所有项目团队成员不断更新知识来适合当前的分布式的工作环境。它的动态项目网站包括广泛的项目信息，如活动和资源分配细节、步骤、项目问题和风险、项目报告等。根据工作分解、资源分解和活动代码结构，项目网站是完全适用的。为了进一步分散项目信息，利用公司产品，以网络为基础的 Primavera 团队沟通进展报告，由执行主管和分析师完成项目的 Primavera 组合分析和比较。

3）Primavera 进度报表生成器。进度报表生成器可以提供全面的工作组支持和项目资源的协调。每个团队成员都能收到分配的活动（即使在不同项目之间）。项目团队用进度报表生成器沟通时间表，并利用局域网、电子邮件和国际网直接向项目经理和项目数据库反馈活动状态。

4）Primavera 决策分析工具。组合分析者提供唯一的项目总结，利用丰富的图表、电子数据表和报告为执行主管、高级管理者和项目分析者跟踪信息。项目组合根据项目的性质或等级来对项目进行分组，以便分析和比较。为了提供用来分析和讨论的详细信息，组合分析者交互式界面允许快速下载信息。P3E 同组合分析者和进度报表生成器组合形成了管理企业内的所有项目的最高级方案。

5）可集中控制资源。P3E 通过不同项目的组合来简化管理。它的全企业范围的资源确保了资源利用项目以所有项目要求的真实时间为基础，并且要有效利用、跟踪、管理资源。P3E 的图形用户交互式柱状图表示资源使用情况，可以通过时间期限和资源组合用户化来表示不同项目的资源使用。

6）事务管理和风险分析。P3E 能帮助项目经理在任何时间集中于最重要的事务。尽管有成本、进度和偏差等标准，当由于某些因素而超过这些标准时，P3E 可以自动地产生问题清单。项目经理可以为出现的问题排优先级，并利用 P3E 发布电子邮件来向负责部门提出警告，以确保迅速解决问题。为保证正确地量化项目风险，P3E 将风险管理和对这些风险的影响结合起来进行评价。

7）内置了风险管理功能。对项目的不确定因素的管理分析是企业风险控制的基础。P3E 的风险管理功能提供了风险识别、分类、指定影响分析的优先级等功能。用户也可以自行创建风险管理计划，估计并指定发生概率，同时指定组织中特定的人对特定风险管理工作负责。

8）内置了临界值的管理与问题追踪功能。通过预先设置的费用、进度，以及“赢得值”的临界值及其处理措施，对实施中出现的超临界状态自动通知相关责任人，并可利用问题跟踪功能对“问题”进行跟踪。

3. Microsoft Project

Microsoft Project 是微软公司开发的项目管理系统，它是应用最普遍的项目管理软件，已经在我国得到了广泛的应用。

Project 和其他辅助工具一般可以满足要求不是很高的项目管理的需求；但如果项目比较复杂或对项目管理的要求很高，那么该软件可能很难让人满意，这主要是因为该软件在对复杂项目进行管理方面还存在一些不足。

（1）软件的特点

1）充足的任务节点处理数量。可以处理的任务节点数量多少是一个工程项目管理软件能否胜任大型复杂工程项目管理的最基本的条件。该系统可以处理的任务节点数已经超过 100 万个，可以处理的资源数也已经超过 100 万个，实际数量取决于计算机系统的资源情况。

2）强大的群体项目处理能力。一个大型项目要划分成若干个子项目及子子项目。为了实现分级管理，通常按工作分解结构进行分解，或是从顶向下分解，先粗后细进行设计；或是从底向上，先制订各子项目计划，再逐级向上集成，最后形成整个大系统。无论采用哪种方式，都要求工程项目管理软件具有同时处理多个项目的能力。

Project 可以同时处理上千个群体项目。这样高的技术指标已经能够满足大型复杂工程项目管理的需求。如何把子项目组成主项目，这也是能否有效管理大型项目的要素之一。对此 Project 提供了比较完善的解决方案。

3）突出的易学易用性，完备的帮助文档。Project 是迄今为止易用性最好的项目管理软件，其操作界面和操作风格与大多数人平时使用的 Microsoft Office 软件中的 Word、Excel 完全一致。对中国用户来说，该软件有很大吸引力的一个重要原因是在所有引进的国外项目管理软件中，只有该软件实现了从内到外的完全汉化，包括帮助文档整体汉化。

4）强大的扩展能力，与其他相关产品的融合能力。作为 Microsoft Office 的一员，Project 也内置了 Visual Basic for Application（VBA）。VBA 是 Microsoft 开发的交互式应用程序宏语言，用户可以利用 VBA 作为工具进行二次开发，一方面可以帮助用户实现日常工作的自动化；另一方面还可以开发该软件所没有提供的功能。此外，用户可以依靠 Microsoft Project 与 Office 家族其他软件的紧密联系，将项目数据输入 Word 中生成项目报告，输入 Excel 中生成电子表格文件或图形，输入 Power Point 中生成项目演示文件，还可以将 Microsoft Project 的项目文件直接存储为 Access 数据库文件，实现与项目管理信息系统的直接对接。

（2）软件的功能

1）进度计划管理。Project 为项目的进度计划管理提供了一套完整的工具，用户可以根据自己的习惯和项目的具体要求，对整个建设工程项目采用自上而下或自下而上的方式安排。

2）资源管理。Project 为项目资源管理提供了适度的、灵活的工具，用户可以轻松定义并输入资源，通过软件提供的各种手段观察资源的基本情况和使用情况，除此之外，Project 还为解决资源冲突问题提供了解决方法。

3）成本管理。Project 为项目管理工作提供了一个简单的成本管理工具，可以帮助用户实现简单的成本管理。

4）组织信息。用户将系统所需要的参数、条件输入后，系统可自动将这些信息进行整理，这样用户可以看到项目的全局。同时，该系统还可以根据用户输入的信息来安排完成任务所需要的时间框架，以及设定时间将某种资源分配给某种任务等。

5）信息共享。可以将项目信息导出为 HTML 格式，并在 Internet 上发布项目的有关信息。

6）方案选择。Project 可以比较不同的方案，并根据用户的需要找到最优方案。同时，系统能时刻检验项目的进程，以便发现问题及时向用户提供解决方案。

7）拓展功能。该系统可以根据用户输入的数据计算出其他相关信息，并向用户反馈这些结果对项目其他部分乃至整个项目的影响。

8）跟踪任务功能。Project 可以将用户项目执行过程中得到的实际数据输入计算机代替计划数据，并据此计算其他信息，然后向用户显示这些变动对项目其他任务及整个日程的影响，并为后面的项目管理提供有价值的依据。

4. Welcom Open Plan

Welcom Open Plan 是由 Welcom 公司（Welcom 公司于 2006 年被 Delteh 公司收购）开发的企业级的项目管理软件。

该软件具有如下功能与特点：

（1）进度计划管理

Open Plan 具有无限级别的子工程，采用自上而下的方式，可以将每个作业分解为子网络、孙网络，无限分解。这一特点极大地便捷了大型、复杂建设工程项目的多级网络计划的编制和控制。

此外，其作业数目没有限制，同时可以提供最多 256 位宽度的作业编码和作业分类码，为建设工程项目的多层次、多角度管理提供了可能，方便用户将这些编码与工程信息管理系统中其他子系统的编码对接起来。

（2）资源管理与资源优化

资源分解结构（RBS）可结构化地定义资源群、技能资源、驱控资源、消费品、消耗品等多种资源，可以实现对复杂项目中各种资源的全面分类和管理。在资源优化方面拥有独特的资源优化算法，通过四个级别的资源优化程序，对作业进行分解、延伸和压缩，以到达优化资源的目的，并且可同时优化无限数目的资源。

（3）项目管理模板

Open Plan 中的项目专家功能提供了数十种基于美国项目管理学会（PMI）专业标准的管理模板。用户可以使用现有管理模板或自定义管理模板，建立 C / SOSC（费用/进度控制系统标准）或 ISO（国际标准化组织）标准，应用项目标准和规程进行工作。

（4）风险分析

Open Plan 集成了风险分析和模拟工具，可以直接利用进度计划的数据计算最早开始时间、最晚开始时间、时差的标准差等时间参数及作业危机程度指标，无须额外输入数据。

（5）开放的数据结构

Open Plan 完全支持 OLE2.0，可以同 Excel 等 Windows 应用软件之间进行简单的复制和粘贴；工程数据文件可保存为 Microsoft Access、Oracle、Microsoft SQL Server、Sybase、FoxPro 的 DBF 数据库等多种通用的数据库；用户还可以修改库结构，如增加自己的字段、定义计算公式等。

5. 清华斯维尔项目管理软件

清华斯维尔项目管理软件是将网络计划及优化技术应用于建设项目的实际管理中，以国内建设行业普遍采用的横道图双代号时标网络图作为项目进度管理与控制的主要工具。该软件通过挂接各类工程定额实现对项目资源、成本的精确分析与计算，不仅能从宏观上控制工期、成本，还能从微观上协调人力、设备、材料的具体使用。

（1）软件的特点

1）遵循规范。软件严格按照国家最新标准设计，具有单起单终、过桥线、时间参数双代号网络图等多种重要功能。

2）灵活实用。系统提供了“所见即所得”的矢量图绘制方法、全方位的图形属性自定义功能，同时可以与 Word 等常用软件进行数据间的交互，大大提高了软件的灵活性。

3）控制方便。可以便捷地对任务进行分解，建立完善的大纲任务结构和子网络，实现项目计划的分级控制与管理。

4）制图高效。提供类型丰富实用的图表，以及拟人化的操作模式，可以高效快捷地制作出精美的网络图，智能生成施工横道图、单代号网络图、双代号时标网络图、资源管理曲线等多种类型的图表。另外，智能流水、搭接、逻辑网络图等功能更好地满足实际绘图与管理的需要。

5）接口标准。该软件可以与 Microsoft Project 项目进行数据对接，确保数据信息能够快捷、安全地交换，并智能生成双代号网络图；可输出图形为 Auto CAD、Emf 等通用的图形格式。

6）输出精美。可满足用户对输出模式及规格的要求，保证图表输出美观、规范，并可以再导入 Microsoft Excel 进行二次调整。

（2）软件的功能

1）项目管理。以树形结构的层次关系组织实际项目，支持多个项目文件同时操作。

2）编辑处理。可随时对任务进行插入、修改、删除、添加等操作，实现或取消任务之间的四类逻辑关系，进行升级或降级的子网操作及任务查找等功能。

3）数据录入。可以自由选择在图形界面或者表格界面中完成各种任务信息的录入。

4）视图切换。可随时选择在横道图、双代号、单代号、资源曲线等视图界面间进行切换，从不同角度观察、分析实际项目。同时在一个视图内进行数据操作时，其他视图动态适时地改变。

5）图形处理。能对网络图、横道图进行放大、缩小、拉长、缩短、鹰眼、全图等显示，以及对网络图的各类属性进行编辑等操作。

6）数据管理与接口。实现项目数据的备份与恢复、Microsoft Project 项目数据的导入与导出、Auto CAD 图形文件的输出、Emf 图形的输出等操作。

7）图表打印。可方便地打印出施工横道图、单代号网络图、双代号网络图、资源需求曲线图、关键任务表、任务网络时间参数计算表等多种图表。

6. 施工项目管理系统 SG-1

施工项目管理系统 SG-1 是由中国建筑科学研究院开发的项目管理软件。

（1）软件的特点

1）提供了多种方法自动生成施工工序，可以生成包括工序信息列表、横道图、单代号网络图、双代号网络图在内的各种复杂网络模型。

2）提供了多种优化、流水作业方案，施工层次的划分等功能。

3）通过实际进度前锋线功能和“赢得值”原理动态跟踪并调整工程项目的进度和成本。

（2）软件的功能

1）项目计划。主要包括：

① 新建工程。输入包括项目名称、项目代码、合同工期、间接费率、计划开工日期等在内的项目基本信息。

② 基本设置。修改项目信息，进行资源设置、日历编辑、信息栏目选择、图形参数设置及单位与财务科目的设置。

③ 生成施工工序。可选取合适的施工工艺模板自动套取概预算定额及资源库生成或者读取工程概预算数据，自动生成带有工程量和资源的施工工序；也可以在工序信息列表、横道图或网络图中录入施工工序的信息和逻辑关系。

④ 编辑各工序参数和逻辑关系。可以根据定额添加工程量和资源，修改劳动定额等参数，自动计算出工期、资源消耗、成本状况；提供多种快捷方式，建立多级工序之间的搭接关系；自动找出关键线路。

⑤ 网络优化，流水作业。提供工期优化、资源有限工期最短优化、工期固定资源均衡优化、工期成本优化，分层分段连续施工流水作业方案。

⑥ 自动生成各种资料、图表。提供打印功能，同时生成工序信息列表、横道图、单代号网络图、双代号网络图；通过资源计算，可在横道图和网络图中自动生成各种资源曲线，并提供图形格式转换功能；可生成资金、人力、机械、材料使用状态图，资金、劳动力、材料、机械、设备、半成品、构件需用量计划表，施工进度计划表、资源计划表，降低成本计划表。

2）项目实际管理。主要包括：

① 施工进度控制。根据实际情况填写工作进度日报单。

② 施工成本控制。根据实际情况填写现场财务台账。

3）材料控制。根据分项工序填写限额领料单，以便对材料的数量、价格、用途进行控制。

4）质量控制。填写各分项工序质量检验评定表，通过验评统计、通病防治和质量预控等手段控制工程质量。

5）安全、合同、现场管理。利用所提供的资料库，制定并保存相关记录，形成管理文件。

6）项目指标分析。主要包括：

① 进度分析。通过实际进度前锋线获取实际施工进度与计划进度之间偏差的信息，从而动态跟踪并调整实际进度。

② 成本分析。利用预算成本、计划成本和实际成本的偏差来分析成本状况，达到动态跟踪和调整的目的。

10.1.3 合同事务管理与费用控制管理软件

1. Primavera Expedition

Primavera Expedition 是由 Primavera 公司开发的。它以合同为主线，通过对合同执行过程中发生的诸多事务进行分类、处理和登记，并和相应的合同有机关联，使用户可以对合同的签订、预付款、进度款和工程变更进行控制；同时，可以对各项工程费用进行分摊和反检索分析；可以有效处理合同各方的事务，跟踪有多个审阅回合和多人审阅的文件审批过程，加快事务的处理进程；可以快速检索合同事务文档。

（1）软件的特点

1）可用管理全过程的建设工程项目。

2）具有较强的拓展能力，用户可以对软件进行二次开发，进一步提高软件的适用性。

（2）软件的功能

1）合同与采购订单管理。Expedition 内置了一套符合国际惯例的工程变更管理模式，用户也可以自定义变更管理的流程；Expedition 还可以根据既定的关联关系帮助用户自动处理项目实施过程中的设计修改审定、修改图分发、工程变更、工程概算/预算、合同进度款/结算。

2）变更的跟踪管理。Expedition 对变更的处理采取变更事项跟踪的形式。其将变更文件分成四大类：请示类、建议类、变更类和通知类，可以实现对变更事宜的快速检索。通过可自定义的变更管理，用户可以快速解决变更问题，可以随时评估变更对工程费用和总体进度计划的影响，评估对单个合同的影响和对多个合同的连锁影响，其对变更费用提供从估价到确认的全过程管理，通过追踪已解决和未解决的变更对项目未来费用的变化趋势进行预测。

3）成本管理。成本控制上，通过对实际情况（尤其是费用变更情况）的汇总，为用户提供分析和预测项目趋势时所需要的实时信息，分析所管理的工程的成本趋势，以便用户及时做出成本管理决策。

4）交流管理。Expedition 通过内置的记录系统来记录各种类型的项目交流情况。通过请示记录功能帮助用户管理整个工程的跨度内的各种送审文件，无论其处于处理的哪个阶段，在什么人手中，都可以随时评估其对费用和进度的潜在影响；通过会议纪要功能记录每次会议的各类信息；通过信函和收发文的功能，实现往来信函和文档的创建、跟踪和存档；通过电话记录功能记录重要的电话交谈内容。

5）记事。能够对文件送审工作、材料到货、问题、日报等进行登录、归类、事件关联、检索、制表等。

6）项目概况。能够反映项目各方面的信息、项目的实施情况，对项目做简要的描述。

2. Prolog Manager

Prolog Manager 是由 Meridian 公司开发的工程项目管理软件，以合同事务管理为主线，能够对项目管理中除进度计划管理外的大部分事务进行管理。

该软件主要的功能和特点如下：

（1）合同管理

该软件能够对工程建设过程中所涉及的所有合同信息进行管理，包括所涉及的单位信息、工程的预算费用、已发生的变更信息（如设计变更、进度计划变更、施工条件变更等）、将要发生的变更信息、进度款的支付和预留等。

(2) 采购管理

该软件能够对建设工程项目中各种材料、设备的采购及相应的规范要求进行管理，可以直接和进度作业连接。

(3) 成本管理

该软件可以及时、准确地获取最新的预算信息、实际成本信息，使用户及时了解建设工程项目的资金使用情况。

(4) 工程事务管理

该软件能够管理已完成项目在管理过程中的事务性工作，包括对工程中的人、材、机的使用情况进行记录和跟踪，处理施工过程中的日常记事、施工日报、安全通知、质量检查、现场工作指示等。

(5) 文档管理

该软件具有图纸分发、文件审批、文档传送等功能，用户可以预先设置催办函发出的日期。

(6) 标准化管理

该软件能够对项目管理所需的各类信息进行分类管理；各个职能部门按照既定标准输入和维护各自的工作状态，管理人员可随时对项目各个方面的综合信息进行审核，对各个部门的工作情况进行考核，掌握工作的进展，及时地做出决策。

(7) 兼容性

该软件能够兼容其他应用软件导入、导出相关数据。既可将进度作业导出输入其他相关进度软件，如 Microsoft Project、P3、Open Plan 等，又可将其他进度计划软件中的作业导入该软件中。

3. Cobra 成本控制软件

Cobra 成本控制软件是由 Welcom 公司开发的成本控制软件。

该软件具有如下功能特点：

(1) 费用计划

该软件可以和进度计划管理相结合，形成动态的费用计划。预算元素或目标成本的分配可在作业级或“工作包”级进行，也可直接从预算软件或进度计划软件中读取。该软件支持多种预算，可实现量价分离，可合并报告多种预算费用计划。每个预算可按用户指定的时间间隔分布，如每周、每月、每年等。支持多国货币，允许使用 16 种不同的间接费率，自定义非线性曲线，并提供大量自定义字段，可定义计算公式。

(2) 费用分解结构

该软件可以将工程及其费用自上而下分解，可在任意层次上修改预算和预测；可以设定不限数目的费用科目、会计日历、取费费率、费用级别、工作包，使用户建立完整的项目费用管理结构。

(3) 实际执行反馈

其可用文本文件或 DBF 数据库递交实际数据，可连接用户自己的工程统计软件和报价软件，自动计算间接费用。其可修改过去输入错误的数据，可总体重新计算。

（4）执行情况评价／赢得值

软件内置了标准评测方法和分摊方法，可按照所使用的货币、资源数量或时间计算完成的进度，可用工作包、费用科目、预算元素或分级结构、部门等评价执行情况。该软件拥有完整的标准报告和图形，内置电子表格。

（5）开放的数据结构

数据库结构完全开放，可以方便地与用户自己的管理系统连接。市场上通用的电子报表软件和报表生成器软件都可利用该软件的数据制作报表。

（6）预测分析

该软件提供无限数量的同步预测分析，可手工干预或自动生成；提供无限数量的假设分析；可使用不同的预算、费率、劳动力费率和外汇费率；可自定义计算公式；还可用需求金额来反算工时。

（7）进度集成

该软件提供在工程实施过程中任意阶段的费用和进度集成的动态环境，该软件的数据可以完全从软件提供的项目专家或其他项目中读取，无须重复输入。工程状态数据可利用进度计划软件自动更新，修改过的预算也可自动更新到项目专家的进度中。

4. 建筑工程项目成本管理系统 EPCCS 3.0

中国建筑工程总公司与北京广联达慧中软件技术有限公司联合开发的“建筑工程项目成本管理系统 EPCCS 3.0”是一个辅助施工企业从项目中标开始，对项目实施成本进行全过程跟踪控制管理的软件。该软件在经过中国建筑工程总公司几个项目经理部的试用后，取得了非常好的效果，它对项目成本实施计划管理、实时控制及核算管理，使项目经理所管理的项目的收支情况清晰明了，成本盈亏一目了然，是项目经理的得力助手。

（1）软件的特点

1）软件分为公司级与项目级，共有五大模块，以供不同岗位的人员使用。

2）用户能够自行设置成本管理项目划分与会计科目之间对应的关系，适应各类施工企业不同的成本管理模式。

3）软件能够与广联达造价系列软件连接，方便用户进行造价方面的数据调用。

4）软件能够与用友财务管理软件及各地区预算管理软件连接，可以进行财务和预算方面的数据调用。

5）预算数据及财务数据的输入可采用手工输入和从相关软件中调用两种输入方式，方便用户使用。

6）工程项目成本支出有从财务管理软件中调用和填报确认单两种方式，可以适应工程项目部设置财务管理和不设财务管理两种管理模式。

7）施工成本预测和月度施工预算表编制功能可以采用整体系数法、单项系数法和手工输入法三种方式，进行主、次要材料及机械设备消耗量的测算。

8）能够对比总包与分包施工图预算，便于审查分包预算。

9）有总、分包预算对比，材料计划消耗与实际消耗对比，预算人工费与实际人工费支出对比等多种对比功能，同时用直方图、比例图等图形直观地显示出来。

10）数据的输出有两种输出方式：向打印机输出和向文件输出，方便数据的利用及与其他软件接口。

11）具有材料入库、出库、库存等管理功能，能够对工地施工材料进行有效管理。

12）输出表的三级表头名称、栏目、栏目名称、排列、宽度、行数、标题、字体大小、上边及左侧留空均可由用户自定义，适应不同企业不同的成本管理习惯；具有打印预览功能，便于查对输出结果。

（2）软件的功能

1）系统的初始化。主要功能包括：打印输出的设置、预算软件数据库结构对口的设置、财务软件数据库对口的设置、材料数据库的维护、成本核算公式的确定、计算工程造价的取费公式的设置、操作人员的权限设定、成本台账格式的设置等。

2）工程成本管理。主要功能包括：工程造价数据读入、分包工程划分、分包信息管理、分包费用管理、施工成本预测、工程管理费计划编制、企业管理费计划编制与工程成本节超分析、月度工程成本收入、月度工程成本支出、月度工程成本节超分析、工程决算造价数据、工程决算成本支出、工程决算成本节超分析等。

3）施工成本管理。主要功能包括：项目施工成本计划、月度计划完成工作量、月度施工成本计划收入、月度施工成本计划支出、月度施工成本计划节超分析、月度实际完成工作量、月度直接费实际收入、分包管理、签证管理、施工成本决算分析等。

4）物资管理。主要功能包括：材料信息管理、材料收发管理、周转材料管理和机械设备管理。

5）成本核算管理。主要功能包括：财务数据、费用确认单和成本台账。

10.1.4 工程供应链管理系统

现如今，工程行业在国内发展势头迅猛，标志性工程、行业规模、技术储备、专业人才等日新月异，随着市场和建筑产品的发展，工程行业规模效应逐渐凸显，伴随而来的管理创新需求也逐步显现。工程供应链成为一个新名词出现在工程人面前。本节将从工程行业供应链特点、工程行业供应链的竞争力提升及工程行业采购模式的创新三个方向阐述工程供应链。

1. 工程供应链的四大特点

工程供应链是一种典型的按订单制造的供应链，提供的是建筑产品和售后服务，是一条以需求驱动的基于产品和服务的供应链。工程行业供应链区别于制造行业传统供应链，它有以下四个鲜明的特点：

（1）集中性

体现在构成建筑产品（建筑物或构筑物）的所有材料都集中在施工现场进行装配，与传统的制造业在工厂里完成产品的大规模生产，然后再通过分销商和零售商销售到众多的顾客——消费者手中的特点不同。

（2）一次性

“建设工厂”是围绕单一的产品，一次性的建设项目开展工作的，产品生产出来以后（竣工验收）移交到单一的顾客——业主手中。因此供应链具有不稳定性和零散性，特别是设计与施工分离的情况下更加不利。

（3）临时性

临时性是指每一个项目都要组织新的项目管理部门，项目完成后相应的项目管理部门自动撤销。这种临时性的特点导致了建筑供应链的不稳定性、破碎性，以及项目设计与施工相分离的问题。

（4）复杂性

复杂性体现在建筑供应链包括多个建设阶段，参与方众多，建设规模庞大，建设周期长，不确定性因素多等方面。

由于以上四个特点，工程行业供应链因临时性、不稳定性等原因一直以来并未被系统化地研究和管理，直到最近才逐渐出现在人们视野中。

2. 精细化管理和战略聚焦助力工程行业竞争力提升

工程行业投资规模大、建设周期长，导致资金压力比较大，一般以“高周转”作为行业特点及核心竞争力，强调项目管理、计划管理，资源及人才向一线倾斜。但随着市场范围扩大、产品逐渐细化，客户要求及用户体验不断提高，于是精细化的管理和战略聚焦，逐渐成为工程行业提高竞争力的新趋势。

工程行业的客户一般采用竞标方式选用承包方，所以市场的竞争往往导致毛利率普遍偏低，而工程项目接近70%的成本发生在供应链采购业务模块，因此供应链逐步被行业重视起来，并得到积极的研究、推进和发展。

众所周知，在建筑生产过程中，总承包商处于核心地位，工程行业分工细致，新材料、新设备，投资、设计、建造、维护、运营等均有专业化公司负责，且各自都有差异化竞争优势。而由此可见，建筑供应链实质就是以核心企业为中心建立的战略伙伴型关系的团体。供应链战略要突破一般战略规划，去关注企业自身的局限，通过在整个供应链上进行更完善的规划，进而实现为企业获取生存和竞争优势的目的。因此，业内基于传统制造行业的SCOR[⊖]模型，开始了对工程行业供应链模型的探索。制造行业供应链模型与工程行业供应链模型如图 10-6 所示。

3. 工程行业采购模式创新

以丰田公司为例。作为制造行业的优秀企业，丰田对供应链管理研究和优化多年，形成了独树一帜的丰田精益生产与管理模式（图 10-7）。当下，越来越多的制造企业试图从供应链创新中获取优势，从供应链角度审视工程企业管理模式，工程企业可从以下四个方面积极推动转型升级：

1）以总包单位为核心，形成产业链上下游协同，强强联合发挥各自竞争优势，减少内耗，形成产业链整体效益最大化。

⊖ SCOR——供应链运作参考模型（Supply Chain Operations Reference model）。

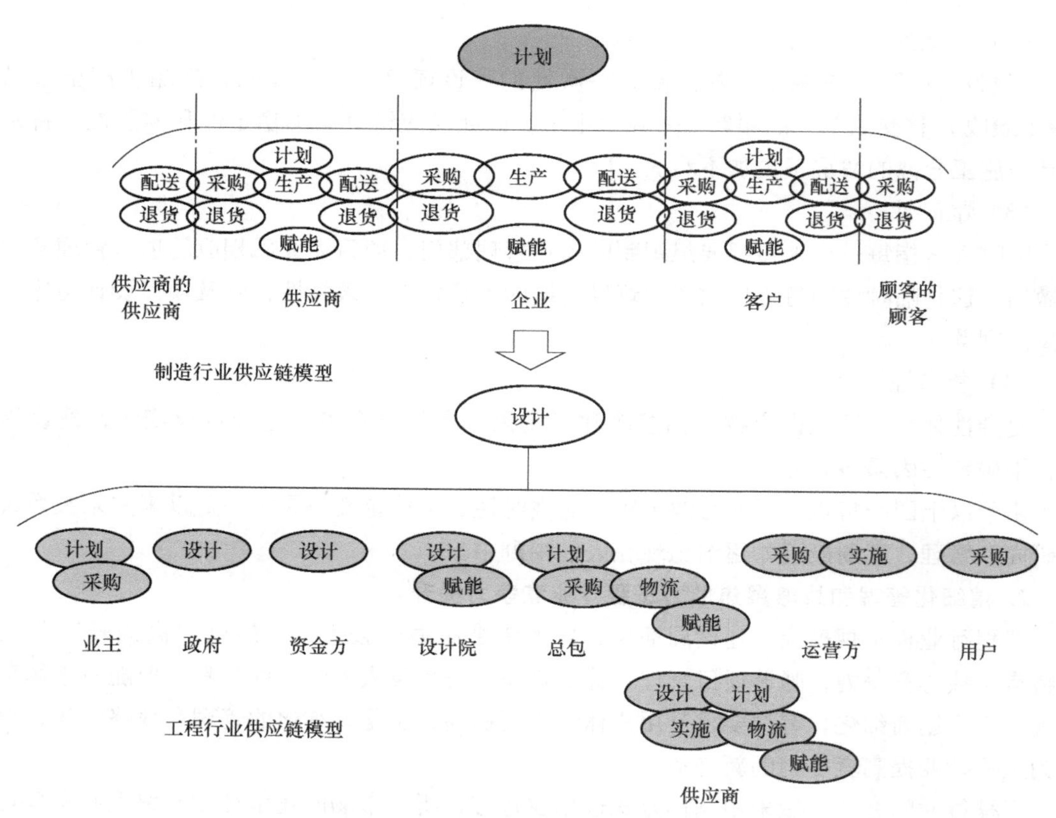

图 10-6　制造行业供应链模型与工程行业供应链模型

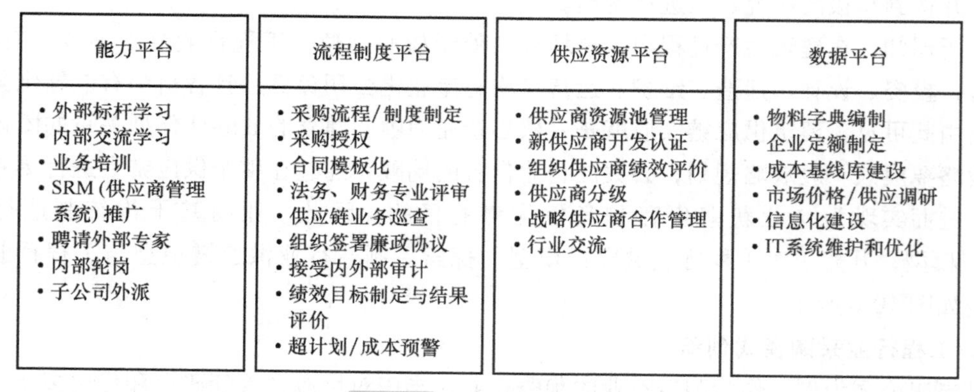

图 10-7　供应链平台建设

2）构建（资本、信息、专业、经验、资源等）核心竞争力，获得最大投资回报，通过资源优化组合，依靠（非核心能力）业务外包补齐能力。

3）以业务流程替代原有按“分工、职能”的烟囱模式，加强协同，保证业务的高效和整体效益，提高企业创新能力。

4）加强信息化建设，信息流是商流、物流、资金流的基础，是企业内部协同、产业链上下游协同的工具，是科学决策的支持。

简而言之，供应链不再仅仅是一线的支撑，而开始从利润贡献、资源整合等层面成为企业的核心竞争力之一。而供应链也以采购业务牵头，转身成为资源平台——一方面整合外部优质资源；另一方面为战略、产品开发、营销、交付等各主业务提供支撑，整合内部业务流程。供应链管理是一种新的管理策略，它强调供应链上各参与成员及其活动的整体集成。它把不同企业的目标集成起来，以提高整个供应链的效率。有效的供应链管理不仅可以降低成本，还可以提高整个业务流程的有效性，最终为工程行业所服务的客户实现增值。

10.2　行业应用系统

10.2.1　房地产管理信息化

房地产管理信息化是指房地产主管部门为了更加快捷、更为有效地履行管理职能，为政府管理部门、房地产开发企业及广大群众提供更加全面、及时、准确的信息支持和服务，广泛地应用数字化、网络化、智能化的信息技术建立起房地产管理信息系统的过程。

房地产企业运用现代化的信息技术，深化和开发信息资源并将其运用到企业管理中，从而使得企业的决策、经营和管理水平不断提高，同时企业的核心竞争力和经济效益也得到了很大的提高。

房地产管理信息化建设，可以建立以市为单位，通过一定的信息平台，依托房地产管理的各业务系统，将分散于房地产开发、转让、租赁、评估、抵押、拆迁、公房管理、房地产测绘、房地产交易与权属登记、档案利用及税费征缴等管理环节的市场信息有机整合起来，同时纳入与房地产市场发展相关的土地、规划、金融等其他信息，形成全面客观地反映各地房地产市场运行状况的信息系统。

目前房地产相关信息也只限制在本组织内部，社会上缺乏和政府关联的、比较有权威的、能够面向广大群众的房地产信息服务系统，没有一个权威的符合标准规范的房地产信息服务平台满足不了宏观调控，也就使房地产信息化建设搁置不前。

10.2.2　工程勘察设计信息化

工程勘察设计行业是技术密集型、智力密集型的生产性服务业，是国民经济基础产业的重要组成部分，在工程建设领域对落实科学发展观及实施国家产业政策方面发挥着重要的引领和主导作用，是建设资源节约型、环境友好型社会和创新型国家的重要力量。

狭义信息化主要是指计算机在各个行业的应用，在勘察设计行业主要包括设计类软件、基础支撑平台等。在这个方面，国内同行都已经在大踏步地迈进，例如，计算机的基础应用、设计辅助类应用（CAD 应用、计算机辅助绘图、三维设计）等。各企业都在全力以赴通过实施信息化建设提升自身的生产效率。广义信息化主要是指更高层次的信息化应用，如综合管理信息化、公司整体业务管理等。

目前信息化建设已经成为一个系统工程，必须有全面的规划，有良好的组织实施方案和有效的人力、物力、财力保证，才能真正建设出一个满足应用的系统。下面简要介绍一下勘察设计行业目前生产办公的一般流程和信息化建设中应该规划设计的模块。勘察设计行业的发展基本上形成了三大主要工作模块：综合办公管理模块、工程项目管理模块（生产管理模块）和图档管理模块。

1. 综合办公管理模块

综合办公管理模块包括公文管理、人力资源管理、财务管理、公共资源管理、资质管理、日常办公管理等。该模块主要实现企业日常行政事务管理。

1）公文管理。实现发文管理、收文管理、文件归档、文件目录打印、数据统计、检索查询、公文流转，提供最新标准公文格式模板，支持公文返回、流程自定义等功能。

2）人力资源管理。人力资源基本信息管理、干部考核管理、人力资源调配、考勤、绩效、工资、职称、保险、职工教育培训、人事档案等功能。

3）财务管理。该功能主要是指职工工资、公共财物资源查询、项目成本核算、项目信息查询及财务数据分析。

4）公共资源管理。包括车辆管理、物资设备管理、办公场地管理等工作。

5）资质管理。主要针对企业设计资质等所需条件的计划申报和人员培训等工作。

2. 工程项目管理模块

该模块可以归纳为经营管理和设计项目管理两部分。

1）经营管理。经营管理是设计院前期工作的重点，包括项目招标投标管理、合同管理、外包管理、质量管理等。该模块基本上属于项目的立项计划管理，是设计项目总流程的前提。

2）设计项目管理。设计项目管理是工程勘察设计行业企业的关键性业务，设计项目管理分系统也是集成应用系统中的核心分系统。使用该分系统可以对项目的计划、控制及质量进行有效管理，尤其是在质量管理方面应提供强大的支持功能，主要包括项目策划、设计过程控制、项目变更、质量管理等内容。

3. 图档管理模块

图档管理模块包括电子图档的归档管理、科技图书管理、纸质文档管理、标准规范管理，期刊管理等。实现档案的编目、组卷、立卷、销毁、借阅，修改案卷、删除案卷、查阅案卷、自动催退，强制归还，订购计划等功能。电子文档的借阅要有安全可靠的技术保障，要有日志记录。

4. 系统维护模块

信息系统中除了包含以上所有勘察设计部门所拥有的固定模块外，还包括信息系统本身所固有的系统维护模块。此模块包括系统的权限设置、临时授权、权限时限、安全设置等功能模块。此模块由系统管理员掌控，是维护整个系统安全、稳定运行的保障。

10.2.3 建筑节能信息化

建筑节能信息化就是利用检测设备和系统将建筑物的用能状况检测出来，通过能量管理找到建筑物中存在的浪费现象，并利用控制系统将减少浪费，在获得了没有浪费能量的能量需求前提下，能量管理系统使照明、中央空调设备在系统高效率状态下运行，实现节能。

实现建筑节能的全面质量管理，各管理单位的监督管理手段和方法必须与之相适应。以信息技术为支撑点，运用管理优化流程，实现监督管理的信息网络化，是从根本思路上有效改善建筑节能工程质量监督的方法。借助现代信息技术工具对节能工程监理过程从立项、设计、审图、施工到验收每个阶段的大量信息进行采集、储存和分析，提供充分、完善的信息支持。以建设单位为衔接中心，各个管理单位建立良好的信息传输和共享系统，通过系统和网络实现各单位之间的及时沟通，如在施工过程中发现施工图问题后，能及时通过建设单位和设计单位联系，避免在实体工程上的返工造成的浪费。

建筑节能管理信息系统的总体架构如图 10-8 所示，具体内容包括：

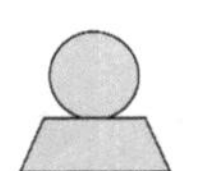

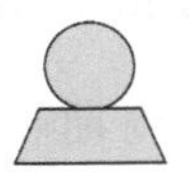

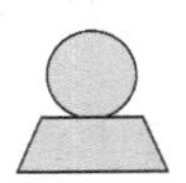

管理信息平台

节能管理　节能优化　能耗预测　决策支持　开放接口

建模与仿真平台

模型辨识与入库　模型分类与组合　建模与仿真　模型验证与矫正

案例检索　分析计算　辅助设计　开放接口

数据平台

基础数据库
- 城市基本信息
- 建筑基本信息
- 建筑用能特征信息
- 城市高分数据
- ……

业务数据库
- 建筑设计数据
- 能耗统计数据
- 能耗实时监测数据
- 室内环境检测数据
- 区域红外遥感数据
- 地面红外遥感数据
- 气象实时监测数据
- ……

服务数据库
- 统计结果
- 分析计算结果
- 数据挖掘结果
- 预测预警结果
- 仿真结果
- ……

模型数据库
- 统计模型
- 设计模型
  区域分类设计模型
  建筑分类设计模型
- 运行模型
  区域分类能耗模型
  区域综合能耗模型
  建筑分类能耗模型
- ……

案例数据库
- 各星级绿色建筑案例
- 可再生能源在建筑中的应用案例
- 其他案例
- ……

自动采集各系统数据，共享各系统所需数据

国家机关办公建筑和大型公共建筑能耗检测系统　民用建筑能耗统计系统　节约型高校能耗检测系统　绿色建筑评价标示申报系统　其他已建系统　可再生能源应用示范项目数据检测系统　北方采暖地区既有居住建筑供热计量及节能改造系统　绿色建筑能耗检测系统　其他待建系统

全国城镇建筑节能管理信息系统

人工收集处理入库

图 10-8　建筑节能管理信息系统的总体架构

1）针对国家机关办公建筑、大型公共建筑、高校建筑、北方采暖地区建筑、可再生能源示范建筑等各类建筑，进行能耗监测或能耗统计；针对耗能较低的建筑，进行绿色建筑标准评估；针对集中供热的北方建筑，进行供热系统节能改造。所有这些系统的建立，都能协助模型系统迅速积累海量的建筑能耗历史数据。

2）从海量的建筑能耗历史数据中，经过数据的分类筛选，进而可逐步形成各种数据库，并直接促进模型系统的整体成型。这些数据库包括：以建筑基础信息为主的基础数据库；以建筑实时耗能数据为主的业务数据库；以建筑能耗分析结果为主的服务数据库；以统计和运行模型为主的模型数据库；以绿色示范建筑为主的案例数据库。

3）在各类数据库的基础上，建立针对建筑业主和城市建筑各主管部门的管理信息平台，具体用于建筑的节能监管、节能优化、能耗预测等日常管理。

4）有了实时及历史能耗数据的积累，各数据库的分类建立，即可着手架构建模和仿真平台，具体应用于建科院和各科研院校的检索、分析、设计工作。

10.2.4 工程安全监督信息化

建筑工程施工是一个周期较长且复杂的过程，建筑安全管理更是一项系统复杂的工作，它与安全生产措施的保障投入，安全管理人员、安全作业人员的个人素质，安全管理机构的管理机制和管理水平，以及法律法规、标准规范的完善程度和执行力度等因素有关。随着工程由小型变为复杂，工程施工工艺和技术难度也不断加大，各部门之间的沟通交流不断增加，对于沟通的时效性的要求也不断提高，传统的安全监督管理方法难以满足需求。建立建筑安全生产监管信息网络，形成信息化管理机制，提升监督管理信息化水平，可以在一定程度上提高监督机构的科学性和权威性，促进区域整体建筑安全生产水平的提升。

建筑安全信息化监管模式的核心就是充分应用物联网、云技术、大数据和移动互联网技术，通过感知层、网络层、平台层和应用层，建立一套适应新形势下全方位、多角度、全天候的智能化监管体系，以此实现信息化监管的真正落地。

在建筑工程质量监督领域，发达国家已经建立了一整套的比较完善的工程质量信息网络。对工程施工质量采用远程监控，通过信息传输到政府的工程质量监控中心，形成了一个比较实用的工程质量监督信息网络。

1. 传统建筑安全监管存在的问题

1）当前，我国的建筑行业已经建立了比较完善的安全法律法规制度，并且也已经对安全检查及相关技术规范制定了一系列的标准要求，同时也在不断地更新。然而，作为监管机构的管理制度并没有跟上规范的要求制度，出现了不健全的监管，同时也缺少相应的管理制度，没有完善的施工安全监管，存在差异化、细致化。

2）工程、企业、人员、设备信息随着时间变化而变化，不能较好地实时更新；数据信息依赖性强，牵一发则动全身，更新难度非常大；传统管理方式工作量大，资料归档文件维护困难。

3）安全监管效率低。政府安监人员按照传统方法亲临施工现场监察工程的安全状况，安监人员数量相对缺乏、安全监管效率低下。

4）建筑工程参与各方安全监管信息无法联通。要从根本上提升我国的建筑工程安全监管水平，必须探求更有效的管理方法，采用更先进的管理手段来解决现存的安全监管问题。

2. 建筑安全监督信息系统架构

（1）架构体系

在新技术条件下，可充分考虑建筑安全监管“五要素”（即人员、机器、原料、方法、环境）、危险源和责任主体之间的复杂关系，打造一个统一平台，设立安全数据中心，构建三张基础网络，通过分层建设，达到平台能力及应用的可成长、可扩充，创造面向未来的智慧安全监管模式，其系统结构如图 10-9 所示。

图 10-9 所示的系统结构中，感知层的软件、硬件支撑可实现安全数据的智能采集，规避数据的失真和滞后；网络层实现数据的广域传递，打通政府主管部门、施工总承包企业、项目部及监理单位、建设单位等各方主体的安全数据信息流，避免信息孤岛；平台层通过云技术和大数据，解决数据处理能力不足的问题；应用层将安全监管所涉及的“五要素”、危险源全面数字化，避免安全监管过分对人的依赖。通过分层建设，可以全面提升综合的安全监管应用支撑和管理能力。

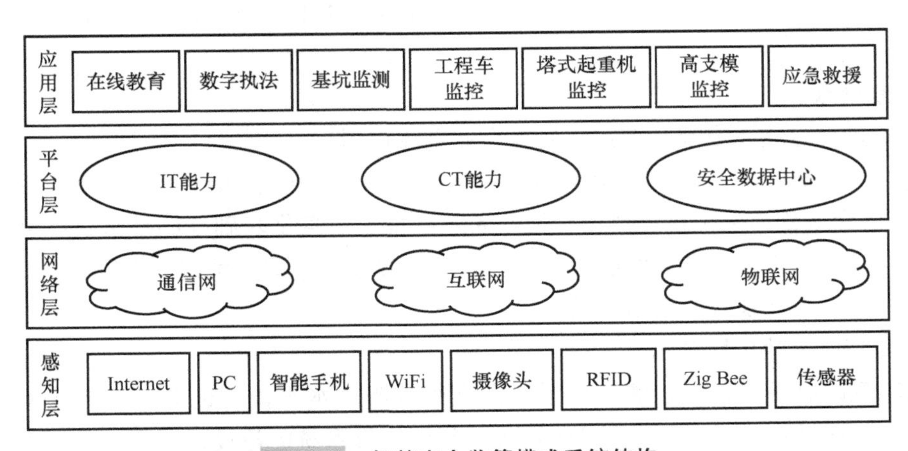

图 10-9　智慧安全监管模式系统结构

（2）建筑安全监管信息化新模式具有的优势和特点

1）进一步理清政府主管部门的安全责任。数据基本来源于工地现场或施工单位、监理单位等安全责任主体，且系统具备智能预警和控制功能，政府可以回归到真正意义上的监管主体地位，根据系统数据进行有效监管。

2）有效解决量大面广监管不到位的问题。重大危险源数据自动采集、智能预警、实时传递。移动互联网技术还可实现智能手机办公，提升的已经不仅仅是效率问题。

3）适度降低对行业从业人员素质的要求。工地现场作业时，由于系统已经将各种法律法规植入，只要发生违章作业，就会有现场声光、语音报警和控制，实时规范作业人员的不安全行为。

10.2.5 建筑劳务管理信息化

1. 建筑劳务管理信息化的概念

建筑劳务管理信息化是指在建筑业建筑劳务管理中充分应用现代网络通信与计算机技术，整合优化信息资源配置，促进劳务信息交流与数据共享，有利于建设行政主管部门监管，提高劳务承发包企业用工管理水平，为建设行政主管部门，相关企业的管理者及时提供决策数据。建筑劳务管理信息化的内涵主要包括以下几个方面：

1）从技术手段看，建筑劳务管理信息化是对现代信息技术的广泛应用。现代信息技术的核心是微电子技术、计算机技术和网络通信技术，正是信息技术的发展和广泛应用构成了建筑劳务管理信息化的一个显著特征。

2）从作用对象看，建筑劳务管理信息化是对建筑劳务管理信息资源的组织、开发和利用。有效开发、利用信息资源是以现代信息技术为手段和工具。

3）从驱动机制看，建筑劳务管理信息化是以提高对建筑劳务管理和决策的效率和水平为目的，对信息技术的采用也是市场竞争和利润驱动的结果。

通过劳务信息化管理平台对劳务企业的资质进行统一管理，杜绝造假现象，不仅有效阻止不合格竞争者进入建筑市场，还可以把不符合企业要求的、资质证照不全的不合格队伍直接挡在门外。

2. 战略重点

（1）推进信息技术发展和应用，发挥企业主体作用

推进信息化基础建设，加强网络结构优化，从业务、网络和终端等层面推进“三网融合”，加快综合基础信息平台的建设。推动人才密集、信息化基础好的地区进行经济结构战略性调整，促进信息技术产业发展。加快公共网络建设，采用多种接入手段，提高农村网络普及率，大力推动互联网的应用普及。

（2）提高电子政务服务水平

加快转变政府职能，通过信息化手段提高行政服务水平，促进电子商务业务规范化发展。政府部门通过加快“一站式”“一网式”行政审批系统的建设，不仅规范了政府办事流程，减轻人工操作的繁杂性，同时也提高了办事效率，节约了政府财政支出，提升了行政能力，并能够减少腐败现象的发生，真正践行“执政为民”的理念。

对于重复政务信息，要加强整合，规范政务基础信息的采集标准，加强政务信息资源目录体系、交换体系和基础数据库的建设，推动政府政务信息公开。发挥建设行政主管部门对建设市场进行监管、社会管理和公共服务职能，完善电子政务建设相关法律法规建设，加强电子政务建设资金投入的审计和监督。

3. 建筑劳务管理信息化建设方案

当前我国建筑劳务管理信息化的建设水平还比较低，仍旧需要加大政府的引导，减少建设投入的盲目性。必须要以政府为主导，发挥政府的宏观调控、规划职能，并以市场需求为动力，整体规划信息资源的开发和建筑劳务管理数据库的建设。

将各级城市的建筑数据中心、信息网络、业务应用软件、劳务分包企业信息系统、协同应

用管理软件及其相关硬件设备作为建筑劳务管理信息化建设的主要任务，具体如图 10-10 所示。

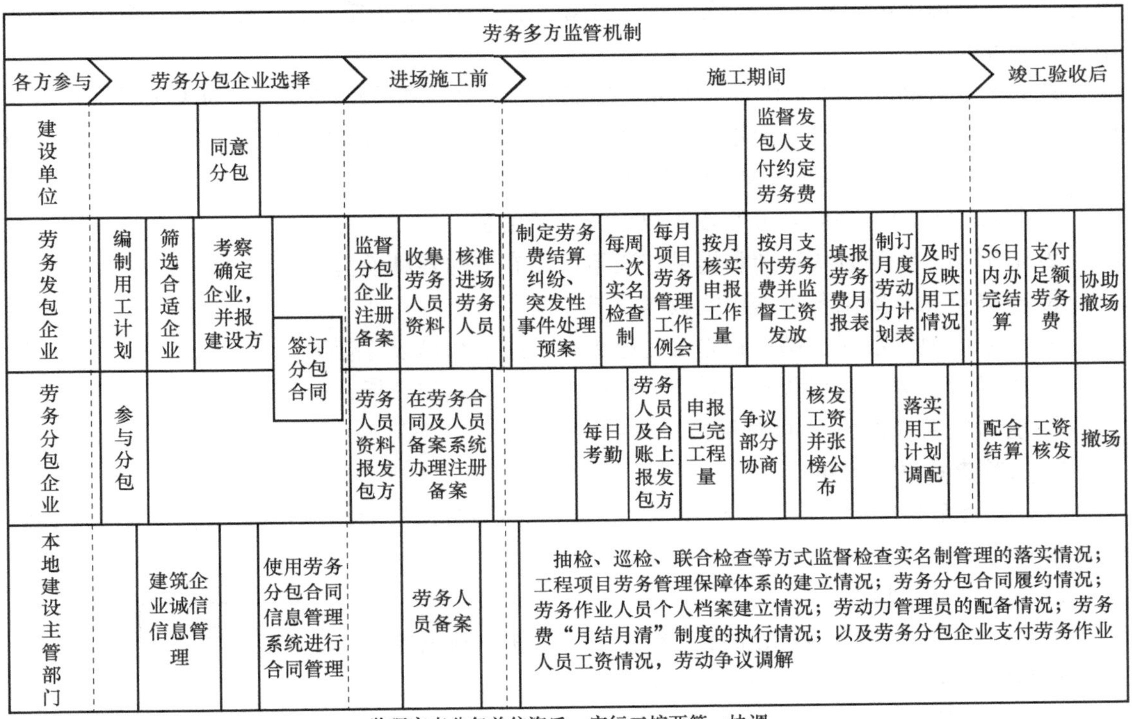

劳务多方监管机制				
各方参与	劳务分包企业选择	进场施工前	施工期间	竣工验收后
建设单位	同意分包		监督发包人支付约定劳务费	
劳务发包企业	编制用工计划 筛选合适企业 考察确定企业，并报建设方 签订分包合同	监督分包企业注册备案 收集劳务人员资料 核准进场劳务人员	制定劳务费结算纠纷、突发性事件处理预案 每周一次实名检查制 每月项目劳务管理工作例会 按月核实申报工作量 按月支付劳务费并监督工资发放 填报劳务费月报表 制订月度劳动力计划表 及时反映用工情况	56日内办完结算 支付足额劳务费 协助撤场
劳务分包企业	参与分包 签订分包合同	劳务人员资料报发包方 在劳务合同及人员备案系统办理注册备案	每日考勤 劳务人员及台账上报发包方 申报已完工程量 争议部分协商 核发工资并张榜公布 落实用工计划调配	配合结算 工资核发 撤场
本地建设主管部门	建筑企业诚信信息管理 使用劳务分包合同信息管理系统进行合同管理	劳务人员备案	抽检、巡检、联合检查等方式监督检查实名制管理的落实情况；工程项目劳务管理保障体系的建立情况；劳务分包合同履约情况；劳务作业人员个人档案建立情况；劳动力管理员的配备情况；劳务费“月结月清”制度的执行情况；以及劳务分包企业支付劳务作业人员工资情况，劳动争议调解	

监理审查分包单位资质，实行三控两管一协调

图 10-10　劳务协同管理机制

10.3 决策与智能系统

10.3.1　工程管理决策支持系统

决策支持系统（DSS）是以计算机为基础的信息管理系统，是发展迅速的一种信息管理系统，该系统对工程管理产生越来越重要的影响。

1. 决策支持系统概述

决策支持系统是一个以计算机为基础，为用户提供辅助决策的有关信息，帮助用户进行科学决策的系统。决策支持是决策支持系统的核心与目标，决策支持依赖于计算机软、硬件系统的辅助或支持。

决策支持系统支持的是半结构化或非结构化的决策问题。管理决策一般可分为三种类型：结构化决策、半结构化决策和非结构化决策。

对决策的环境和规律能用确切的模型或语言描述的决策，称为结构化决策。在结构化决策中，决策问题的求解可以使用确定的算法或决策规则。对决策的环境或规律不能清楚地描述，只能凭直觉或经验做出判断的决策，称为非结构化决策。在非结构化决策中，决策问题的求解不能使用确定的算法或决策规则。如果决策的环境或规律介于上述两者之间，部分决策过程可以使用确定的算法或决策规则，则属于半结构化的决策。在半结构化决策中，常使用风险决策模型。

决策支持系统只能帮助和支持决策，减轻用户从事各项活动的负担，为决策提供有用的信息，参与人-机决策活动，而不能代替用户的最终决策。因此决策支持系统仅仅是一个辅助的角色。决策支持系统的主要功能包括：

① 收集、存储与决策有关的各种数据及反馈信息。

② 能够用一定的方式存储和提供与决策问题有关的各种模型。

③ 能够存储及提供各种常用的数学分析方法。

④ 能方便地对数据、模型和方法进行更新、连接和修改等管理。

⑤ 能灵活地运用模型和方法对数据进行加工、汇总和分析，得到综合信息。

⑥ 能够提供方便的人-机对话接口或界面。

2. 决策支持系统的组成

决策支持系统包括三单元结构和四单元结构等不同形式，其中四单元结构形式一般为智能决策支持系统。

（1） 三单元结构

三单元结构的决策支持系统由人-机对话子系统、数据库子系统和模型库子系统集成，如图 10-11 所示。

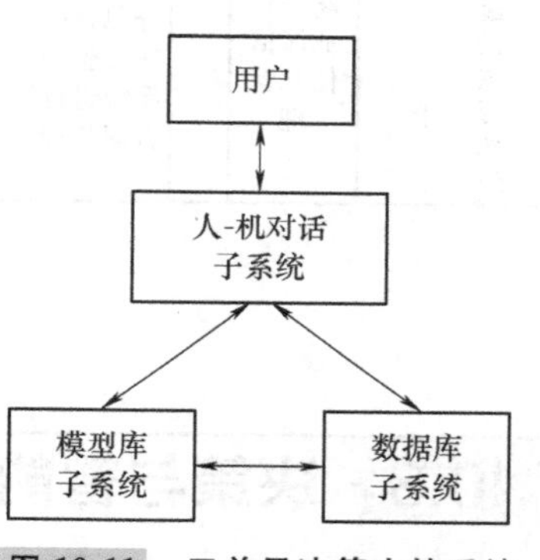

图 10-11　三单元决策支持系统

1） 人-机对话子系统，是决策支持系统的人-机接口，负责接收和检验用户决策过程中的所有请求并做出响应，协调数据库单元与模型库单元之间的通信，为用户识别决策问题、引导决策过程、实现模型的具体实用化，并完成具体实用模型的决策功能。该子系统应能充分发挥和适应决策主体的思维能动性。例如，某决策支持系统的人-机对话子系统由五大工作模块组成，即菜单工作模块、问答式工作模块、输入及辅助信息显示工作模块、输出工作模块、三库统一协调控制模块，如图 10-12 所示。

2） 数据库子系统，包含支持决策所需的各种数据库与数据库管理系统。数据库子系统是决策支持系统的基础部件，其作用不仅体现在决策过程的数据支持上，而且作为决策支持系统内部管理的一种机制，它还起到模型表示数据化及其他功能操作数据化的作用。

数据库子系统由以下部分组成：

① 源数据库，是决策支持系统开发时预先考虑到的、所需的内部数据库，以全企业或工程项目通用的库结构预先设置存放的各种数据文件。

② 数据析取模块，是各种源数据库与 DSS 数据库的接口，包括从源数据库集聚和形成子集，建立 DSS 数据库，供模型运行和对话直接使用。

③ DSS 数据库，是通过数据析取模块取出来的数据库，供决策过程中直接使用。

④ 数据库管理系统（DBMS），主要提供数据存取、数据转换、数据接口、数据维护等功能。

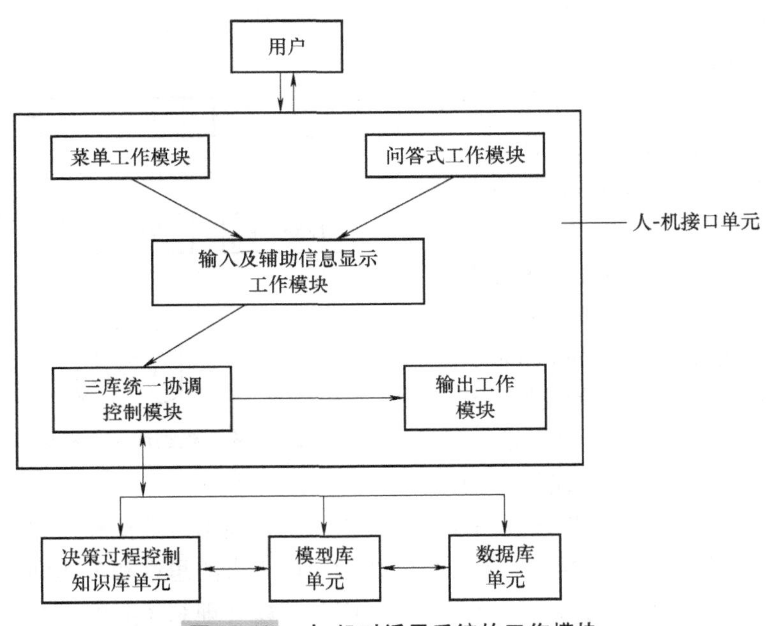

图 10-12　人-机对话子系统的工作模块

⑤ 数据字典，用来维护系统中的数据定义、类型描述和数据来源的描述。

⑥ 数据查询模块。

DSS 数据库子系统的数据析取框架如图 10-13 所示。

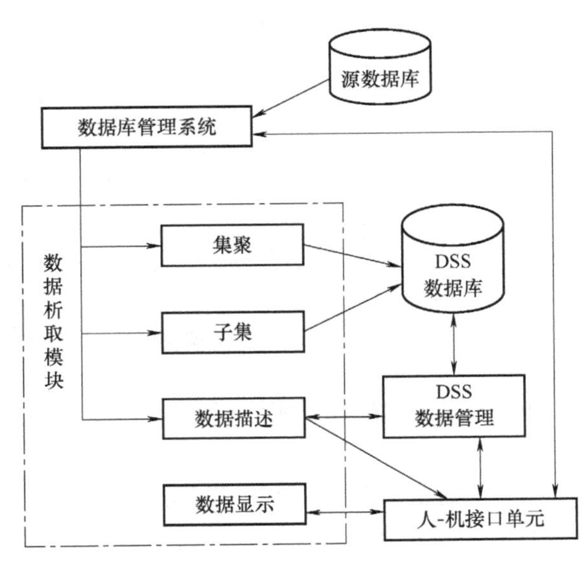

图 10-13　DSS 数据库子系统的数据析取框架

3）模型库子系统，由模型库（MB）、模型库管理系统和模型字典（MD）三部分组成。模型库不仅应包含支持决策所需的各种模型元，如数学规划模型、存储模型等一些标准模型（符号模型），而且应包含按决策需要用建模语言构建的或组建的具体实用模型，用户将其所需的数据从数据库析取出来并输入模型中，成为具体实用的模型。模型库管理系统支持决策问题的定义并将概念加以模型化，以及维护管理模型，包括对模型的连接、拼组、修改、增删。模型字典用来存储有关模型的描述信息和模型的数据抽象，前者是对各种模型的要素（目标、约束和参数等）的描述，后者是各种模型关于所需数据存取的说明。另外，还有各种模型模块的详细说明，供用户查询模型库内容。模型库子系统的结构原理如图 10-14 所示。

（2）四单元结构

由于决策支持系统向智能化发展，决策支持系统出现了不同的结构形式。在传统三单元决策支持系统的基础上增加一个或多个单元，就可以形成四单元结构。

典型的四单元结构是在三单元结构上增加一个方法库，形成四单元结构。方法库包含各种数学分析计算方法、优化技术及数理统计方法等，以支持模型的运算求解。

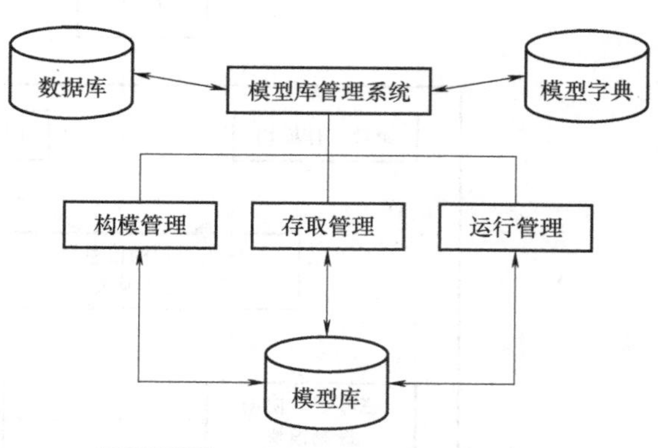

图 10-14　模型库子系统的结构原理

如果将方法库纳入模型库，另外新增一个问题处理系统（Problems Process System，PPS）或者知识库（Knowledge System），也称为四单元结构的决策支持系统。

问题处理系统支持用户识别决策问题，把决策问题的一般语言陈述转化为相应的可执行的操作，还具有分析问题的能力，即在知识、模型、数据和用户之间反复交互学习，在推理过程中发挥指导和控制决策过程的作用。由于人的思维和表达问题的方式与计算器工作方式之间存在巨大的鸿沟，使交互困难，因此问题处理系统必然包含必要的知识，可以在问题处理系统的基础上构建知识库子系统，这时四单元决策支持系统由人-机接口、知识库、模型库和数据库组成，如图 10-15 所示。

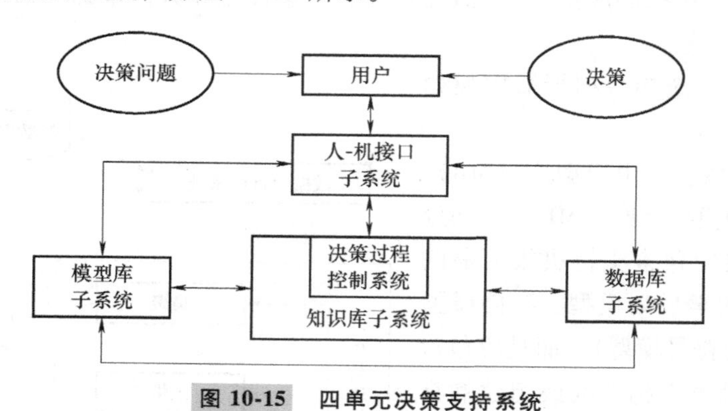

图 10-15　四单元决策支持系统

知识库是问题处理系统（PPS）的扩充和改进。知识一般可以分为专家领域的知识和一般理论知识。

按照规则表达方式，知识可以分为：

① 有明确规则的显性知识，如计算公式等。

② 无明显规则的隐性知识，如专家的经验等。

知识库子系统的组成可分为三部分：知识库管理系统、知识库、推理机。

① 知识库管理系统的主要功能包括：回答对知识库知识增、删、改等知识维护的请求，回答决策过程中问题分析与判断所需知识的请求。

② 知识库中所存储的知识主要是那些既不能用数据表示，也不能用模型方法描述的专家知识和经验。知识库中的知识是为描述世界所做的一组约定，是知识的符号化过程。对于

同一知识，可有不同的知识表示形式，知识的表示形式直接影响推理方式，并在很大程度上决定着一个系统的能力和通用性，是知识库系统研究的一个重要课题。知识库包含事实库和规则库两部分。

③ 推理机是一组程序，针对用户问题去处理知识库（规则和事实）。

3. 决策支持系统开发

（1）决策支持系统的开发技术

从系统开发的角度看，决策支持系统具有三个不同的技术层次：基本功能模块、决策支持系统生成器、决策支持系统工具。每个技术层次面向不同使用者，其作用也不同。通过决策支持系统工具开发决策支持系统的基本功能模块，通过对基本功能模块组合，构成决策支持系统生成器。决策支持系统生成器针对具体决策问题反复设计，直到用户基本满意，即形成专用的决策支持系统，达到应用层。

1）专用决策支持系统。专用决策支持系统（Specific DSS）实际上是执行决策支持的系统，是基于计算机的信息系统，但与数据处理系统完全不同。专用 DSS 包含一组计算机软件和硬件，支持一个或一群决策用户，处理一批相关的决策问题。系统开发者需要另外两个技术层次，即决策支持系统生成器和工具的支持。

2）决策支持系统生成器。决策支持系统生成器（DSS Generator）提供一套快速而易于建立专用决策支持系统的环境和能力，允许用户和系统分析设计人员反复地通过交互方式来设计一个特定的决策支持系统。决策支持系统生成器作为一个综合性的软件包，可以看作一种更高级的专用决策支持系统的开发工具。决策支持系统生成器只能用决策支持系统工具来开发。当涉及对话、模型和数据库等部件时，决策支持系统生成器可以是操作数据和生成数据的解释程序，决策支持系统工具既用于生成或修改解释程序，也用于生成或修改数据本身。

3）决策支持系统工具。决策支持系统工具（DSS Tool）包括硬件工具和软件工具。硬件工具是指便于决策支持系统开发的硬件设备，软件工具是指那些能方便决策支持系统开发的软件自动生成程序或软件支撑环境。一般情况下，可把决策支持系统工具分为两大类，即语言类和生成器类。语言类工具可以提供一套开发语言，如开发模型库管理系统和数据库管理系统的各种语言等。生成器类工具可以提供决策系统的一个框架。当开发一个具体的决策支持系统时，开发者只需根据使用说明填写具体内容，如数据、模型与方法等，就可形成一个可运行的决策支持系统。

（2）决策支持系统的设计与开发

决策支持系统的特点决定其开发方法与传统的信息系统的开发方法有所不同。决策支持系统的开发技术一般联合采用目标导向法和原型法。其具体方法是，首先使用原型法开发决策支持系统的技术基础，然后按照具体的决策问题的性质和分类，开发针对一定问题领域、满足决策者需要的特定的决策支持系统，交用户使用后，根据用户的意见，反复修改、扩展和完善，直到形成一个相对稳定的系统。决策支持系统的开发过程主要针对具体目标，一般包括五个阶段，即问题分析、可行性研究、开发方法和开发策略的选择、开发系统、支持决策。决策支持系统开发过程必须有决策者参加，这是确保系统开发成功的必要前提。

4. 决策支持系统的新技术

决策支持系统从其产生以来，已从最初仅通过交互技术辅助管理者对半结构化问题进行管理发展到综合应用运算学、决策学及各种人工智能技术的各种实用决策支持系统，应用涉及多个领域，并成为信息系统领域内的热点之一。传统决策支持系统应用的成功实例并不多，主要原因是基于传统 DBMS 的决策支持系统只能提供辅助决策过程中的数据级支持，而现实决策所需的数据却往往是分布、异构的，并且多数决策支持系统的应用对决策者有较高的要求，既要求有专业领域知识，也要求有较高的决策支持系统建模知识。针对不同的需求，克服传统决策支持系统的缺陷，多种类型的决策支持系统不断出现，如专家系统、智能决策支持系统、分布式决策支持系统、群体决策支持系统、决策支持中心、综合决策支持系统、战略决策支持系统等，这些系统可适用于不同的场合，在不同程度上满足决策需求。

（1）专家系统

专家系统（Expert System，ES）是一个智能计算机程序系统，使用知识和推理机制解决需要人类专家才能解决的复杂问题。专家系统也是一种决策支持系统，与 DSS 的区别关键在于专家系统具有知识库。

1）专家系统的主要特点。专家系统的主要特点包括：

① 启发性，能够启发性求解问题。

② 透明性，可向用户解释其推理过程。

③ 灵活性，可以接受新知识，调整有关的控制知识和领域知识，使新知识与整个知识库相容。

2）专家系统与决策支持系统的区别。

决策支持系统是在管理信息系统的基础上发展起来的，专家系统是在人工智能的研究过程中产生的。专家系统与决策支持系统的区别见表 10-2。

表 10-2　专家系统与决策支持系统的区别

系统	决策支持系统	专家系统
介入程度	强调人-机交互，强调参与问题求解	不要求决策者过多地介入问题的求解
求解方法	通过数据存取和模型分析	通过知识库分析和知识推理方法
使用者	一般为高层管理决策者	一般为事务处理和操作控制者
设计语言	使用数据处理的程序设计语言，如 C、BASIC、FORTRAN	使用符号处理的程序设计语言，如 LISP、PROLOG
执行结果	以定量为主，定性为辅	以定性为主，定量为辅

3）专家系统的基本结构。专家系统通常由知识库、推理机、知识获取机制、解释机制和人-机接口五部分组成，如图 10-16 所示。

① 知识库。知识库存放专家提供的专门知识，既包括理论知识和常识性知识，也包括专家经验所得的启发性知识。知识库的质量和规模是影响专家系统效能的关键因素。知识库是专家系统建造的中心工作，也是最困难的工作。

② 推理机。推理机是专家系统的中枢，实际上它是一组计算机程序。推理机根据用户的提问，利用知识库中的专家知识进行推理、思维和判断，直至最后得出问题的解答。推理机的常用控制策略包括：正向推理、逆向推理、双向推理。正向推理，又称数据驱动策略，是从条件出发推出结论。逆向推理，又称目标驱动策略，是先假设结论正确，再验证条件是否满足，如果所有条件都满足，则证实结论正确；否则，再由另一个假设去推断结论。双向推理，是将正向推理和逆向推理结合起来，形成一种混合推理方式。控制策略将影响系统求解问题的效率。如果结论已知，则逆向推理比正向推理的效率高。

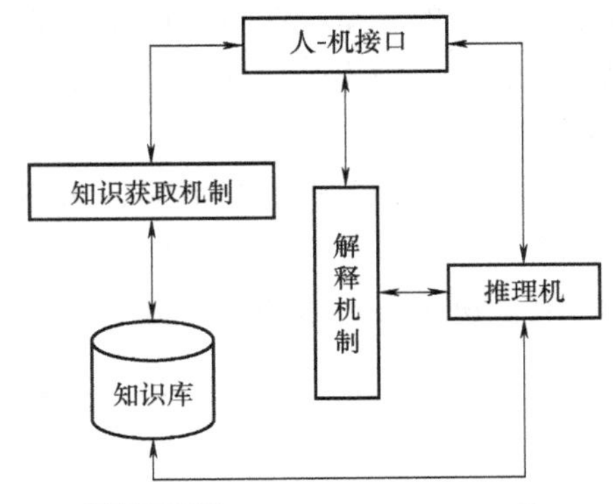

图 10-16　专家系统的基本结构

③ 知识获取机制。知识获取机制的主要功能是实现专家系统的自学习，包括两种方式：

a. 以传授方式，专家对知识库中的知识进行扩充和修改。

b. 根据系统每次求解结果的反馈信息，对知识库中的知识进行自动修改和完善。

④ 解释机制。解释机制主要回答用户对系统的提问，对系统的求解过程提供说明，使用户能理解系统的求解过程，提高求解结果的可信度。解释机制还有利于发现系统知识库中的错误。

4）专家系统的核心技术。专家系统的核心技术体现在三方面，即知识获取、知识表示、知识运用。

① 知识获取。知识获取有三种方法：人工移植法，这是最原始的知识获取法，即通过人工智能程序将专家的知识模型转化为计算机知识模型；机器学习法，即通过机器与人对话，将专家知识传授给计算机；知识积累法，即利用系统的自学习能力，在运行过程中积累经验、修正错误、更新知识库。

② 知识表示。知识表示就是选择合适的数据结构将专家知识保存在知识库中。知识表示方法为产生式规则、谓词逻辑、语义网络、框架等。

③ 知识运用。知识运用是指利用知识库中已有的知识对用户提出的问题提供具有专家水平的解答，主要由推理机完成该任务。从知识库中提取必要的指示，将推理决策提供给用户，并给出决策的正确解释。

（2）智能决策支持系统

智能决策支持系统（Intelligent Decision Support System，IDSS）是将人工智能技术引入决策支持系统而形成的一种具有人工智能行为的信息系统。IDSS 的最基本概念是利用知识库把有关决策问题的经验存储在计算机里，帮助 DSS 用户对模型进行选择和分析。

与决策支持系统相关的人工智能（AI）技术主要包括：

1）自然语言处理和语音处理技术。通过与决策支持系统中的用户接口结合，形成智能接口，实现用户与系统以自然语言对话，也可与数据库管理子系统结合，构成智能数据子系统，实现自然语言查询、存取数据库。

2）专家系统（ES）。决策支持系统与专家系统的集成系统又称决策专家系统，能结合决策支持系统和专家系统各自独特的优点。决策支持系统为决策者提供信息获取、信息评估和最后决策的完全控制权，可能会受到人类判断和观点偏见的影响。专家系统可以为特殊领域提供智能，做出尝试性决策不受人类偏见的影响。两者集成也摆脱了专家系统领域狭窄的限制。

3）人工神经网络（ANN）。人工神经网络与专家系统是互补的，首先将两者集成起来形成神经专家系统，然后将神经专家系统与决策支持系统集成。

智能决策支持系统的结构如图 10-17 所示。

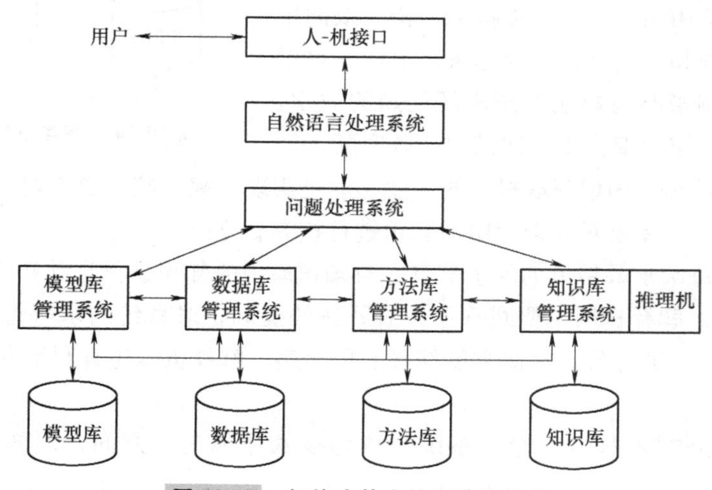

图 10-17 智能决策支持系统的结构

智能决策支持系统的人-机接口接收用自然语言或接近自然语言的方式表达的决策问题及决策目标，较大程度地改变了人机界面的性能。智能决策支持系统的问题处理系统处于决策支持系统的中心位置，是联系人与机器及所存储的求解资源的桥梁，主要由问题分析器与问题求解器两部分组成。智能决策支持系统的问题处理流程如图 10-18 所示。

格式化问题可采用传统的模型计算求解，半结构化或非结构化问题则由规则模型与推理机制来求解。问题处理系统（PPS）是智能决策支持系统中最活跃的部件，既要识别与分析问题，设计求解方案，还要为问题求解调用库中的数据、模型、方法及知识等资源，对半结构化或非结构化问题还要触发推理机进行推理或新知识的推求。

（3）群体决策支持系统

群体决策支持系统（Group Decision Support System，GDSS）是一种在决策支持系统基础上利用计算机网络与通信技

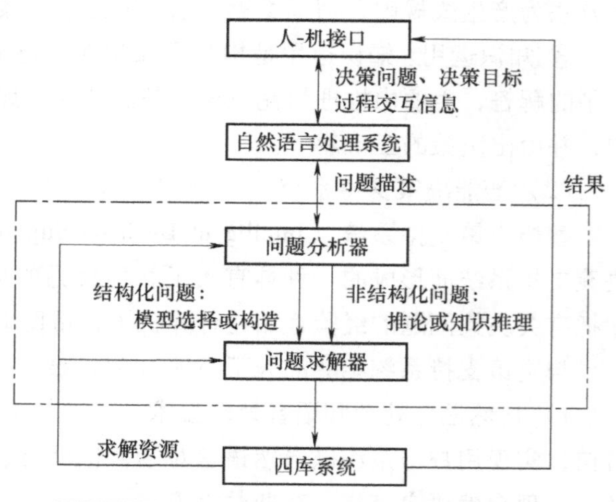

图 10-18 智能决策支持系统的问题处理流程

术，供多个决策者为了一个共同的目标，通过某种规程相互协作地探寻半结构化或非结构化决策问题解决方案的信息系统。

群体决策支持系统由硬件、软件、通信网络和协调员（或系统操作员）组成。协调员的主要任务是协调决策群体的决策过程和解决群体决策支持系统运行中的技术问题。决策者可以在会议室内进行群体决策，也可以分散在不同地点，围绕一个主题，在某种规程的控制下实现群体决策。通常情况下，群体决策是在分布环境下实施的，因此群体决策支持系统大多采用分布式和分散式结构，即支持对数据对象的远距离操作。系统也支持通过在用户和各应用层之间的接口，实现各个应用领域的功能。

群体决策支持系统有以下一些特点：不受时间与空间的限制；能让决策者相互之间便捷地交流信息与共享信息；决策者可克服消极的心理影响，无保留地发表自己的意见；能集思广益，激发决策者思路；可以避免小集体主义及个性对决策结果的影响；能提高决策群体成员对决策结果的满意程度和置信度；群体越大，效果越显著。

群体决策支持系统要综合决策科学、人工智能、计算机网络、运筹学、数据库技术、心理学及行为科学等多种学科的理论、方法与技术，实用系统研究与开发的难度非常大，目前投入实际运行的 GDSS 很少见。

群体决策支持系统的类型包括：

1）决策室。决策者面对面地集于一室在同一时间进行群体决策时，可设立一个与传统的会议室相似的电子会议室或决策室，决策者通过互联的计算机站点相互合作完成决策事务，这是较简单的 GDSS。

2）局域决策网。多位决策者在近距离做群体决策时，可建立计算机局域网，网上各位决策者通过联网通信，相互交流，共享存于网络服务器或中央处理器的公共决策资源，在某种规程的控制下实现群体决策。局域决策网的主要优点是可克服定时决策的限制，决策者可在决策周期内时间分散地参与决策。

3）虚拟会议。利用计算机网络的通信技术，使分散在各地的决策者在某一时间内能以不见面的方式进行集中决策，能克服空间距离的限制。

4）远程决策网。利用广域网等信息技术来支持群体决策，综合了局域决策网与虚拟会议的优点，可使决策参与者异时异地共同对同一问题做出决策。这种类型还不成熟，开发应用也很少见。

群体决策支持系统的基本组成如图 10-19 所示。

（4）分布式决策支持系统

分布式决策支持系统（Distributed Decision Support System，DDSS）是一个由分布在不同地点，位于各个节点上的多台计算机组成，网络的每个节点至少含有一个决策支持系统或具有辅助决策的功能。该系统各节点可互相支持，相互协调，对全局决策进行支持。

分布式决策支持系统具有以下特点：

1）它既可支持个人，又可支持群体，即可对一个组织、机构的决策进行支持。

2）能支持人-机交互、机-机交互和人-人交互的作用，交流信息，进行沟通。

3）具有处理节点间可能发生的冲突的能力，能协调各节点的运行。

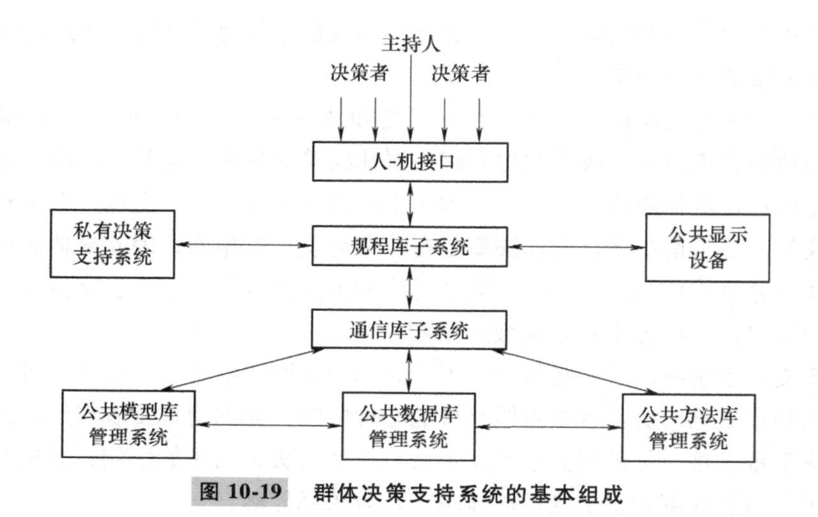

图 10-19 群体决策支持系统的基本组成

4）提供具有良好透明的资源共享。

分布式决策支持系统是对传统集中式决策支持系统的扩展，是分布决策、分布系统、分布支持的结合。

（5）决策支持中心

决策支持中心（Decision Support Center，DSC）由先进的信息技术设备和决策信息专家组成，可随时准备开发和修改决策支持系统，以支持高层领导做出的紧急和重要决策。决策支持中心处在高层次重要决策部位，决策支持中心的主要特点是在 DSS 基础上，采取了决策支持小组为核心的人机结合的决策思想，以及定性和定量相结合的综合集成方法，支持决策者解决问题。

决策支持中心与决策支持系统的区别：

1）决策支持系统是以计算机的信息系统为核心，支持决策者解决决策问题；决策支持中心是以决策支持小组为核心，采取人-机结合方式支持决策者解决决策问题。

2）决策支持系统与决策者只有一种人-机交互方式，而决策支持中心与决策者的交互方式有两种形式：一种是决策者与决策支持小组的交互方式；另一种是决策者与决策支持系统人-机交互方式。

（6）战略决策支持系统

战略决策支持系统（Strategic Decision Support Systems，SDSS）是指使用信息技术实现组织战略目标的信息系统。一个组织通过引进信息系统，发掘信息系统的战略性意义。战略性信息系统可用在高层决策者的竞争战略制定、长期计划编制、确定组织战略目标等活动中。战略性信息系统可改变组织目标、业务流程、产品、服务或与环境的关系等，从而获得某种竞争优势。

（7）综合决策支持系统

以模型库为主体的决策支持系统经过长期发展，推动了计算机辅助决策的实践应用。随着数据仓库（Data Warehouse）和联机分析处理（OLAP）新技术的出现，为决策支持系统开辟了新途径。数据仓库与 OLAP 都是数据驱动的，在 OLAP 中加入模型库，可以提高

OLAP 的分析能力。将数据仓库、OLAP、数据挖掘（Data Mining）、模型库结合，形成综合决策支持系统，是更高级形式的决策支持系统。其中，数据仓库能够实现对决策主题数据的存储和综合，OLAP 实现多维数据分析，数据挖掘可以挖掘数据库和数据仓库中的知识，模型库实现多个广义模型的组合辅助决策，专家系统利用知识推理进行定性分析。集成的综合决策支持系统可以相互补充、相互依赖，发挥各自的辅助决策优势，实现更有效的辅助决策。

10.3.2　房地产投资决策信息系统

1. 房地产投资决策概述

（1）房地产投资

房地产投资是指国家、集体、个人等投资主体，直接或间接地把一定数量的资金投入房产、地产领域生产和再生产的过程和行为。房地产是房产与地产的综合，具有不同于其他行业的许多特点，也正是因为这些特点决定了房地产投资决策的不同之处。房地产投资具有投资规模巨大、投资回收期长、房地产的固定性、易受宏观经济和区域经济的发展制约、房地产市场发育的不充分性等特点。

房地产投资特点决定了房地产投资风险。房地产投资风险可分为：由于政策的潜在变化给房地产市场中商品交换者与经营者带来各种不同形式的经济损失的政治风险；由于人文社会环境的变化对房地产市场的影响，给房地产商品生产者与经营投资者带来损失的社会风险；与经济环境和经济发展相关的经济风险；受房地产市场供需情况的变化、市场成熟程度的不同所带来的市场风险；以及由于地理环境的不同带给房地产市场影响的自然环境风险等。

根据具体的市场供需情况和投资企业的本身实力，应该选择合适的投资类型。投资类型的不同，其相应的投资收益、投资成本、投资风险均有所不同。房地产投资类型主要包括地产投资、普通住宅投资、公寓投资、写字楼投资、商业楼投资、工业楼投资等。

（2）房地产投资模型分析

房地产投资决策信息系统涉及多种管理模型，研究并设计正确、合理的管理模型是房地产投资决策信息系统成功开发的必要条件。下面将对系统中使用的管理模型进行分析和探讨。

1）房地产市场预测模型。房地产市场预测的关键因素是市场需求总量及其市场占有率。现实中，很多因素只能进行定性分析，难以定量化。因此，在分析中，采用从定性到定量的逐步分解法，根据因素间的相互制约及包含关系，对这些因素逐一分解，直到该因素可被定量为止，从而得出市场预测的相关因素分析图（图 10-20）。

市场预测方法很多，从确定市场预测属性来说，可以分为定性预测法与定量预测法两大类，如图 10-21 所示。

① 定性预测方法。定性预测方法是依据预测者个人的知识、经验和分析能力，对影响市场变化的各种因素进行分析、判断、推理，预测出市场未来的发展变化。定性预测方法包括经验判断法、用户调查法、德尔菲法。

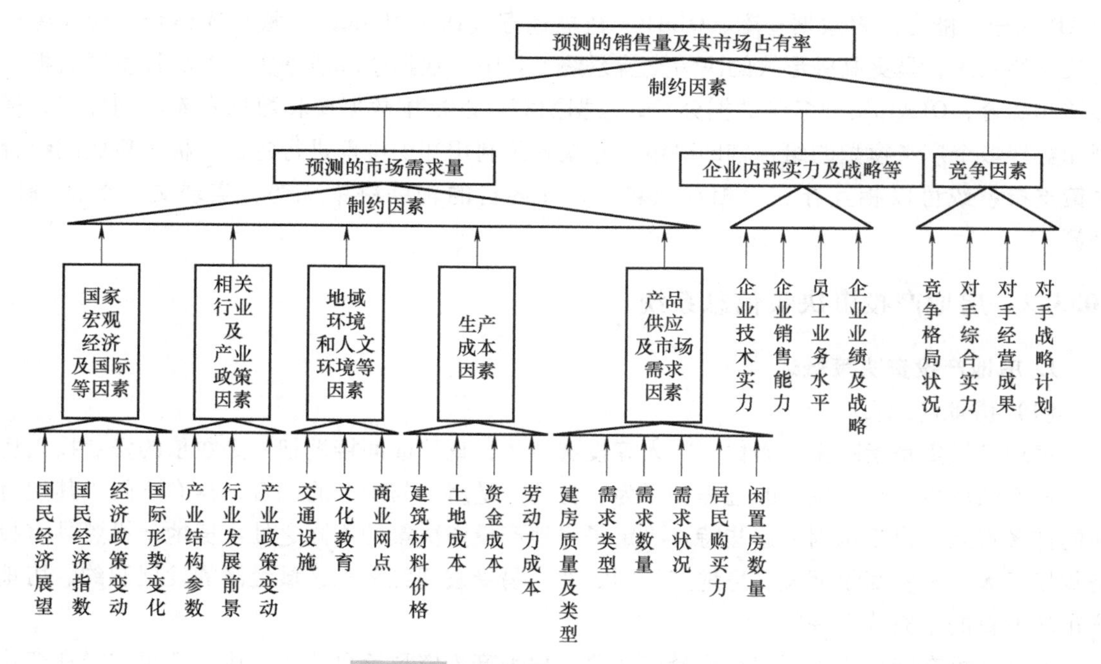

图 10-20　市场预测的相关因素分析图

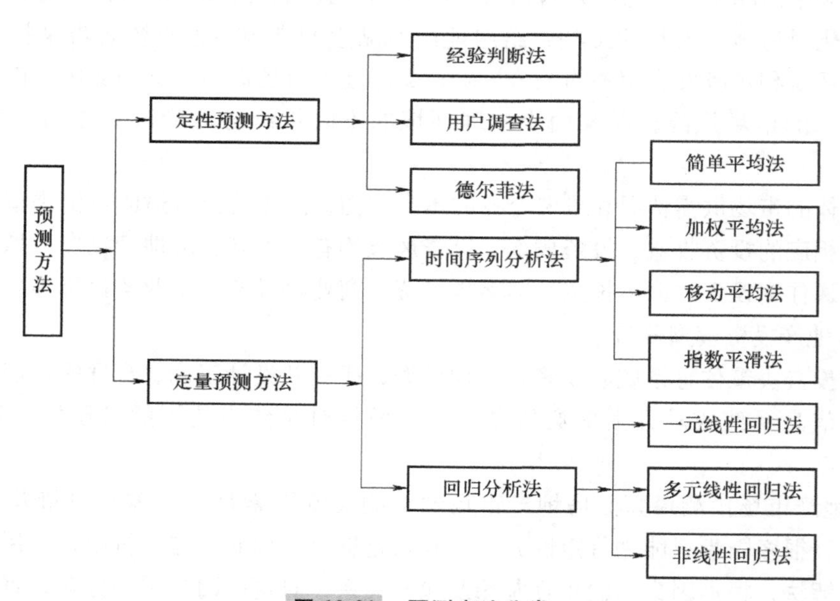

图 10-21　预测方法分类

② 定量预测方法。定量预测方法是根据有关历史和其他项目数据资料情况，运用回归分析等数学方法对事物未来的变动趋势进行预测。这种方法在历史统计资料准确、详细和完备，事物发展变化的客观趋势较为稳定的条件下较为适用。定量预测方法又分为外推法和因果分析法两大类。

房地产投资决策信息系统在处理数据时，对于宏观因素、外部环境因素等采取定性的方法加以分析和预测，而对市场需求量、竞争对手投资计划及其所占市场份额、居民购房人数等则主要采用定量预测方法进行预测。对于其他一些随机因素也主要运用定性法加以预测。

2）房地产投资项目经济评价分析。任何项目投资都要受到国家和地方的政治、经济、金融及发展趋势等方面的影响。因而，在项目投资前必须进行经济评价，以判断项目的经济可行性。投资项目经济评价采用的是现代分析方法，先通过对拟建项目计算期内投入产出的各经济因素进行系统分析、调查、预测、计算和论证，之后再从中选择可行方案。投资项目经济评价可分为财务评价和国民经济评价。

采用财务评价进行分析，其评价指标包括静态指标和动态指标两大类，静态指标，如投资利润率（T）、投资利税率（R）、静态投资回收期（Pt）和借款回收期（Pc）等，没有考虑时间因素，而动态指标如财务净现值（NPV）、财务净现值率（NPVR）、财务内部收益率（IRR）等，则注重时间因素。一般而言，静态指标仅作为参考指标，动态指标则作为投资项目是否可行的评价标准。

房地产投资决策信息系统主要使用财务内部收益率、财务净现值、财务净现值率、静态投资回收期四项指标。房地产开发项目经济评价中，涉及的变动因素主要包括：地价、购置土地过程中的附加费用、用于购置土地的短期贷款利率、建筑面积、建安成本、开发周期、用于支付建造成本的短期贷款利率、租售代理费、开发商租售物业时的有关支出、租金或售价、开发商利润率等。其中，短期借贷成本、建设投资（包括土地出让金、拆迁补偿费、各种税费、工程造价）、租金或售价、开发商利润率、地价是最主要的变动因素，对开发结果的影响很大，因而在计算财务指标时必须对它们进行慎重取值。

3）房地产投资决策模型分析。由于房地产投资周期长，投资成本大，投资风险高，因而在进行房地产投资决策时，要慎之又慎。房地产投资开发一般要经过买地或征地动迁、规划设计、建设、销售或出租、售后服务等环节；涉及的决策问题包括经营战略与方针政策决策、经营目标与计划目标决策、项目决策、价格决策与成本决策、市场营销决策、财务决策、经营方式决策、项目管理决策等。因此，房地产投资决策问题是一个复杂的系统过程，它包括以下几个方面：

① 房地产投资机会决策。房地产投资机会决策是指房地产开发商确定是否在某地进行投资开发，也就是判断投资项目是否可行，可采用经济评价进行决策。

② 房地产投资类型决策。这是开发商进行项目投资决策的首要选择，房地产项目类型主要包括土地、住宅、写字楼、商店和购物中心、旅游饭店、公寓等，可采用层次分析法进行决策。

③ 房地产投资开发地点决策。房地产投资开发地点决策是根据项目类型，在可行的开发地点中确定最优的开发地点。它是房地产取胜的关键因素之一，也是一个多目标决策问题，可以选择不同的多目标决策方法。

④ 房地产投资开发项目规模决策。房地产投资开发项目规模决策是指确定开发项目的建设开发数量。开发规模主要考虑城市规划的要求、容积率的限制和市场的需求三个方面的因素。开发项目规模的决策应是一个单目标决策问题，它只需考虑项目开发规模是否符合市场的需求问题，但是市场需求又是一个随机变量。因此，投资规模问题完全可以用库存论解

决模型来解决。

⑤ 房地产投资资金来源决策。房地产投资资金来源方案包括自有资金、贷款、发行债券和股票、项目融资、预收融资等。资金来源决策要考虑开发项目所需资金的数量、资金成本、资金占用时间的长短、项目投资风险和筹资风险等多方面，应选择资金成本低、筹资风险小和可以转移投资风险的渠道。

⑥ 房地产价格决策。房地产价格决策是指确定房地产的销售价格和租赁价格，包括预售价格、一次性付款价格和分期付款价格等。价格决策主要考虑开发总成本、税金和开发利润，同时要考虑销售、需求、竞争等因素。

4）房地产投资风险分析。对房地产投资方案进行风险分析与估计，以便对风险发生的概率及其影响程度做出定量的估计，并且确定某些风险因素的变化幅度和范围。风险估计采用不确定分析方法，包括盈亏平衡分析法、敏感性分析法和概率分析法。

① 盈亏平衡分析法。通过盈亏平衡点分析开发项目对市场需求变化适应能力的一种不确定分析方法。它的作用是找出拟建开发项目建成后的盈亏界限，确定合理的开发建筑面积，了解承担风险的能力，也称为保本分析法或损益临界分析法。根据建筑成本及销售收入与销售量之间是否呈线性关系，又可进一步分为线性盈亏平衡分析法和非线性盈亏平衡分析法。

② 敏感性分析法。研究投资项目主要因素发生变化时，通过项目经济效益发生的相应变化来判断这些因素对项目经济目标的影响程度。这些可能发生变化的因素就称为不确定性因素。它是将一项或几项因素的估计值朝着较有利或不利的方向变化，或者以两者组合的方式加以变化，然后看其对经济分析结果的影响，从中找出项目的敏感因素，并确定其敏感程度，以预测项目承担的风险。根据每次变动因素数目的不同，敏感性分析可以分为单因素敏感性分析和多因素敏感性分析。

③ 概率分析法。通过研究各种不确定因素发生不同幅度变动的概率分布及其对方案经济效果指标影响的一种定量分析方法。概率分析的方法很多，其中，在房地产投资风险分析中较为常用的是蒙特卡洛法。

2. 房地产投资决策信息系统需求分析及数据分析

（1）系统需求分析

系统存在的问题决定了系统的需求，进而决定了系统的功能。正是因为客观问题的存在，才有了需求的存在，也才有了系统存在的必要性。因而，需求分析往往是基于原系统所存在的问题之上。

（2）数据汇总分类与分析

1）数据汇总分类。

① 数据分类编码。将系统调查中所收集到的数据资料，按业务过程进行分类编码，按处理过程的顺序排放在一起。

② 数据完整性分析。按业务过程自顶向下地对数据项进行分析，从本到源，直到记录数据的原始单据或凭证，确保数据的完整性和正确性。

③ 确定数据的字长或精度。

2）数据分析。数据分析主要是完成三项工作：汇总并检查数据完备性、一致性、无冗余性；数据流向分析，并检查数据的匹配、共享等情况；数据重要度及相互间的关系分析等。本系统在进行分析时，主要采用 U/C 矩阵方法。U/C 矩阵本质是一种聚类方法，它可以用于过程/数据、功能/组织、功能/数据等各种分析中。

① 构造 U/C 矩阵。纵坐标栏目定义为功能类，横坐标栏目定义为数据类。本系统 U/C 矩阵见表 10-3。

② 数据正确性检验。按数据守恒原理，即数据必定有一个产生的源。而且必定有一个或多个用途，可细分为完备性、一致性和无冗余性三条检验规则。

3）数据间相互关系及主要性分析。

① 从数据的类型上分析。本系统的数据可以分为三类：一类是系统输入的数据，包括原始的基础数据和备选投资方案，基础数据又可分为投资支出（如建筑安装费用、施工准备费用、开发费用、相关税费等）和投资收入（如销售收入、出租收入及市场需求量等）；另一类是过程数据，也可以说是中间数据，它们是在系统运行过程中所产生的数据，这一类数据为最终数据的输出做准备，包括收入预测数据、支出预测数据、财务指标值（如内部收益率、投资回收期、净现值等）；最后一类是系统输出的数据，主要是最优投资方案。

② 从数据使用频率上分析。原始的基础数据，如建筑安装费用、施工准备费用、开发费用、销售收入、出租收入、市场需求量、竞争对手投资方案；投资方案数据，如投资类型、投资规模、投资地点、房屋价格及预测数据，预测数据中支出预测、收入预测在整个系统中使用较为频繁。

③ 从数据源上分析。基础数据来源于市场信息调查所得，投资方案数据是针对基础数据的统计分析之后而加以主观提出的，而收入预测、支出预测则是对基础数据的预测后（经过预测检验）得出的。因而，基础数据的全面性、正确性、客观性、完整性、真实性是在市场调查中必须认真对待的事情，可以说是重中之重。如果基础数据的客观性存在问题的话，则系统最终输出的结果，即最优投资方案就会存在问题。

（3）功能/数据分析

1）U/C 矩阵的建立。从理论上说，建立 U/C 矩阵一般须按照结构化的系统分析方式来进行，它首先分析系统的总体功能，然后自顶向下、逐步分解，逐个地确定各项具体的功能和完成此项功能所需要的数据，最后填上功能/数据之间的关系，即完成了 U/C 矩阵的建立过程。

2）U/C 矩阵正确性检验。确立 U/C 矩阵后一定要根据“数据守恒原则”进行正确性检验，也就是对数据进行完备性检验、一致性检验和无冗余性检验，以确保系统功能数据项划分和所建 U/C 矩阵的正确性。

3）U/C 矩阵求解。U/C 矩阵求解过程就是对系统结构划分的优化过程。它是基于子系统划分应相互独立，而且内部凝聚性高的这一原则。具体做法是使表中的“C”元素尽量地靠近 U/C 矩阵的对角线，然后以“C”元素为标准划分子系统。这样划分的子系统，其独立性和凝聚性都是较好的，因为它可以确保各子系统不受干扰地独立运行。

U/C 矩阵求解过程是通过表的作业来完成的，其具体做法是，调换表中的行变量或列变量，使表中的“C”元素尽量地靠近 U/C 矩阵的对角线，按照这一原则，本系统 U/C 矩阵求解结果见表 10-4。

表 10-3　房地产投资决策系统 U/C 矩阵数据分析

功能	数据																							
	费用计算标准	成本定额标准	各类房屋租金	已建项目费用	已建项目成本	已建项目收入	市场购买力	市场需求量	房屋空置量	其他企业计划	项目总成本	项目总收入	内部收益率	投资回收期	基准收益率	净现值及指数	预测参数	决策参数	投资规模	投资类型	投资位置	房地产价格	方案决策结果	风险分析结果
市场信息录入				C	C	C	C	C	C	C					C									
市场信息查询				U	U	U	U	U	U	U					U									
市场信息编辑				U	U	U	U	U	U	U					U									
取费房价管理	C	C	C																					
数据分类统计	U	U	U	U	U	U	U	U	U	U					U									
数据分类预测				U	U	U	U	U	U	U					U		U							
对手投资分析										U														
备选方案提出																			C	C	C	C		
支出估算	U	U									C								U	U	U			
收入测算			U									C							U	U	U	U		
方案可行性分析											U	U	C	C	U	C								
方案决策选优											U	U	U	U		U		U	U	U	U	U	C	
方案风险分析											U	U	U	U		U			U	U	U	U		C
预测模型管理																	C							
决策模型管理																		C					U	
历史数据管理				U	U	U	U	U																

表 10-4　U/C 矩阵的求解——上移动作业过程

功能	数据																							
	已建项目费用	已建项目成本	已建项目收入	基准收益率	市场购买方	市场需求量	房屋空置量	其他企业计划	费用计量标准	成本定额标准	各类房价租金	预测参数	投资规模	投资类型	投资位置	房地产价格	项目总成本	项目总收入	内部收益率	投资回收期	净现值及指数	方案决策结果	风险分析结果	决策参数
市场信息录入	C	C	C	C	C	C	C	C																
市场信息查询	U	U	U	U	U	U	U	U																
市场信息编辑	U	U	U	U	U	U	U	U																
取费房价管理									C	C	C													
数据分类统计	U	U	U	U	U	U	U	U	U	U	U													
数据分类预测	U	U	U	U	U	U	U	U			U	U												
对手投资分析								U																
预测模型管理												C												
历史数据管理	U	U	U		U	U																		
备选方案提出													C	C	C	C								
支出估算									U	U			U	U	U		C							
收入测算											U		U	U	U	U		C						
方案可行性分析				U													U	U	C	C	C			
方案决策选优													U	U	U	U	U	U	U	U	U	C		U
方案风险分析													U	U	U	U	U	U	U	U	U		C	
决策模型管理																						U		C

4）系统功能划分和数据资源分布。在本文中 U / C 矩阵求解的目的是对系统进行逻辑功能划分和考虑今后数据资源的合理分布，通过对 U / C 矩阵的求解最终得到子系统的划分；通过子系统之间的联系（"U"）可以确定子系统之间的共享数据。

① 系统逻辑功能的划分。系统逻辑功能的划分方法是在求解后的 U / C 矩阵中划出一个个的方块，通过表上移动作业过程实现。这里需要说明的是，具体如何划分为好，并没有统一的客观标准，依实际情况及分析者个人的工作经验和习惯来定，因而划分的子系统不是唯一的。根据对房地产投资决策过程中功能需求、业务流程、数据流程、功能/数据等的分析，可将总系统初步划分为四个子系统，即市场分析子系统、方案预测子系统、经济评价子系统、投资决策及评价子系统。系统的逻辑功能分别由这四个系统来完成，每个子系统所要完成的功能见表 10-5。

② 数据资源分布。在对系统进行划分并确定子系统以后，所有数据的使用关系都被小方块分隔成了两类：一类在小方块以内；另一类在小方块以外。在小方块以内所产生和使用的数据，今后主要考虑放在本子系统的计算机设备上处理；而在小方块以外的数据联系（即表 10-5 中小方块以外的"U"），则表示各子系统之间的数据联系。这些数据主要包括一些基础数据和一些中间数据，如方案收益数据、方案支出数据、方案的财务指标等。这些数据资源今后应考虑放在网络服务器上供各子系统共享或通过网络来相互传递。

10.3.3 智能家居与智慧社区

1. 智慧社区的概念定义

智慧社区是通过综合运用现代科学技术，整合区域内人、地、物、情、事、组织和房屋等信息，统筹公共管理、公共服务和商业服务等资源，以智慧社区综合信息服务平台为支撑，依托适度领先的基础设施建设，提升社区治理和小区管理现代化，促进公共服务和便民利民服务智能化的一种社区管理和服务的创新模式，也是实现新型城镇化发展目标和社区服务体系建设目标的重要举措之一。

2. 建设智慧社区的意义

积极推进智慧社区建设，有利于提高基础设施的集约化和智能化水平，实现绿色生态社区建设；有利于促进和扩大政务信息共享范围，降低行政管理成本，增强行政运行效能，推动基层政府向服务型政府的转型，促进社区治理体系的现代化；有利于减轻社区组织的工作负担，改善社区组织的工作条件，优化社区自治环境，提升社区服务和管理能力；有利于保障基本公共服务均等化，改进基本公共服务的提供方式，以及拓展社区服务内容和领域，为建立多元化、多层次的社区服务体系打下良好基础。

在新时期新形势下，居民对便捷、高效、智能的社区服务需求与日俱增，使得政府优化行政管理服务模式，引导建立健康有序的社区商业服务体系。随着信息技术的高速发展，国内与智慧社区建设相关的技术基础较为扎实，面向移动网络、物联网、智能建筑、智能家居、居家养老等诸多领域的应用产品及模式已基本成熟。此外，广州市、深圳市等经济发达地区已率先开展了智慧社区建设，在社区治理、便民服务等领域取得了显著的成效。因此，在我国大规模开展智慧社区建设势在必行。

表 10-5　子系统划分及数据联系

功能	数据																							
	已建项目费用	已建项目成本	已建项目收入	基准收益率	市场购买方	市场需求量	房屋空置量	其他企业计划	费用计量标准	成本定额标准	各类房价租金	预测参数	投资规模	投资类型	投资位置	房地产价格	项目总成本	项目总收入	内部收益率	投资回收期	净现值及指数	方案决策结果	风险分析结果	决策参数
市场信息管理取费房价管理及数据分析	基础数据管理子系统																							
提出备选方案及方案收支估算									U	U	U		方案估算子系统											
从备选方案中选出可行方案																			经济评价子系统					
投资方案决策及方案风险分析													U U	U U	U U	U U	U U	U U	U U	U U	U U	方案决策与风险分析子系统		

3. 智慧社区总体框架与支撑平台

（1）总体框架

智慧社区总体框架以政策标准和制度安全两大保障体系为支撑，以设施层、网络层、感知层等基础设施为基础，在城市公共信息平台和城市公共基础数据库的支撑下，架构智慧社区综合信息服务平台，并在此基础上构建面向社区居委会、业主委员会、物业公司、居民、市场服务企业的智慧应用体系，涵盖包括社区治理、小区管理、公共服务、便民服务及主题社区等多个领域的应用，如图 10-22 所示。

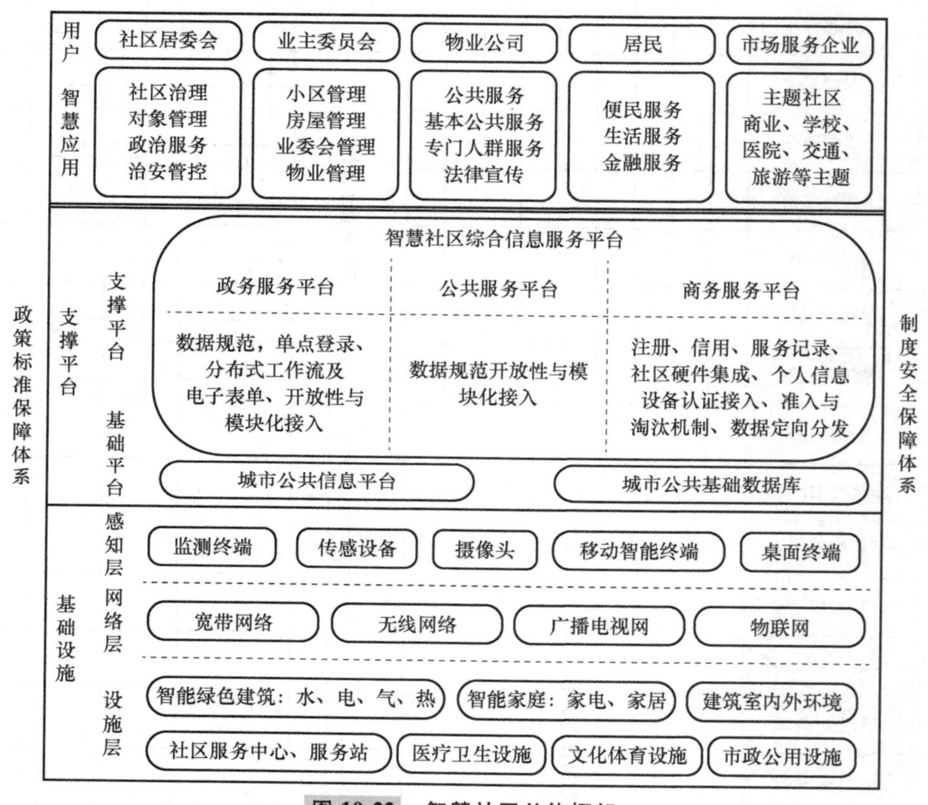

图 10-22　智慧社区总体框架

（2）综合信息服务平台

智慧社区综合信息服务平台是智慧社区的支撑平台，是以城市公共信息平台和公共基础数据库为基础，利用数据交换与共享系统，以社区居民需求为导向推动政府及社会资源整合的集成平台，该平台可为社区治理和服务项目提供标准化的接口，并集社区政务、公共服务、商业及生活资讯等多平台为一体。结合社区实际工作的特点与模式，智慧社区综合信息服务平台的定位是一个轻量级、服务功能模块化的平台，其框架如图 10-23 所示。

（3）智慧社区基础数据

基础数据是智慧社区的核心内容之一。智慧社区作为智慧城市的子集，需要充分共享和利用智慧城市的数据资源和平台，建立社区相关的数据交换接口规范和标准，对不同应用子系统的数据采用集中、分类、一体化等策略，进行合理有效的整合，保障支撑层内各不同应用之间的互联。智慧社区基础数据包括人口、地理、部件、消息、事项和建筑六大类。

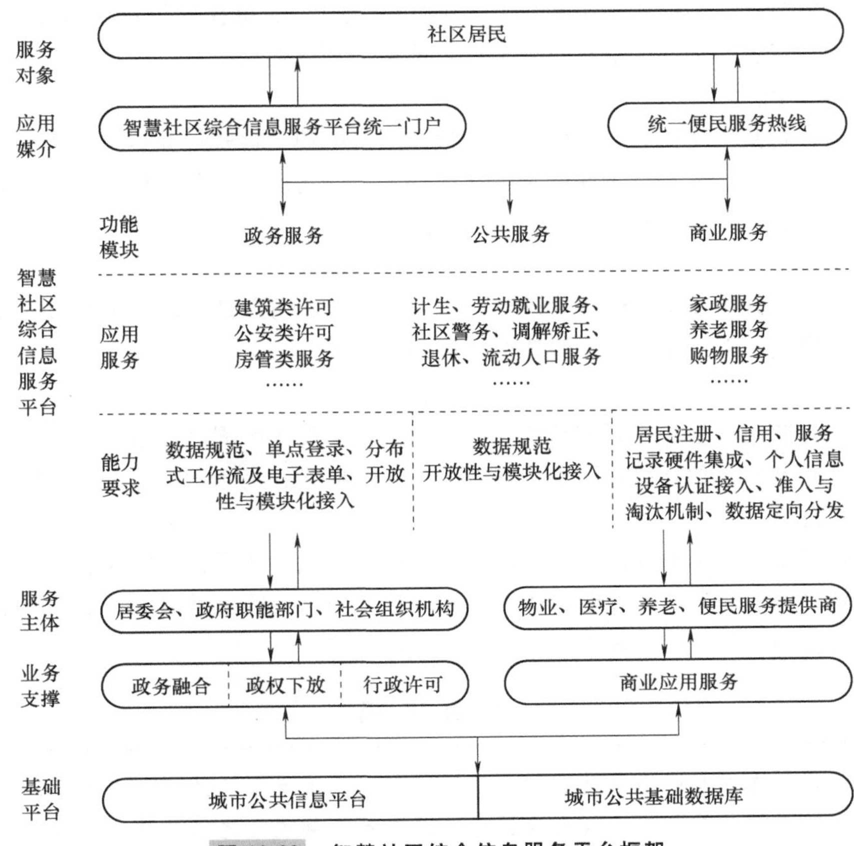

图 10-23　智慧社区综合信息服务平台框架

4. 智能家居的概念

智能家居是以住宅为平台，利用综合布线技术、网络通信技术、自动控制技术、音视频技术等将家居生活有关的设施进行集成，构建高效的住宅设施与家庭日程事务的管理系统，提升家居安全性、便利性、舒适性、艺术性，实现环保节能的居住环境。应用要实现对全宅的舒适系统（灯光、遮阳等）、家庭娱乐（背景音乐、呼叫对讲、视频互动等）、健康系统（空调、新风、加湿等）、安防系统（监控、安防、门禁、人员定位）等智能系统进行管理。可以用遥控等多种智能控制方式实现，并可用定时控制、电话远程控制、本地计算机及互联网远程控制。

5. 主要应用服务

智能家居的应用可以从社会发展趋势、用户需求强度、产业市场成熟度等多方面考虑，主要集中在以社区服务为基础的个性化安防监控、低碳节能、家居管控、健康监护、跨屏娱教、社区服务六类应用中。

（1） 安防监控

安防监控包括多类异构安防传感器和执行器、网关及物联网智能家居平台的物联网智能家居安防系统。

（2）低碳节能

通过物联网智能家居的服务平台，面向节能降耗这一目标协同管理各种家电设备服务，可以在保证用户舒适和便利的前提下，实现对能量的高效使用。

（3）家居管控

可以通过各种监控终端，如在手机、平板电脑、电视、台式计算机上嵌入物联网智能家居通用管控应用，建立用户与物联网智能家居间的统一访问与交互界面，实时全面地了解家居的所有状态信息，并实现对所有家居设备的操控。

（4）健康监护

将物联网智能家居技术与健康管理信息技术相结合，可以建立以家庭为依托平台的全新个人健康管理模式，形成家庭成员健康监护应用。

（5）跨屏娱教

基于闪联标准化体系和物联网智能家居技术可以实现各种屏幕设备在娱教应用方面的优劣势互补，创造传统的独立终端所不能提供的新应用模式，为用户打造全新体验。

（6）社区服务

物联网智能家居以家庭为最小单位，目前物联网智能家居平台可以涉及的社区服务包含家居设备管理服务、社区居家养老服务、社区医疗服务、社区支付服务，以及其他各类与日常生活直接相关的服务功能，如网上点餐、网上购物等。

本章小结

本章从典型的企业应用系统、行业应用系统和决策与智能系统三方面对工程管理信息系统的应用进行具体分析，较为全面地总结概括了管理信息系统在工程建设行业的应用现状和发展前景。在典型的企业应用系统部分，着重论述了建筑企业 ERP 应用、综合进度计划管理软件和合同事务管理与费用控制管理软件，通过分析管理信息系统目前在其他行业的应用现状，为工程管理信息系统的应用提供了模板；在行业应用系统部分，本章以房地产管理、勘察设计、建筑节能、安全监督和劳务管理五个方面为出发点，具体阐述管理信息系统在我国建筑行业的发展应用场景，对现有应用场景进行分析并提出相对应的建议；在决策与智能系统部分，分别概述了管理信息系统在工程管理决策方面、房地产投资决策方面和智能家居与智慧社区方面的发展前景，为未来我国工程管理信息系统的发展提供了方向。

复习思考题

1. 简述建筑企业 ERP 的核心思想。
2. 应用建设工程项目管理软件时，应解决哪些问题？
3. 决策支持系统是什么？该系统的主要功能是什么？

第11章 智能建造管理信息平台

【学习目标】

1. 了解智能建造的基本内涵。
2. 了解智能建造管理信息平台框架及功能。

11.1 智能建造概述

11.1.1 “互联网+”引起建造模式的变革

建造模式是指整个建造系统（包括建造子系统）的组织形式和运作方式。建造系统的管理模式是对建造系统或建造子系统进行管理以使其达到有序化和优化（包括数量与质量两方面）目标的方式和方法。工程建造领域经历了传统建造模式阶段，正处于工业化建造模式阶段。表11-1从组织形式、生产运作方式和管理模式三方面对传统建造模式与工业化建造模式进行了比较。

表 11-1　传统建造模式与工业化建造模式的比较

层面	传统建造模式	工业化建造模式
组织形式	由业主、设计单位、材料供应商和施工单位等参与方构成，属于项目型组织	由业主、设计单位、制造单位、材料供应商和施工单位等参与方构成，既有项目型组织，又有工厂型组织
生产运作方式	采用手工业生产方式，以现场作业为主，用到少量的机械化设备，单件生产，采取顺序施工、平行施工和流水施工三种组织施工方式	采用工业化生产方式，设计标准化、构配件生产工厂化、施工机械化和组织管理科学化
管理模式	对设计、招标和施工等环节实施项目管理，实现对工程投资、质量和进度的控制	实行设计、制造和施工一体化的管理，涵盖专业制造及项目现场施工

传统建造模式以现场作业为主，广泛采用转换式生产系统，将设计与施工作为独立的生产过程，造成它们之间的脱节，容易导致浪费；施工界面之间也容易产生冲突，易产生变更。而工业化建造模式将设计和施工环节整体化考虑，强调建造过程的工业化、集约化和社会化，提升了工程建造质量水平和建造效益。工业化建造模式涉及的专业界面更多，需要有效协调设计、生产、施工等环节，协调工作量更大，没有 ICT⊖ 技术（信息通信技术）的支撑，整个建造过程几乎是不可能实现的。特别是重大工程的建造，其预制构件的设计、制造标准往往有特殊性，无法采用市场化的通用标准件，需要进行定制化生产，且其生产批量相对较小，属于小批量定制，更加需要 ICT 技术的支撑，才能实现现场装配与工厂制造的有效衔接。

随着物联网、大数据和云计算等先进 ICT 技术，在工程建造领域的深入应用，可实时感知、采集来自相关工程参与方（业主、承包商、供应商、监理方等）、各种建造流程、各种工程设备和系统的信息，并通过网络把人、机器、资源、环境等有机联系在一起，实现各主体间协同及施工过程的无缝衔接。例如，采用 RFID、GPS、GIS 等信息技术，可以实时采集材料生产、运输、堆场存放、发放与使用等环节中的位置与状态信息，以及贯穿材料供应整个过程的质量信息，如果能将这些信息集成起来并实现各方共享，结合其他工程建造管理信息，就可实现材料供应的自动预警及材料质量的追踪与溯源等新管理方式。先进 ICT 技术的应用，可以对各类工程建造管理信息进行高效的采集、传递和共享。这样，通过信息集成，不但可以完全实现工程项目集成化管理，包括对管理目标、管理过程和管理组织等的集成，而且会引发管理方式的变革。例如，大量实施监测数据的获得及新的大数据分析方法的出现，可以使主动的安全管理方式代替被动的安全管理方式，同时，工程施工质量的监控也从事后的质量控制转变为实时的质量控制。

随着互联网与工程建设行业的融合，工程建设行业正在发生变革，从以建造工程实体为中心向以提供服务为中心转变。利用互联网思维来改造工程建设行业的上下游价值链，已成为共识。这样，随着互联网经济的兴起，工程建造平台经济模式也将应运而生，如针对工程众包的八戒工程网等。这种平台模式的本质是互联网服务，即通过互联网平台向各类用户提供有关工程建造的服务，也就是将线下的工程建造活动所涉及的资源聚集在线上，然后在线上对线下的工程建造活动有关服务进行交易。这种平台模式的本质是工程建造服务化，也就是将工程建造过程分解为各种不同类型的工程建造服务，并把它当作工程建造管理的基本单元。这样，一个工程的建造就是不同参与方提供的一系列工程建造服务的有机组合。工程建造服务化也将成为工程建造行业的新战略，实现由单一建造模式向工程建造服务化转变，使工程建造生产分工更加专业，工程建造管理颗粒度变得更小，通过建造与服务的融合创新、流程再造等，实现差别化竞争。同时，工程建造组织模式和生产方式也将发生变革。传统的工程组织模式逐步转变成以用户为中心、平台化服务、社会化参与、开放共享的新型组织模式，该组织具有很强的扁平化特性、动态联盟特性和自组织性。协同建造成为重要的生产方式，不同参与方的原材料供应、工程建造、建造管理通过服务的方式被统一调度和分派，实

⊖ ICT——Information and Communications Technology。

现价值链上下游协作日益平台化、实时化。

因此，互联网经济的兴起，以及 ICT 技术在工程建设行业的深入应用，必将对现有工程建造的组织模式、运作方式和管理模式等产生深远的影响，引起工程建造领域的一场深刻变革，催生新的工程建造模式。

11.1.2　智能建造模式的内涵

新的建造模式的出现，与 ICT 技术的迅速发展，特别是与物联网、互联网和物理信息系统等技术的迅速发展紧密相关。2008 年 11 月，IBM 公司提出“智慧地球”概念，它是指把新一代 ICT 技术充分运用在各行各业之中，即把感应器嵌入和装备到电网、铁路、桥梁、隧道、公路、建筑、供水系统、大坝、油气管道等各种物体中，并把人类社会与这些物理系统连接和整合起来，使人类以更加精细和动态的方式管理生产和生活，从而达到“智慧”状态。智慧地球的本质特征是更透彻的感知、更广泛的互联互通和更深入的智能化。智慧地球概念的提出，深刻地影响着各行各业的发展。针对制造业，德国政府提出了“工业 4.0”战略，它是指利用信息物理系统将制造生产中的供应、制造和销售信息数据化、智慧化，达到快速、有效、个性化的生产。“工业 4.0”战略强调用信息物理系统升级生产设备，同时也改变了生产管理和组织模式，其目标是建立一个高度灵活的个性化和数字化的产品与服务的生产模式。

由于工程的独特性，工程建造具有一次性的特点，更需要个性化又安全高效的建造模式。借鉴智能制造模式，智能建造模式可以定义为：运用信息和通信技术手段，实现工程建造中的人、机器、资源、环境的实时连通、相互识别和有效交流，通过大数据处理平台建立各类标准化的应用服务，并实现服务共享，包括业主、承包商、供应商、监理等在内的相关参与方可以协同运作，实现安全、高效及高质量的工程建造。智能建造的实现，需要应用 ICT 技术打造一个工程建造信息支撑环境，实时感知、采集来自相关参与方（业主、承包商、供应商、监理等）、各种流程、各种设备和系统的信息，并通过网络实现人、机器、资源、环境等的互联互通。在此基础上，实现面向工程建造生命周期的服务集成和参与方之间的协同管理，最终达到智能工程建造管理的目的。因此，智能建造的核心内涵是工程建造信息支撑环境、服务集成、协同管理和智能工程建造管理等，其基本架构如图 11-1 所示。

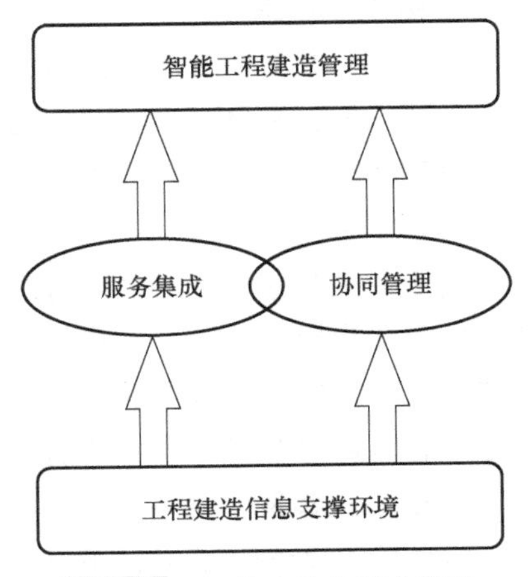

图 11-1　智能建造的基本架构

1. 工程建造信息支撑环境

通过不同的信息采集技术，如 GIS、GPS、RFID、视频监控、传感器和激光扫描等，主动感知不同的信息，如环境信息、质量信息、安全信息和供应信息等。同时，通过不同的信息网络技术，如物理信息系统（Cyber-Physical System，CPS）、互联网、移动互联网、物联网等，将这些信息主动推送给各类工程建造服务，实现工程建造中人、机器、资源、环境等的互联互通。进一步建立各类标准化服务，并将各种服务的过程信息和 BIM 模型整合在一起，最终形成一个工程建造信息支撑环境，为服务集成、工程协同管理和智能工程建造管理打下基础。

2. 服务集成

利用工程建造平台，将这些工程建造服务虚拟化并转变成 Web 服务，实现 Web 服务之间的互操作，并将工程建造过程不同阶段参与方提供的工程建造服务集成起来，协同完成工程建造任务，实现互联网平台服务与线下的工程建造服务的融合。

3. 协同管理

工程建造平台集成了工程生命周期各阶段的不同工程建造服务，并提供全面、快捷、安全可靠的服务管理和标准化的应用业务，为各参与方提供了协同工作环境，可对不同参与方提供的工程建造服务实施过程进行协同管理。

4. 智能工程建造管理

智能工程建造管理是智能建造模式的核心，在工程建造信息主动感知的基础上，建立信息之间的深度关联，自动发现新规律，使各参与方能够主动决策并自觉行动，实现智能建造管理，提高工程建造管理的水平。

11.2 智能建造管理信息平台结构

11.2.1 信息支撑平台的框架

在智能建造中，信息支撑平台是服务集成、工程协同管理和智能工程建造管理的基础。信息支撑平台的框架分为三层，包括数据中心层、服务层和信息采集网络层，如图 11-2 所示。

1. 数据中心层

数据中心层主要规范数据格式并存储数据，详细记录了工程建造过程的所有信息。各种服务的过程信息和 BIM 模型整合在一起，从 3D 数据变成 *n*D 数据，及时满足服务集成、工程协同管理和智能工程建造管理对数据的需求。

2. 服务层

服务层主要存储了工程建造过程不同阶段工程建造服务实施产生的所有信息。由于服务是工程管理的最小单元，这些信息是按照服务来组织的，包括描述服务属性的静态信息和动态信息。静态信息是服务静态属性的体现，而动态信息则是从服务实施过程中实时采集的。服务层的信息与 BIM 数据构件关联后，可支持服务的封装、互操作。

3. 信息采集网络层

信息采集网络层是通过不同的信息采集技术，如 GIS/GPS、RFID、视频监控、传感器和激光扫描等，主动感知不同的信息，如环境信息、质量信息、安全信息和供应链信息等。同时，通过不同的信息网络技术，如 CPS、互联网、移动互联网、物联网等，将这些信息主动推送给工程建造服务，支持工程建造服务的实施。

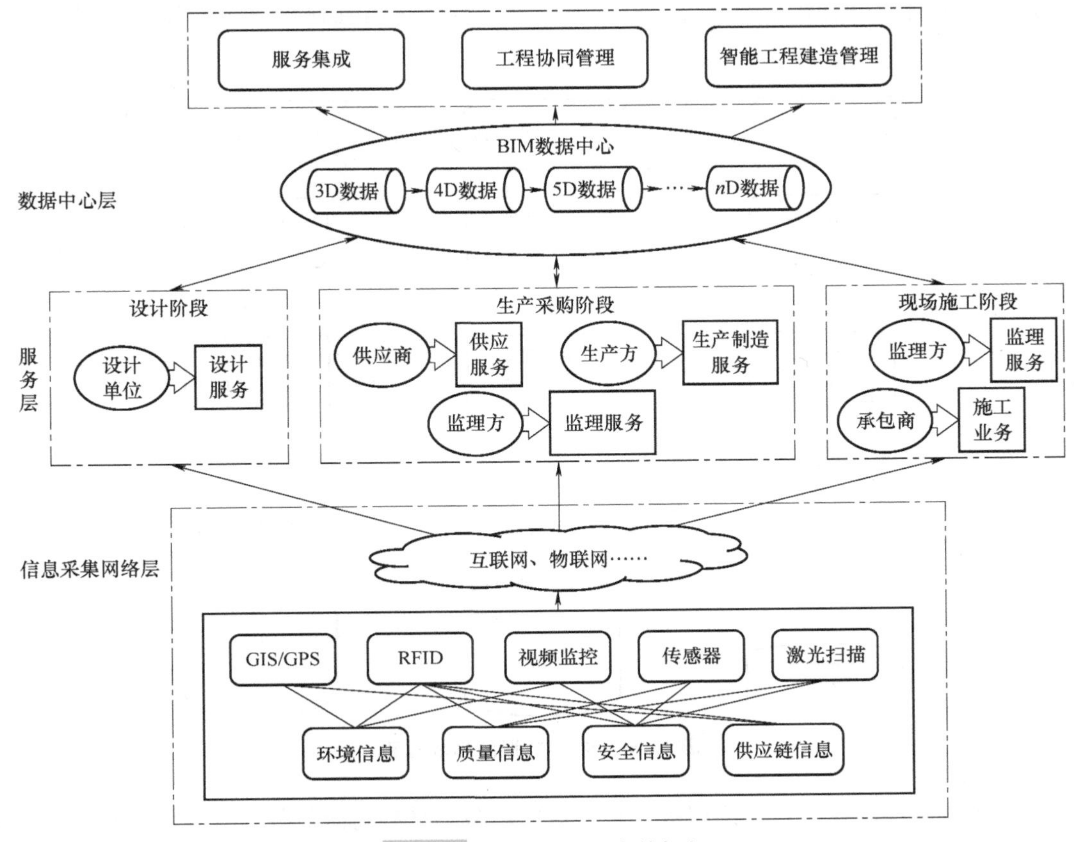

图 11-2　信息支撑平台的框架

11.2.2　BIM 数据中心

数据中心是以 BIM 技术为核心，通过工程建造服务过程信息与数据中心的交互，动态生成 BIM 模型，集成工程建造过程各阶段不同的信息，为项目业主和各参与方提供项目信息共享、信息交换的数据平台，为智能工程建造管理提供数据支持。

1. 数据的形成过程

所有的工程建造服务会生成涉及成千上万个工程构件的海量工程项目数据。不同的工程建造服务过程信息与数据中心的交互形成不同类型的 BIM 数据。BIM 数据的形成过程如图 11-3 所示。

设计阶段涉及方案设计服务、初步设计服务和施工图设计服务等。不同专业的相关人员，包括建筑设计师、结构工程师、水暖电工程师、室内设计师、造价工程师等，在设计过程中采用 BIM 模型进行数字化、参数化三维建模，包括建筑师设计的建筑模型、结构工程师设计的结构模型及水暖电工程师设计的水暖电模型等。通过这些模型之间的信息传递，最终形成以 3D 模型为核心的 BIM 数据。3D 模型以建筑物三维几何信息为基本属性，包括以构件实体为基本单元的建筑对象的几何尺寸、空间位置和构件实体间空间关系，以及一些非几何属性，如材料信息、造价信息、设备信息等，这些三维几何信息是后续阶段 BIM 模型建立的基础。

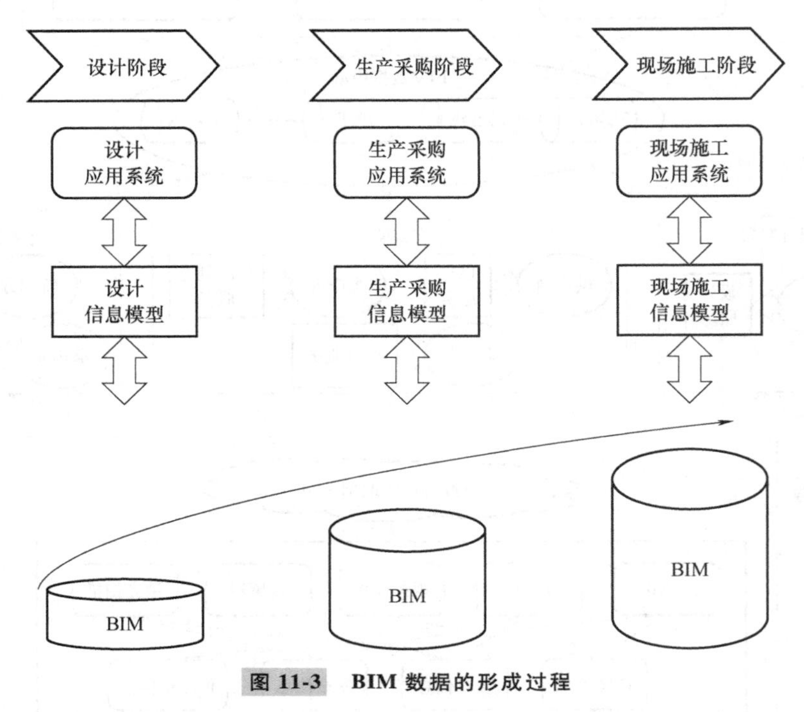

图 11-3 BIM 数据的形成过程

生产采购阶段涉及材料生产服务、材料运输服务和材料仓储服务等材料供应服务。在服务实施过程中，服务提供方从数据中心 3D 模型中读取构件相关设计数据，同时将每一个材料的生产信息、质量监测信息、仓储信息及运输信息等返回到 3D 模型中，扩展 BIM 数据的数据信息。同时，根据实际施工进度，随时将信息反馈到数据中心，及时调整材料生产计划与运输计划，减少待工、待料情况的发生。

现场施工阶段涉及的工程建造服务比较复杂，与工程的类型有关。下面以建筑工程为例说明现场施工阶段 BIM 数据的形成。建筑工程现场施工阶段涉及的工程建造服务包括：地基与基础施工服务、主体结构施工服务、建筑装饰装修施工服务和给水排水及供暖施工服务等。服务提供方从 BIM 数据中心中提取设计阶段的部分信息，并从进度、质量、成本、安全、资源及施工方案等方面进行信息扩展。这些在施工服务实施过程中所产生的信息都将被存储到数据中心，并与 3D 实体相关联，逐渐形成完善的 BIM 模型。根据工程建造管理的具体需要，可在 3D 的基础上附加进度、造价、质量、安全等维度信息，形成 4D、5D、6D 甚至 7D 的 BIM 模型，用来进行施工进度、施工质量和施工成本等的实时跟踪与控制。

2. 数据分类及其与 BIM 的关系

工程建造服务主要分为四大类：设计服务、生产采购服务、施工服务和相关支持服务。从工程建造服务的基本属性可以看出，不同类型的服务拥有不同的数据。表 11-2 从服务类型的角度，对数据进行分类，并说明了与 BIM 模型的关系。

表 11-2 不同类型服务的数据分类

服务类型	支持数据	与 BIM 模型的关系
设计服务	空间几何数据、材料信息、造价信息、设备信息等	形成设计信息模型（3D 模型）
生产采购服务	生产信息、质量监测信息、存储信息、运输信息等	形成生产采购信息模型
施工服务	进度信息、质量信息、成本信息、安全信息、资源信息及施工方案等	形成施工信息模型（包括 4D、5D 等）
相关支持服务	服务提供者、服务流程、服务的信息支持类型及管理对象等	BIM 模型的基本信息，并支持 BIM 模型的形成

3. BIM 数据与工程建造管理的关系

不同类型服务的动态数据通过数据中心为实现各种工程建造管理提供了决策支持。BIM 数据支持各类工程建造管理的过程如图 11-4 所示。

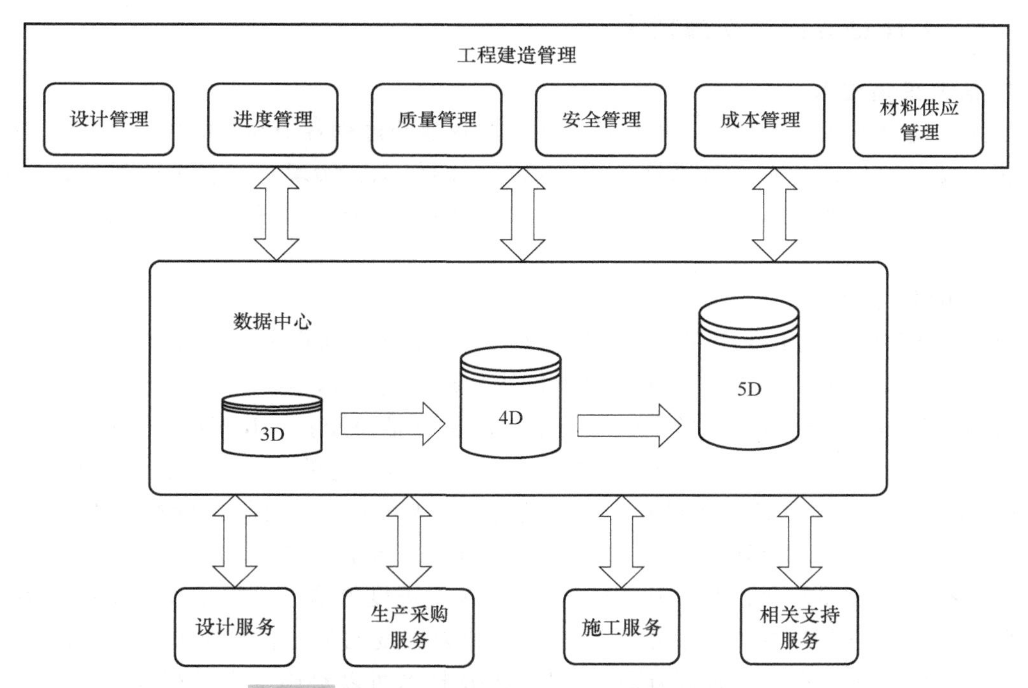

图 11-4 BIM 数据支持各类工程建造管理的过程

工程建造管理主要包括设计管理、进度管理、质量管理、安全管理、成本管理和材料供应管理等。BIM 数据与工程建造管理的关系见表 11-3。

表 11-3 BIM 数据与工程建造管理的关系

工程建造管理	与 BIM 数据的关系	BIM 模型对工程建造管理的支持
设计管理	进行数字化、参数化三维建模，形成 3D 模型	支持设计模型检查、设计方案可视化及设计方案模拟等

（续）

工程建造管理	与 BIM 数据的关系	BIM 模型对工程建造管理的支持
进度管理	进度信息与 3D 模型结合，形成 4D 模型	可以对工程建造进度动态跟踪，找出实际进度与预计进度的差距，及时予以纠正
质量管理	质量信息与 4D 模型结合，形成包含质量信息的 BIM 模型	将 BIM 模型与信息采集技术相结合，实现质量的实时跟踪和控制
安全管理	安全信息与 4D 模型结合，形成包含安全信息的 BIM 模型	通过 BIM 模型和现场传感器采集的实时信息相结合，实现安全风险的预警
成本管理	成本信息与 4D 模型相结合，形成 5D 模型	可实现成本的实时监控，并分析偏差产生的原因，实现项目成本的精细化管理
材料供应管理	材料供应信息与 4D 模型结合，形成包含材料供应信息的 BIM 模型	将 BIM 模型与信息采集技术相结合，实现对工程材料的实时追踪

11.2.3 工程建造信息支撑技术

1. 信息采集技术

智能建造需要运用各种信息采集技术获取工程建造过程各个环节的信息，实现实时信息采集，使各参与方能够准确掌握工程建造过程的信息，实现感知智能。目前，工程建造领域比较有代表性的信息采集技术包括 RFID、GPS、GIS、视频监控和三维激光扫描等技术。

（1）RFID 技术

典型的 RFID 系统主要由阅读器、电子标签、RFID 中间件和应用系统软件四部分构成，其中，采集层由阅读器、天线及电子标签构成。它的基本特点是电子标签与阅读器不需要直接接触，通过空间磁场或电磁场耦合来进行信息交换。RFID 技术能够快速、准确、自动地识别移动物体并获取相关数据，为工程建造信息的实时采集提供了技术手段。RFID 技术可用于工程建造的质量管理、进度管理、安全管理和材料与设备管理。

在质量管理方面，RFID 技术可以实现预制构件的质量跟踪管理和施工质量信息的统计管理。在进度管理方面，使用 RFID 技术进行施工进度的信息采集工作，将信息传递给 BIM 模型，进而在 BIM 模型中显示实际进度与计划进度的偏差，解决施工管理的实时跟踪和风险控制问题。在安全管理方面，应用 RFID 技术可以对施工人员和设备进行实时定位，实现对现场工人和施工设备空间位置的实时监控与安全预警，防止发生工人坠落、高空打击及与机械设备碰撞等事故，降低施工现场生产安全事故的发生概率。在材料与设备管理方面，运用 RFID 技术，自动实时采集施工材料的出入库及库存信息，实现材料的动态管理，确保准确和及时地供货，减少施工现场的缓冲库存量，降低项目建设成本。

（2）GPS、GIS 技术

GPS 是一种全方位、全天候、全时段、高精度的无线电卫星导航系统，以全球 24 颗定位人造卫星为基础，向全球各地全天候地提供三维位置、速度和精确定时等导航信息，在全球范围内实时进行定位、导航。GPS 可以用于工程建造现场具体对象的室外定位和跟踪，如人员和设备等，可以自动识别和追踪设备活动状态、施工现场与安全相关的信息及现场布局信息，有助于施工现场的安全管理、设备管理和场地管理。GPS 与 RFID 技术相结合，可以提供工程构件和材料的定位信息，满足材料供应管理的要求。

GIS 是结合地理学与地图学及遥感和计算机科学，在计算机硬件、软件系统的支持下，对整个或部分地球表层（包括大气层）空间中的有关地理分布数据进行采集、储存、管理、运算、分析、显示和描述的技术系统。将 GIS 和 BIM 模型相结合，可以为工程大型施工设备确定可行施工区域更好地满足需求。另外，将 GIS 与项目 WBS、项目计划甘特图相结合，可获得可视化工程项目的进度计划，并且可以获得任何一个时间点上项目的计划状况，为进度控制的可视化打下良好的基础，减小因理解偏差造成项目进度拖延的风险。

（3）视频监控技术

视频监控技术是由现场摄像机采集视频信号，通过网络线缆或同轴视频电缆将视频图像传输到控制主机，控制主机再将视频信号分配到各监视器及录像设备，同时可将需要传输的语音信号同步录入录像机内。在工程建造中，应用视频监控技术，能够加强工程项目的监督和管理工作，有效控制施工质量和施工进度，同时也可降低风险和生产安全事故的发生频率。

在安全管理方面，通过视频监控技术，可以多角度、全方位（工人不戴安全帽作业、高层作业不系安全带等）对施工现场进行动态观察和监督，如重大危险源、大型施工设备、安全设施、施工过程（重点部位）和施工人员等，保证施工人员文明施工，及时消除现场安全隐患。例如，利用视频监控技术抓拍违法施工的证据，及时纠正错误行为，可提高施工现场安全生产管理的效率。

在质量管理和进度管理方面，通过视频监控技术，能够对重要节点施工过程、重要施工工序和不同施工工种的搭接工序等进行监控，实时观察并掌握施工人员的操作方式及现场施工情况，加强施工单位对现场施工质量和施工进度的管理。

（4）三维激光扫描技术

三维激光扫描技术是一种全自动高精度立体扫描技术，是利用高速激光扫描测量的方法。其基本原理是：向被测对象发射激光束和接收由被测物发射回的激光信号，大面积、高分辨率、快速地获取被测对象表面的空间坐标信息，大量采集空间点位信息，快速获得被测对象表面每个采样点的空间立体坐标，快速建立被测对象的三维影像模型。三维激光扫描技术主要用于工程建造的进度管理、质量管理、安全管理和工程竣工验收等方面。

在进度管理方面，通过在施工现场安装三维激光扫描仪，对工程实体进行全天候扫描，获取高密度、高精度的三维点云数据，实时采集工程现场的空间数据，对工程施工过程进行追踪，通过网络设备将采集的数据传回工程管理平台，计算工程实际完成情况，可以准确衡量工程进度。在质量管理方面，将三维激光扫描仪采集的数据与 BIM 模型对比，获取实体偏差，输出实测实量数据，提高质量检测效率。在安全管理方面，利用三维激光扫描仪对危险源进行扫描，将前后两次扫描点云数据叠加在一起，分析前后两次点云数据的差别，可以得出危险源的变化趋势。在工程竣工验收方面，通过三维激光扫描技术获取竣工工程的点云数据，提取竣工工程的几何特征，建立竣工工程的三维模型，能够缩短竣工验收核实工作的时间，提高竣工验收的准确性。

2. 互联技术

除了通用的互联技术，互联技术还包括物联网和 CPS 等，可以实现工程建造过程中数据的交换和通信。互联技术可把工程建造过程中涉及的人、机器、资源、环境等有机联系在一起，最终实现各种工程建造资源的互联互通。

（1）物联网

国际电信联盟（International Telecommunication Union，ITU）发布的《互联网报告》对物联网做了如下定义：物联网是通过二维码识读设备、RFID 装置、红外感应器、全球定位系统和激光扫描器等信息传感设备，按约定的协议，把任意物品与互联网相连接，进行信息交换和通信，以实现智能化识别、定位、跟踪、监控和管理的一种网络。物联网的主要特点是在互联网的基础上，将物品与物品的相连实现实时的信息交换与通信。物联网在交通、物流、医疗保健、环境监测和安全监控等众多领域已得到广泛应用。然而，由于工程施工现场临时性特点，以及施工现场条件简陋、施工界面复杂、环境动态变化、施工现场涉及不同的参与主体等原因，物联网技术尚未在工程建造中得到充分的应用。

在工程建造中，可以通过物联网将 RFID、传感器等技术采集的建造过程动态信息实时传送，实现建造过程中的人、设备、资源等的互联互通。例如，在精益建造的“末位计划者”体系方法中，一般采用相对较长的“前瞻”规划周期来响应建造的动态施工要求，无法实时满足工程建造的变化。为了有效地进行前瞻规划周期的计划活动，需要掌握建造任务准确的资源信息。而利用物联网技术，将与工程进度相关的人、设备、资源等互联，并实现实时的信息交换和通信，可随时对工程进度计划进行调整，提高精益建造的管理水平。再如，物联网技术还可用于安全管理中，将人、设备和环境等互联在一起，将 RFID 和传感器等技术采集的安全信息集成起来，实现人员和设备等的实时定位、跟踪和监控；通过分析人的行为和环境或设备之间的空间关系，找出安全隐患，并实时报警。

（2）CPS

CPS 是一个综合计算、网络和物理环境的多维复杂系统，能够同 3C（Computer、Communication、Control）技术的有机融合与深度协作，实现大型工程系统的实时感知、动态控制和信息服务。CPS 的主要特点是能够对物理环境进行实时感知，并自主适应物理环境的动态变化，将信息世界的计算分析结果反馈给物理世界，实现自适应的闭环控制。CPS 在其他行业的应用虽然取得了很大的进展，但在工程建设行业的应用还处于初级阶段。CPS 的出现为工程建造领域提供了一种更有前途和更有效的方法，将使工程建造的行为模式和管理模式发生深刻的变化。例如，CPS 能够集成一个临时结构的虚拟模型和工程现场的物理结构，为工程项目临时结构监测提供了一个机会，以防止潜在的结构失效。这个虚拟模型是物理结构的虚拟化表示，是基于 3D/4D 虚拟原型软件开发的计算模型，能够提供临时结构的基本属性和信息。采用 CPS 可以实时捕获物理结构的变化，并反映到虚拟模型中。同时，虚拟模型中的更改也可以传递给嵌入或附加在物理组件上的传感器。这种物理和虚拟系统之间的双向协调使临时结构能够连续得到监测和评估性能，以便在事故发生之前识别和处理潜在的危险，而不用考虑因果关系。因此，CPS 能够改造传统的施工技术，在自动传感感知工程建造环境变化的基础上，通过工程建造过程和计算过程的融合，自主适应工程建造环境的动态变化，实现工程建造过程的信息交换、资源共享和协同控制。

11.3 智能建造管理信息平台功能

11.3.1 平台总体功能

工程建造平台是为实现工程建造服务的开放、共享和协作而搭建的一个平等、开放的互联网共享平台，是为工程建造的各主体进行工程建造服务的交易、共享和协作提供的一个统一场所和空间。因此，其功能定位必须紧密结合交易开放化、内容服务化、线上线下协同等互联网平台发展趋势。工程建造平台作为工程建造服务交易的空间和场所，其总体功能设计应围绕资源整合、交易管理及服务实施管理等平台的核心价值展开。同时，为了更好地完成和保障这些核心功能的实现，还需要有一些辅助的支撑功能，如服务实施过程中的服务信息管理、交易及服务实施过程中的监督管理等。

工程建造平台作为一个虚拟的资源聚集场所和交易场所，其基础是工程建造所需的各类基础数据资源。这些基础数据资源包括从业单位数据、从业人员数据、标准服务库数据、工程项目数据等，这些数据有的来自平台运行过程，有的来自平台外部社会共享数据。这些数据将伴随工程建造的设计、施工、运维等生命周期过程而动态变化。只有对这些基础数据进行整合并建立统一的平台基础数据库，才能从根本上解决信息孤岛和信息不一致等问题，通过对基础数据的分类管理，为平台主体的服务交易提供便利。

利用 ICT 技术采集和处理设计、施工、材料供应等服务实施过程中的进度信息、质量信息、安全状态等动态信息，把服务实施过程的实时信息整合到 BIM 模型中，从而为工程各参与主体的协同和工程智能管理提供支撑。工程建造服务信息采集是连接造物过程（线下）与工程建造平台（线上）的纽带，同时也是工程建造平台实现智能工程管理的基础。

工程建造平台的核心价值之一是引导或促成不同类型的主体在平台上进行设计、施工、材料供应、支持等类型的服务交易，平台需要提供交易管理功能，如设定交易模式、设计交易流程等。同时，为保证服务交易的公平、公正、公开、透明，还需要服务交易的监督管理。

不同于一般的电子商务平台，工程建造平台既要提供工程建造服务的交易支持，同时也要对服务实施过程进行管理。由于工程建造服务实施过程本身是一个造物过程，平台需要通过线上线下的融合和服务集成，对工程建造的生命周期进行管理，即实现质量管理、安全管理、进度管理、材料供应管理等智能工程管理。

综上所述，围绕资源整合、交易管理及服务实施管理等核心价值，工程建造平台的总体功能框架如图 11-5 所示，它主要包括四大功能模块：注册与分类管理、交易管理、智能工程管理和监督管理。同时，平台采集服务实施过程的实时信息，为智能工程管理奠定基础。另外，监督管理接口与相关政府部门的监管系统相连，从而为政府职能部门监管提供信息支撑。

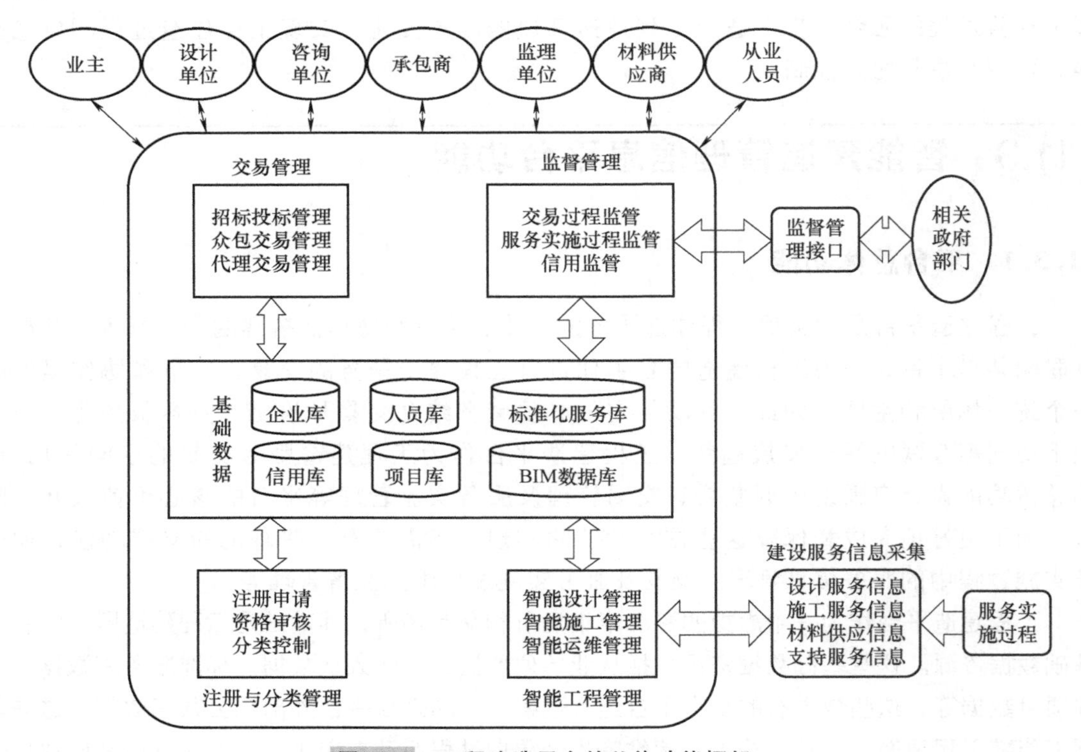

图 11-5　工程建造平台的总体功能框架

1. 注册与分类管理

该模块主要对平台参与主体（包括项目从业单位及项目从业人员）的信息进行审核，实施注册登记。同时，还要对参与主体（项目从业单位及项目从业人员）、工程建造服务、工程项目等进行分类管理。

2. 交易管理

交易管理主要是指对交易过程的管理，包括对招标投标交易过程、众包交易过程和代理交易过程的管理。交易管理的主要内容包括制定交易规则、设定交易流程、监督交易过程、展示交易结果等。

3. 智能工程管理

这是工程建造平台的核心功能之一。该功能围绕业主所提出的工程建造需求，对其相关的设计、施工、材料供应及支持等服务进行集成，进而完成面向工程全生命周期的智能工程管理，即智能设计管理、智能施工管理和智能运维管理等工程管理功能，为工程建造平台各参与主体的协同作业提供支持。

4. 监督管理

监督管理是工程建造平台实现交易管理、智能工程管理等核心功能的重要支撑和保障。工程建造平台的监督管理功能既能实现平台企业对交易过程及服务实施过程的监管，也能通过接口与相关政府部门的监管系统相连，实现监管信息的共享和业务对接，为政府职能部门提供监管信息。

10.3.2　平台总体运行流程

平台各项功能的实施是通过平台的总体运行流程来衔接和联系的。平台的总体运行流程是在一系列平台运行机制作用下平台各功能的有机结合和协同。这些机制包括界定主体类型及资质的分类与推荐机制、准入机制，界定交易方式的交易机制、定价机制，保障交易公平及合法的信用机制、监管机制等。如果没有合理完善的运行机制，平台将难以正常地运行并为参与主体提供服务。平台的总体运行流程如图 11-6 所示。

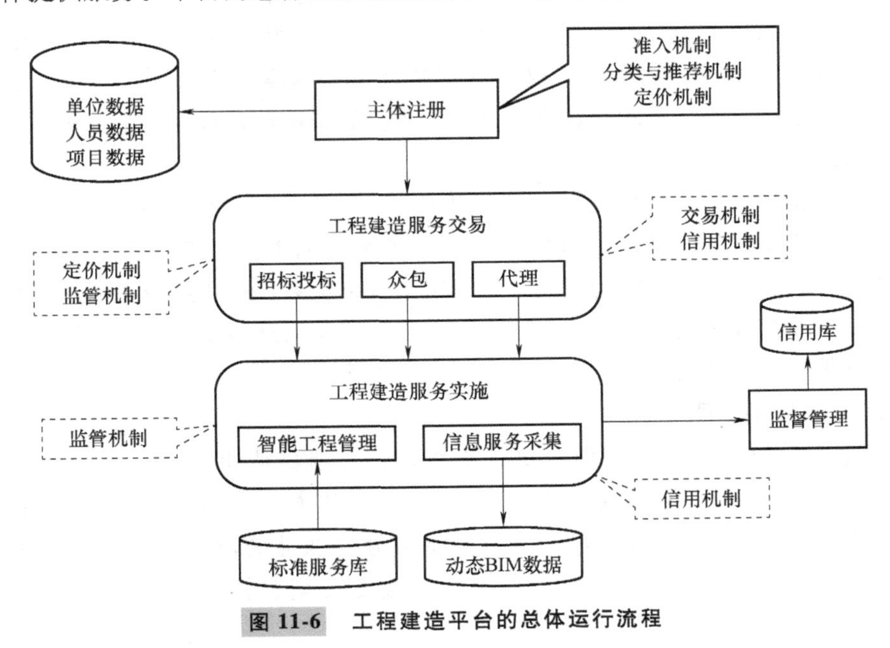

图 11-6　工程建造平台的总体运行流程

1. 主体注册

首先，参与主体按照不同的属性要求进行注册登记；其次，平台管理者审核申请者的注册信息及资质；最后，通过审核的参与主体成为平台的授权主体，可以进入平台进行交易。平台按照不同的类型对参与主体进行分类管理，并根据主体的信用，为其提供推荐服务。

2. 工程建造服务交易

主体成为平台的授权主体后，可以在平台中进行服务交易。首先，服务需求方通过平台发布服务需求，并依据平台推荐的交易模式和自身服务需求的类型，选择合适的交易模式。其次，平台为服务需求方和提供方的供需匹配提供支持，即通过招标投标交易模式、众包交易模式或代理交易模式等达成交易。最后，平台依据交易监管结果，对各参与主体的信用记录进行更新。

3. 工程建造服务实施

首先，平台采集和处理服务实施过程中有关进度、质量、安全等工程建造活动的实时信息，并将这些实时信息与工程 BIM 模型进行关联。在此基础上，平台通过服务集成实现智能进度管理、安全管理、质量管理、成本管理等工程管理功能。同时，平台自身不但要对服务实施过程中的有关活动进行监管，而且要将监管信息通过监管接口共享给相关政府职能部门，为它们进行工程质量事故追溯、生产安全事故重现、事故责任分析等提供支持。

11.3.3 平台基础数据

对基础数据资源的整合是平台提供交易和进行服务集成的基础。平台的基础数据主要包括平台参与主体数据（包括从业单位和个人）、标准服务库、项目基本数据、主体信用数据及项目 BIM 数据。有些基础数据是通过登记注册产生的，如平台参与主体数据、项目基本数据；有些基础数据是平台运行时自动产生的，如信用数据，它是各主体在服务交易和服务实施过程中的有关信用的记录；项目 BIM 数据是通过服务组合将工程建造服务过程中产生的实时信息关联到 BIM 模型得到的，这些数据整合了工程建造的设计、施工、运维等生命周期过程的工程数据，是工程项目管理的基石。平台的基础数据包括以下几种类型。

1. 项目从业单位数据

项目从业单位数据主要包括业主、咨询单位、设计单位、承包商（施工单位）、监理单位、材料供应商等单位的基本信息和资质信息。基本信息主要有单位名称、营业执照注册号、营业执照登记机关、组织机构代码、组织机构登记机关、企业类型、经营范围、注册资本、成立日期、经营期限、法定代表人信息等内容；资质信息主要有资质等级名称、专业类别、资质证书编号、资质有效期、资质证书核发机关等。

2. 项目从业人员数据

项目从业人员数据主要包括项目执业资格人员、项目从业资格人员和具有职业技能的建筑工人三类人员的基本信息和资质信息。人员基本信息主要有姓名、性别、证件类型、证件号码、从业单位等内容；人员资质可分为执业资格、从业资格及职业资格，资质信息的内容有证书名称、编号、有效期、核发日期、核发机关、证书状态、所在单位等。

3. 标准化服务库

工程建造标准化服务可分为设计服务、施工服务、材料供应服务和支持服务等多种类型，其主要要素可概括为服务参与者、服务功能、服务过程、服务资源、服务水平、服务定价及服务法规等。服务要素在不同类型的工程建造服务中有不同的表现形式。由于服务要素中包含对服务过程的描述，服务要素之间存在着复杂的耦合关系，难以用关系数据来表达。因此，一般用本体建模方法对工程建造服务进行统一建模，使平台参与方对工程建造服务有共同的理解。

4. 项目基本数据

项目基本数据主要是指项目的基本信息，主要包括项目名称、项目概况、建设时间、投资规模、项目审批信息、项目法人信息、参建单位及主要责任人等内容，这些信息是项目立项审核后，由业主注册登记到平台中的。

5. 信用数据

信用数据主要包括项目从业单位和项目从业人员的信用记录。信用记录包括良好行为记录、不良行为记录和需求方对服务的评价。良好行为记录包括奖励名称、奖励等级、奖励主体、颁奖时间、信用加分等信息；不良行为记录包括受罚原因（如交易中串标、围标，服务施工过程中出现质量问题、生产安全事故等）、处罚等级、执行期限、信用扣分等信息。需求方对服务的评价主要包括服务与描述相符的程度、服务提供方的服务态度、响应速度等，每项所得到的好评、中评和差评的分数累积成评价积分。信用数据主要来自交易和服务实施的监管结果，在对从业单位和个人的信用数据进行初始化时，可参考其社会信用情况。

6. BIM 数据

BIM 数据是指将工程建造服务实施过程中所产生的进度、成本、质量、安全等动态信息与 BIM 模型关联，所形成的共享知识资源。BIM 数据可以支持和反映工程项目各参与方协同作业，成为工程生命周期管理的基础。

本章小结

随着互联网与工程建设行业的融合，以及 ICT 技术在工程建设行业的深入应用，工程建设行业正从以建造工程实体为中心向以提供服务为中心转变。工程建造服务化使工程建造的组织模式、生产方式和管理模式发生了变革。因此，本章提出的智能建造模式，就是运用信息和通信技术手段，实现工程建造中的人、机器、资源、环境的实时连通、相互识别和有效交流，通过大数据处理平台建立各类标准化的应用服务，并实现服务共享，使包括业主、承包商、供应商、监理单位等在内的相关参与方协同运作，实现安全、高效及高质量的工程建造。智能建造模式的核心内涵主要包括：服务集成、协同管理、智能工程建造管理和工程建造信息支撑环境等。

工程建造信息支撑环境是服务集成、工程协同管理和智能工程建造管理的基础。本章提出了信息支撑平台框架，主要包括数据中心层、服务层和信息采集网络层等，还介绍了相关的信息采集技术和互联技术。

本章提出工程建造平台的总体功能框架，主要包括注册与分类管理、交易管理、智能工程管理、监督管理等功能，分析平台的总体运行流程，并介绍了平台基础数据的构成。围绕四个核心功能，对其具体的功能要素组成和流程进行了详细的分析和设计。

复习思考题

1. 智能建造的核心内涵是什么？并对其进行简单说明。
2. 简述 BIM 数据形成的过程。
3. 智能建造信息支撑平台的框架分为哪些部分？请简要说明。
4. 智能建造管理信息平台的功能分为哪些部分？请简要说明。
5. 简述智能建造管理信息平台总体运行流程。

参考文献

[1] 成虎，宁延. 工程管理导论 [M]. 北京：机械工业出版社，2018.
[2] 周红. 建设工程管理信息技术 [M]. 北京：机械工业出版社，2021.
[3] 丁士昭. 建设工程信息化导论 [M]. 北京：中国建筑工业出版社，2005.
[4] 张静晓，吴涛. 工程管理信息系统 [M]. 北京：中国建筑工业出版社，2016.
[5] 陆彦. 工程管理信息系统 [M]. 2 版. 北京：中国建筑工业出版社，2016.
[6] 李晓东，张德群，孙立新. 建设工程信息管理 [M]. 2 版. 北京：机械工业出版社，2017.
[7] 刘文锋，廖维张，胡昌斌. 智能建造概论 [M]. 北京：北京大学出版社，2021.
[8] 杜修力，刘占省，赵研. 智能建造概论 [M]. 北京：中国建筑工业出版社，2021.
[9] 丁烈云. 数字建造导论 [M]. 北京：中国建筑工业出版社，2019.
[10] 徐照，李启明. BIM 技术理论与实践 [M]. 北京：机械工业出版社，2020.
[11] 吴涛，丛培经. 建设工程项目管理规范实施手册 [M]. 北京：中国建筑工业出版社，2002.
[12] 刘喆，刘志君. 建设工程信息管理 [M]. 北京：化学工业出版社，2005.
[13] 朱宏亮. 项目进度管理 [M]. 北京：清华大学出版社，2002.
[14] 邓铁军，邓世维. 工程建设项目管理 [M]. 4 版. 武汉：武汉理工大学出版社，2018.
[15] 封金财. 建设工程项目管理 [M]. 北京：中国建筑工业出版社，2018.
[16] 张家瑞，朱嫵. 建筑施工组织与网络计划 [M]. 沈阳：辽宁科学技术出版社，1987.
[17] 中华人民共和国住房和城乡建设部. 建设工程项目管理规范：GB/T 50326—2017 [S]. 北京：中国建筑工业出版社，2018.
[18] 陈晓红，罗新星. 管理信息系统 [M]. 2 版. 北京：高等教育出版社，2020.
[19] 黄梯云，李一军. 管理信息系统 [M]. 7 版. 北京：高等教育出版社，2019.
[20] 薛华成. 管理信息系统 [M]. 7 版. 北京：清华大学出版社，2022.
[21] 耿骞，韩圣龙，傅湘玲. 信息系统分析与设计 [M]. 2 版. 北京：高等教育出版社，2008.
[22] 张金城. 管理信息系统 [M]. 2 版. 北京：北京大学出版社，2006.
[23] 葛世伦，代逸生. 企业管理信息系统开发的理论和方法 [M]. 北京：清华大学出版社，1998.
[24] 邝孔武，王晓敏. 信息系统分析与设计 [M]. 3 版. 北京：清华大学出版社，2006.
[25] 吴迪. 企业管理信息系统（MIS）基础 [M]. 北京：清华大学出版社，1998.
[26] 章祥荪，赵庆祯，刘方爱. 管理信息系统的系统理论与规划方法 [M]. 北京：科学出版社，2001.
[27] 张基温. 信息网络技术原理 [M]. 北京：电子工业出版社，2002.
[28] 李东. 管理信息系统的理论与应用 [M]. 4 版. 北京：北京大学出版社，2020.
[29] 耿立超. 大数据平台架构与原型实现：数据中台建设实战 [M]. 北京：电子工业出版社，2020.
[30] 李庆斌，马睿，胡昱，等. 大坝智能建造研究进展与发展趋势 [J]. 清华大学学报（自然科学版），2022（8）：1252-1269.
[31] 王森荣，秦永平，马弯，等. 高速铁路轨道工程信息化和智能化技术研究 [J]. 铁道工程学报，2022（1）：101-106.
[32] 殷欣，刘泉声，张全太，等. 面向地下工程岩爆灾害智能化预警：基于模糊理论改进的多属性群决策模型 [J]. 应用基础与工程科学学报，2022（2）：374-395.

[33] 匡立春，刘合，任义丽，等. 人工智能在石油勘探开发领域的应用现状与发展趋势 [J]. 石油勘探与开发，2021，48（1）：1-11.
[34] 谭尧升，陈文夫，郭增光，等. 水电工程边坡施工全过程信息模型研究与应用 [J]. 清华大学学报（自然科学版），2020（7）：566-574.
[35] 赵雪锋. 建设工程全面信息管理理论和方法研究 [D]. 北京：北京交通大学，2010.
[36] 吴炜煜，岳媛媛. 基于多维费用阵列的工程项目信息管理 [J]. 清华大学学报（自然科学版），2007（12）：2095-2099.